[美] 肖恩·柯维（SEAN COVEY）著

杰出青少年的6个决定

THE 6 MOST IMPORTANT DECISIONS YOU'LL EVER MAKE

中国青年出版社
CHINA YOUTH PRESS
中青文传媒

图书在版编目(CIP)数据

杰出青少年的6个决定：领袖版 / 肖恩·柯维著；王军、王亦兵、王建华译.
—2版.—北京：中国青年出版社，2016.6
ISBN 978-7-5153-4265-8
Ⅰ.①杰… Ⅱ.①肖… ②王… ③王… ④王… Ⅲ.成功心理—青少年读物
Ⅳ.①B848.4-49
中国版本图书馆CIP数据核字（2016）第148417号

杰出青少年的6个决定：领袖版

作　　者：［美］肖恩·柯维
译　　者：王　军　王亦兵　王建华
责任编辑：周　红
美术编辑：夏　蕊
出　　版：中国青年出版社
发　　行：北京中青文文化传媒有限公司
电　　话：010-65518035/65516873
公司网址：www.cyb.com.cn
购书网址：zqwts.tmall.com
印　　刷：大厂回族自治县益利印刷有限公司
版　　次：2016年6月第2版
印　　次：2020年9月第17次印刷
开　　本：787×1092　1/16
字　　数：260千字
印　　张：19
京权图字：01-2006-5747
书　　号：ISBN 978-7-5153-4265-8
定　　价：28.00元

目录
contents

前言 是选择塑造了你

你好，我叫肖恩。

我就是作者。很高兴你拿到这本书！别担心，我的书不会无聊。它和你以前看过的那些书都不一样，是专门为青少年写的，里面的话题全都是你的生活问题、让你头大的问题和你关心的话题。我在书里还用了很多插画（因为我自己不会画，所以花巨资专门请了几位卡通高手）。

这本书的中心思想只有一个，开门见山吧：

青少年面临人生重要转折关头，有六大决定需要你来做；如何选择，如何决定，这将决定你的未来和前途。一定要做出明智的选择，千万不要自毁前途。

但如果你偶尔有行差踏错，也不要认为世界末日就要来了。迅速调整自己的前进方向，重新回到正确的轨道上；记住：下次做决定的时候，一定要明智一些！

◆ 一夜间出现了一堆新问题 ◆

在当今这个世界，做个十几岁的孩子比以前要难得多。你的爷爷也许跟你讲过他从前如何在大雪天翻山越岭地去学校上课，你现在已经远离了这些艰辛；但是，你面前的困难其实一点也不比那座雪山小：铺天盖地的信息、派对上的软性毒品、色情网站、约会强奸、恐怖主义、全球化竞争、抑郁症、来自同伴的激烈竞争……这个世界与父辈当初生活的那个世界已经完全不一样了！

虽然我现在还玩“小人碎石”的游戏，却早已不再年轻。不过，少年时期经历过的那些快乐和悲伤仍清楚地留在我的脑海里挥之不去。我曾经面对很多问题需要解决，更糟的是，大部分问题早在我出世那一瞬间就已经注定了。父亲曾经说过：“肖恩，你刚生出来的时候两个腮帮子胖嘟嘟的，弄得接生的大夫都不知道哪一头是屁股，该拍哪一头了。”他说这话并不是在开玩笑，如果你看过我小时候的照片就知道了。我的两个腮帮子就像是灌满了水的气球一样耷拉着，别提有多少人为这个逗过我了。还记得有一次和邻居小朋友跳蹦蹦床玩，轮到我的时候，邻居家的小女孩苏珊大声说出了每个人心里想说的话：“天哪，快看肖恩腮帮子上那些肥肉！”我弟弟戴维还想为我辩护，大声反驳道：“什么肥肉，那些都是肌肉！”他虽然是好心，却惹来了更大的麻烦。从此，每个人见了我都开始叫新外号：“肌肉腮帮子”……

这个问题直到我上初中还没有解决。直到现在我还痛恨七年级，不愿意回忆那时候的所有事情。不过我还记得当时腮帮子的问题仍然困扰着我，有个名叫斯各特的八年级男孩不知为什么专门跟我过不去，总想找碴打架。我也不知道什么地方惹到了他，因为我从前根本就不认识他；或许是他认为自己能够镇得住我吧。他总是和他那几个同伴一起在教室外面的走廊上等着我下算术课，拦住我问敢不敢和他打一架。我从心里怕他，总是想办法绕路走避开他；但痛苦的是有一天还是被逮住了。“嘿，柯维，你这个娘娘腔的大胖子，为什么不敢跟我打一架？”“……不知道。”我喃喃自语。于是他狠狠地朝我肚子上打了一拳，当时就把我打得直不起腰来，我却不敢还手。从那以后，他就不找我麻烦了；可我却觉得自己太丢人了！（顺便说一句，我现在的个头比斯各特大了，很想找他比试比试。开个玩笑！）

升高中后，我惊喜地发现自己的腮帮子终于开始变得正常起来。但是又出现了一堆新问题，好像就在一夜之间，有很多重大的决定等着我去做，但当时我根本就没有任何心理准备。开学第一周，有人邀请我加入一个俱乐部，那里全都是喜欢喝酒的高年级学生；我不想去，但又不想得罪他们。我交了很多新朋友，开始认识一个又一个女生；其中有一个女生似乎还喜欢上了我，她长得很漂亮，也很强势；和她在一起真是兴奋并害怕着。我满脑子都是问题：我应该喜欢这个女生吗？我该和什么样的人交朋友？我该选哪些课程？我应该参加那个派对吗？我该怎么理清学校、运动和交朋友之间的关系呢？

这些是我一生中曾做出的最重要的决定！但当时，我并没有意识到这一点。

提笔写这本书时，我曾向全国各地几百名青少年发出过一份调查问卷，询问他们："你目前面临的最大挑战是什么？"以下是他们的一些回答：

"压力。我一直都想把生活中的一切理顺，这是我面临的这么多挑战中最大的问题。"

"父母。我每天都要应付他们，真让我精疲力竭。"

"学校和分数。我妈因为这些对我大喊大叫的。"

"性这个问题比较让我困扰。我现在必须做出正确的选择，这样才不会让今天的错误影响我明天的生活。现在如果十几岁的人了还不接触'性'，大家好像会觉得有点假正经什么的。"

"考大学。大考迫在眉睫，我还什么都没有想好。一想这件事就觉得千头万绪的，最后只落了个头疼。所以后来我也就不去想它了。"

"钱。钱根本不够花！"

"学校里的八卦！谁又和谁好上了？谁最受大家欢迎？谁的发型最酷？谁最有运动才能？谁最有钱？谁背后说了谁什么话？这真是无聊透顶！"

"同学间的压力是头等问题。我喜欢和好人在一起。"

"父母离婚。他们总是为探视权打个不停。"

"担心家人的安全，因为意外会随时发生。我还见过不少人因为吸毒辍学。真担心自己的弟弟和妹妹。"

"朋友。他们简直快要把我给逼疯了。我现在不再跟他们来往了。他们根本就不重视我，只愿意呆在自己的小圈子里。我觉得自己不属于这个圈子，所以后来干脆离他们远远的了。"

"身体和相貌。"

"我总是为自己的体重发愁。"

"约会。我从来都没有约会过。我17岁了，朋友们总拿这事开玩笑，让我觉得自己没这么做是不对的。"

我认真研究了所有收回的问卷，同时在三年时间里与世界各地的青少年谈话。在这个过程中逐渐出现了一个固定的模式：青少年自己提到过999个不同的挑战，但是赫然占据前列的只有6个。

更深入地研究下去以后，我发现每个挑战其实都是一个关系人生的选择。和我对话的青少年中有些做出了十分明智的选择，有些人的选择则不够聪明。与此相对应，有些人的生活十分美好，有些人的生活一团糟。这些挑战就像一个个十字路口，让你不得不做出选择，而选择不当的后果往往十分严重。作为青少年，如何应对这些挑战，也就是如何做出你人生中最重要的六个决定！

◆ 人生中你要做出的六个最重要的决定 ◆

DECISION 1 **第一个决定：关于学校。**

你如何对待自己的教育问题？

DECISION 2 **第二个决定：关于朋友。**

你选择什么样的朋友，自己又是怎样的朋友？

DECISION 3 **第三个决定：关于父母。**

你想与父母和谐相处吗？

DECISION 4 **第四个决定：关于约会和两性关系。**

你会和谁约会，对两性关系怎么看？

DECISION 5 **第五个决定：关于嗜好。**

你会怎么处理烟、酒、毒品和其他容易上瘾的东西？

DECISION 6 **第六个决定：关于自我价值。**

你会不会欣赏自己？

可能你从来没有认真思考过这些问题，可能有一个问题正让你心烦，也可能所有这些都让你心烦。不管什么处境，都需要了解上述每个决定的详细情况，既要了解好的一面，也要知道不好的一面。只有这样睁大眼睛，你才能够做出知性的决定。我想，你一定不愿意稀里糊涂地闷头混日子，有朝一日对自己说："早知如此，何必当初啊！"

人生处在青少年时期，许多决定将影响你今后的一生。宗教领袖戈登·辛克莱（*Gordon Hinckley*，美国摩门教领袖）在自己的著作《为之坚持》（*Standing for Something*）中曾经讲过关于自己年轻时的一个故事：

我在丹佛铁路局工作的时候负责客运列车行李车厢的行李和快运交通。有一天，新泽西的同事来电话告诉我，到站的一趟客车行李车厢丢了。车上的三百名乘客全都十分愤怒。当然，他们有理由生气。

我们急忙查找，最后发现这趟从加州奥克兰发车的列车运行到圣路易斯的时候，有位扳道工错误地把一个小铁片移动了三英寸。这个小铁片就是扳道开关，结果那列行李车厢没有到纽瓦克，却去了1,400英里以外的新奥尔良。

监狱里全都是当初做出错误决定甚至是毁灭性决定的人，这些人在生命中某个时刻扳动了一个小小的道岔，结果从此就踏上了一条错误的道路，来到了本不该来的这个地方。

上述这六个决定每一个都像是一个道岔，方寸之间的移动就能够决定我们今后所走的道路是对还是错。

◆ 两个少年不同选择后的成长处境 ◆

想象这样两个即将成人的19岁姑娘：13岁的时候，她们所处的环境几乎一模一样；但是经过一系列的选择以后，19岁的她们如今已经有了天壤之别的处境。

先来认识一下爱儿。她经常面带微笑，考上了当地的一所大学，有两个

要好的室友，经常一起活动。爱儿有奖学金，还兼职担任助教。她计划两年内拿到英语学位，然后当一名教师。她现在和两个小伙子约会，但并不和任何一个发展两性关系。让她感到骄傲的是，自己并没有和他们中的任何一个发生过于亲密的接触。她希望有朝一日能够遇到心目中的白马王子，和他结婚。15岁时，爱儿有过一次吸毒的经验，但随后就意识到这么做实在是太愚蠢了。从那以后，除了偶尔喝一杯葡萄酒之外，爱儿不喝酒，也不抽烟，不吸毒。她没有任何上瘾的东西。爱儿每个周日晚上都给妈妈打电话；用爱儿自己的话来说，她们两个是“铁杆朋友”。虽然她也遇到一些问题，但总的来说，她自信，有自己的奋斗目标，对自己的现状感到满意。

再来认识一下欲儿。她出落得很漂亮，但是自信心很差。有人问她为什么会这样，她回答说：“我也不知道，不过我总觉得自己又胖又丑。”欲儿14岁的时候开始抽烟，现在每天都要抽两包烟，但她总是说自己明天就戒烟。她在一家超市做全职，领取最低薪水。虽然她读完了高中，但从来没有好好读过书，也不想继续念书。她自己住一间公寓，不同时期有不同的男朋友出入。高中的时候，她曾经同时和几个小伙子交往，关系很滥。她自己说：“烂人都被我撞着了。”欲儿和父母之间没有什么联系，和高中时的好朋友也很少联系。她不知道未来怎么打算，也没有什么想法，经常感到抑郁。

两个姑娘。完全不同的人生结果。为什么会这样？全都是因为她们各自的选择。现在你知道了吧，为什么在学校、朋友、父母、约会和性爱、上瘾、自尊等问题上做出正确的选择如此重要！

◆ 穿越十年的小测试 ◆

先来做一个小测试：

做一个自我介绍，把十年前的自己介绍给大家。

如果你的名字叫杰莱米，今年17岁，你就可以这样做自我介绍："大家好，我叫杰莱米。我今年7岁，住在加拿大的多伦多。我们家有爸爸、妈妈和4岁的弟弟。我刚读完一年级。我养了一条金鱼，我给它起名叫斑点。我喜欢足球，也喜欢涂鸦。我很快乐。"

如果你正在阅读这本书，旁边还有别人，可以请求对方一起做这个测试。你要告诉他们这是书上的要求，别让大家觉得你在玩什么心理游戏。先向他们介绍十年前的自己，然后要求他们也这么做。如果你身边没有人，也可以填写下列空格。

十年前的今天日期是____________________。

我叫______________________________。

我____________________________岁。

我住在____________________________。

我和________________________住在一起。

我最喜欢做的事情是____________________。

我觉得____________________________。

现在转换一下思维方向，再来做一个自我介绍，不过这次是介绍十年后的自己。告诉刚才的那些听众你正在做什么，你是个什么样的人。记住，这次介绍的是你十年后的情况。因此，杰莱米有可能会这么说：

"大家好，我叫杰莱米。我今年27岁，住在加拿大的温哥华。我刚和一个很棒的女孩结婚，她叫杰斯敏。我几年前刚从多伦多大学音乐系毕业，现在一家私立音乐学校教钢琴课。我爱我的家人，经常和他们在一起。我对自己目前的生活很满意。"

十年后的今天日期是____________________。

我叫______________________________。

我____________________________岁。

我住在____________________________。

我和________________________住在一起。

我最喜欢做的事情是______________________________。

我觉得____。

好了，你刚才进行了一次时光隧道的旅行，当你回忆十年前自己生活的时候，想到了什么？十年前你的状态是好还是不好？

将来呢？十年后你又看到了什么？十年后你希望自己做什么？希望自己成为什么样的人？

决定做什么是你的自由

先告诉你一个好消息，你十年后将成为什么样的人完全取决于现在的你！而选择什么是你的自由。你可以选择自己将来的道路。更妙的是，你现在就可以做！不论何时何地，你都可以选择开始，选择更加尊重你自己，选择不再同那些拖你下水的人在一起。正是这些选择最终决定了你的生活状态：幸福，还是潦倒？

你应该认识到，虽然你有选择的权利，但是你无法选择自己所做选择产生的结果。这是绑定的，是一揽子的交易。选择和结果就像是土豆泥和酱汁一样密不可分。一旦做出了决定只要坚持下去就行了，就不需要再翻来覆去地去想这个问题。举个例子，如果你选择在学校里得过且过地混日子，从来都不打算去读大学，那么你就必须忍受甚至无缘得到高薪工作面试这样的结果。

没有人希望你一直都做个完美无缺的人，所以也没必要对自己过分苛刻。从今天开始，明智选择自己的生活，你就能够顺利度过这段多事的青少年时期。

当你告别“10”字头，开始庆祝第一个“20”字头生日的时候，我希望你能够这样说：我已成功应对青少年所面对的六大挑战，做出了明智的决定。

如何使用本书

阅读本书可以有多种不同方式，你可以从头看到尾（最好的方式），也可以跳着看，先看自己最感兴趣的章节。如果你不耐烦看字，也可以只看书中的卡通。以下是每个章节的概述。

DECISION 1 我该如何对待自己的教育问题

你所面临的所有挑战中，排在第一位的就是学校，为什么？学校给你的压力太大了！有个孩子说得很形象："学校……唉！他们老是说学校生活就应该是学生的一切，这让我觉得压力太大了！"

在学校里，你需要应对的不光是老师、测试和分数，还有学生间的流言蜚语和午餐食堂里的老大妈。哎哟！当然还少不了望子成龙、望女成凤的家长，他们总想让你用功，用功，再用功！你还得为将来的工作担心！

为什么你对教育的态度和选择如此重要？这是因为，这些决定将在未来很长一段时间里左右着命运的机会之门是为你敞开还是紧闭。

在这章里，我们将探讨一些主要问题，包括：

◎ 中途辍学毁掉你潜在的挣钱机会

◎ 为自己找一个学习的动力

◎ 得高分的七个秘诀

◎ 摆脱学习低能的障碍

◎ 为大学做精神和物质上的准备

◎ 如何发现自己最擅长的领域

我选择什么样的朋友，自己又是怎样的朋友

有些青少年认为交朋友是件很容易的事情，不过大多数人都认为很困难。我们不合群，因为身体上的不完美或没有穿对衣服而被人品头论足。如果搬家后转到新的学校，情况有可能会变得更糟，因为你需要费很多心思才能够打入别人的圈子。很多人都经历过一个朋友也没有的阶段，还有很多人为了能够交到朋友，即使明知对方是损友也照交不误，只要对方接受自己就行。

还有一些看上去十分戏剧化的模式。我曾经和不少女生谈过这个问题，几乎每个人都说："两个女生很容易合得来，但是三个绝对维持不了多久。"对于男生来说，要解决的又是另外一些问题，如彼此间的打闹、身体冲突以及和对方的女友约会等。

你选择什么样的朋友，你对别人来说又是怎样的朋友，这些都是相当重要的决定。在这一章里，我们将探讨很多有趣的话题，其中包括：

◎ 如何在"人气之星"这个游戏中取胜

◎ 没有朋友的时候应该怎么办

◎ 如果你想有什么样的朋友，自己先成为这样的朋友

◎ 在乱战中取胜

◎ 建立支持体系

◎ 面对同伴的压力

我和父母将形成什么样的关系

"我妈还好啦，她很想理解我；可她越使劲，我越烦。结果我爸就跟疯了似的。我现在简直没法跟他说话了。"

说话的人叫萨布里娜，她说的情况十分普遍。她很爱自己的父母，但是却一点也不了解他们的想法。我们和父母之间相处的大部分问题都来自我们对他们的看法。我读小学的时候，老爸老妈还行。但是我13岁的时候，他们好像一夜之间就变成了讨厌的人，总是让我难堪。好像他们突然变得不会穿衣打扮，不会走路，也不会好好说话了。

我永远都会记得上八年级参加橄榄球比赛那天的事情。我当时正在边线，突然觉得有人拍了一下我的肩膀。“嘿，肖恩，是我。老爸！你们想不想来块比萨饼？”我大吃一惊。我老爸站在边线上，可他根本就不应该走得这么近。他手里托着最大号的比萨饼，在我正在比赛的时候跑过来问我想不想来一块儿。这真让我无地自容。我曾经当着全体队员的面拒绝承认自己认识这个人，这种情况发生过三次。

但是，请相信我的经验，再过几年，你的老爸老妈一夜之间就会变得成熟起来，你的朋友们也会对你说：“伙计，你老妈可真够棒的。”

你可以选择自己与父母之间的关系，这也是你需要做的重要决定之一。在这一章里，我们将讨论以下的重要问题：

◎ 如何与父母建立良好关系

◎ 用一句话或不用说话就让父母投降

◎ 教你四句话，每次都能够成功缓和与父母之间的紧张关系

◎ 应对父母离婚问题

◎ 如何应对“你为什么就不能像你哥哥/弟弟那样呢”这种比较

◎ 如果父母自己的生活一团糟，你需要“拯救”他们

DECISION 4 我要和谁约会，在两性关系上我怎么选择

我真希望我们不需要谈这个问题，但是我们一定得谈。如果不这样的话，就是不负责任，因为这是你一生中必须做出的几个重要决定之一，有可能是最重要的一个决定（如果有父母私下看孩子的书，想要了解我在这个问题上给孩子们讲些什么，请放宽心，请你们相信我，我不会搞砸了的）。

我还是个孩子的时候，父母从来都不跟我说性这方面的事情；我老爸更是腼腆，想到这个问题就会脸红，所以我那个年纪应该知道的所有知识都是我从邻居男孩那里获得的。但是现在时代不同了，你们最好还是先弄清楚自己要和什么样的人约会，了解自己应该对性爱采取什么样的态度。如果你不这么做的话，别人就会替你做决定，你一定不想这样。在这一章里，我们将讨论以下这些问题：

◎ 约会时要保持理智

◎ 你从来都不约会……那又怎么样

◎ 将自己的生活重心放在女朋友或男朋友身上会遇到什么问题

◎ 观察两性关系中的危险信号

◎ 性病有什么危害，我为什么要小心

◎ 破解有关青少年和两性关系中的四大误区

DECISION 5 我如何对待吸烟、喝酒、吸毒、色情作品和其他不良嗜好

我承认自己也曾经上瘾过，高中的时候吃烤干酪辣味玉米片上瘾；不知道为什么，对这种墨西哥小吃，我怎么也吃不够。看电影的时候，手里一定要拿着一大包玉米片才行。只要看到一家7-11便利店，我就一定会进去买一大包玉米片。直到今天，我还是戒不掉这个瘾。

我很幸运，十几岁的时候除了这个再没有别的什么嗜好。看到一个同事工作的时候每隔两个小时就要出去抽一支烟，不管外面是下雨还是下火都得这样，我对他充满了同情；看到我们家有个朋友深受毒品之害，早已不复是原来的那个人，我为他感到悲哀。很显然，你在这个问题上所做出

的任何决定都将深深影响你今后的一生。

如今，你在日常学习和生活中需要处理诸如派对饮酒、抽烟、毒品、网游等容易上瘾的事情，就像很多青少年说的那样：

“那么多人都这么做，想独善其身实在是太困难了。”

“我不再这么做了，但心里其实还在想。”

如果是这样的话，你就更应该认真阅读本章内容，因为书里有些故事你真的应该好好读一下。以下为我们讨论的一些主要话题：

◎ 关于上瘾的三个残酷现实

◎ 有关酒精、烟草、毒品、网瘾等的真相

◎ 远离色情作品

◎ 戒掉那些“瘾”

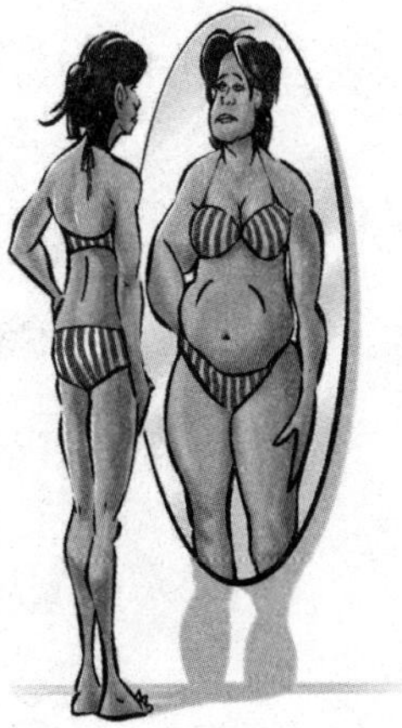

DECISION 6 发现精彩的自我

有个女生说：“我最大的问题就是自信心不够。到处都是漂亮的人，我觉得自己太丑了。”如果你也这么想，就该知道有很多人都有这种想法。看到满大街、时尚杂志上的那些模特儿，我们都觉得自己长得太丑了。

你想让自己看上去更漂亮一些，这本无可厚非；但是如果你所有的自信都建立在“长得好看”这个标准上，问题可就大了。

是否喜欢你自己也是一个选择。你需要学习如何从内心寻找安全感，不要从外界寻求这种安全感。在这一章里，我们将讨论以下问题：

◎ 你应该时常借鉴一面真正的镜子

◎ 为什么关注别人对你的看法是愚蠢的

◎ 性格与能力：建立健康自信的基础

◎ 郁闷以及无力自拔的时候应该怎么办

◎ 挖掘自身潜力，寻找宝贵潜质

6个决定

- **第4个决定** 我要和谁约会，在两性关系上我怎么选择
  - 有关约会和两性关系，你应该了解的10件事
  - 约会和两性关系小测验
  - 明智的约会
  - 关于两性关系的四大误区
  - 爱情可以等待
  - 我的训练计划
- **第5个决定** 我如何对待吸烟、喝酒、吸毒、色情作品和其他不良嗜好
  - 关于上瘾，你应该了解的10件事
  - 不良嗜好问题测验
  - 三个残酷的现实
  - 事实，所有的事实，只有事实
  - 斩草除根
  - 我的训练计划
- **第6个决定** 发现精彩的自我
  - 关于自我价值，你应该了解的10件事
  - 自我价值观测验
  - 如何看待别人的评价和真实的自我
  - 构建良好的品德与才能
  - 战胜你自己
  - 我的训练计划

决定力学习地图

- **7个习惯速成课**
  习惯要么成就你，要么毁了你
  - 改变你的思维定势
  - 原则像灯塔要放在首位
  - 杰出青少年的7个习惯
    - 习惯1 积极处世
    - 习惯2 先定目标后有行动
    - 习惯3 要事第一
    - 习惯4 双赢的想法
    - 习惯5 先理解别人，再争取别人理解自己
    - 习惯6 协作增效
    - 习惯7 磨刀不误砍柴工
  - 关于柯维家经典电影
- **第1个决定**
  我该如何对待自己的教育问题
  - 关于学校，你应该了解的10件事
  - 教育态度小测验
  - 坚持就是胜利
  - 获得学习动力拿高分
  - 拿高分的7个秘诀
  - 成功上大学
  - 提前做好职业规划很重要
  - 我的训练计划
- **第2个决定**
  我选择什么样的朋友，自己又是怎样的朋友
  - 关于朋友，你应该了解的10件事
  - 朋友关系自我测验
  - 选择什么人做朋友
  - 交到好朋友的7个要素
  - 正确对待来自同伴的压力
  - 我的训练计划
- **第3个决定**
  我和父母将形成什么样的关系
  - 关于父母，你应该了解的10件事
  - 父母关系小测验
  - 建立关系银行账户
  - 好烦啊，怎么办
  - 缩小与父母的代沟
  - 如果你不得不拯救父母
  - 我的训练计划

决定力学习地图

“7个习惯”速成课——成也习惯，败也习惯

本书还有一个单独的章节叫“7个习惯速成课”，就排在本章之后。几年前我曾经写了一本《杰出青少年的7个习惯》。如果你读过那本书，本章可以让你重温书中的主要观点。如果你从未读过该书，则可以通过本章节速成了解大体内容。这就像是《星球大战》系列电影一样，虽然是一个系列，但是每一部又都自成一体、独立成章。

在本书中，我们将把“7个习惯”当作一种工具，帮助你更好地做出重大决定。那么，杰出青少年的7个习惯到底是什么呢？简而言之，这7个习惯是从非洲到阿拉斯加世界各地成功而快乐的青少年所共同拥有的习惯。记得带上它们！

我喜欢诗人罗伯特·弗罗斯特（*Robert Frost*）关于决定的重要性的一首诗：

树林中分出两条路，
我，我选的那条，少人光顾，
从此，天翻地覆……

7个习惯速成课

——习惯要么成就你，要么毁了你！

下面有一张图，上面有数字1至54。现在要求你按顺序从1到54找到全部的数字，看在规定的一分半钟时间内能够找到多少。不要漏掉一个数字，也不能耍诈。好，现在拿好笔，预备——开始！

怎么样？大部分人可以数到30。好，现在再来一遍，不过要用我教你们的办法。把书翻到第42页，认真阅读那段指导性文字。

好，这一次你数到多少？也许全部54个数字都数完了吧。和上次有什么不一样？唯一不一样的地方是我教给你一种思维方式，帮助你找到更多数字。一旦你知道该如何思考，你的速度将是原来的三倍！

这就是7个习惯的魔力。它们是能够帮助你更快更好解决问题的思维框架，它们也能够帮助你在面对六个重大问题的时候更好地做出决定。因此，我将在本书中经常引用这7个习惯。

为了帮助你们熟悉这七个习惯的大概内容，我将在本章内提供一个速成培训课程；如果你想了解更多更深入的内容，请阅读我所著的《杰出青少年的7个习惯》（*The 7 Habits of Highly Effective Teens*，中文版由中国青年出版社出版）一书。如果你读过那本书，本章能让你温故而知新。

改变你的思维定势

思维定势是你既定的思维方式、观点或者世界观。我的妹夫卡麦隆有一次花了几个星期的时间在自己家后院用铁路枕木砌了一面墙。都快要完工的时候，他的邻居过来抱歉地问他是否可以不用铁路枕木砌墙，是否可以用砖石墙代替。她开始的时候只是简单地说，她丈夫不想今后一辈子都面对这个用铁路枕木砌起来的墙。

竟然会有人在工作马上就要完成的时候来说这样的话，和卡麦隆一起工作的人都觉得不可思议。虽然卡麦隆也无法完全理解这位邻居的想法，但他知道长期内还是要做邻居，于是他又多花了一个星期的时间把木墙拆掉，换上了石墙。

完工后第二个星期，邻居专门来感谢他所做的一切。这一次，她详细解释了当初提这个要求的原委："你知道，我丈夫他不愿意提这些事情。可他十几岁的时候曾在德国劳动营被关了18个月。连续几个月他都在搬运铁路枕木，直到今天，只要一看到枕木，他就觉得恶心。"

你也看到了，就是这么一点信息，卡麦隆对整个事情的看法立即就发生了180度的变化！原先的愤怒立即化为乌有，取而代之的是同情。这就是思维定势的改变。有的时候，我们的思维定势需要进行调整或改变，这就是为什么我们不该去给别人下定论，因为我们很少知道全部事实。

本书将颠覆你对自己和生活的一些思维定势。举例来说，你有可能认为自己和老妈永远也说不到一块儿去，认为自己在学校永远不可能成为一个好学生，或者认为让青少年远离性爱根本不现实。但实际上这些全部都是你的思维定势，只要多了解一些信息，你就会像卡麦隆一样有完全不同的感受。记住，改变你自己的关键首先就在于：改变你的思维定势。

原则像灯塔要放在首位

原则就是自然法则。万有引力是一个原则。如果你把苹果向上扔，它一定会落到地面上；不论你住在纽约还是新德里，不论你生活在今天还是

公元前2000年，结果都是一样的。

万有引力是物质世界的原则，人类互动交往也有一定的原则。如诚实就是一个原则：如果你对他人诚实，就能够赢得他们对你的信任；如果你不诚实，虽然能够骗得了一时，却骗不了一世，最终总是会被揭穿。其他一些原则包括：勤劳、尊重、服务、关注、耐心、责任、爱、更新、选择以及公正等。

以下是1995年10月美国海军战舰与纽芬兰岛沿岸加拿大管理部门的无线电交谈记录，从中你可以了解我所谓的原则到底是什么：

美国人："请向北15度调整你们的航线，以免相撞。"

加拿大人："建议你们向南15度调整航线，以免相撞。"

美国人："这里是美国海军战舰上尉，再说一遍，调整你们的航线。"

加拿大人："我重复一遍，调整你们的航线。"

美国人："这里是美国航空母舰亚伯拉罕·林肯号，是美国大西洋舰队中第二大战舰。我们有三艘驱逐舰、三艘巡洋舰和数不清的供给船只。我命令你向北15度调整你们的航线。我重复一遍，是向北转舵15度，否则我方将采取反击措施确保战舰安全。"

加拿大人："这里是灯塔，你的指挥。"

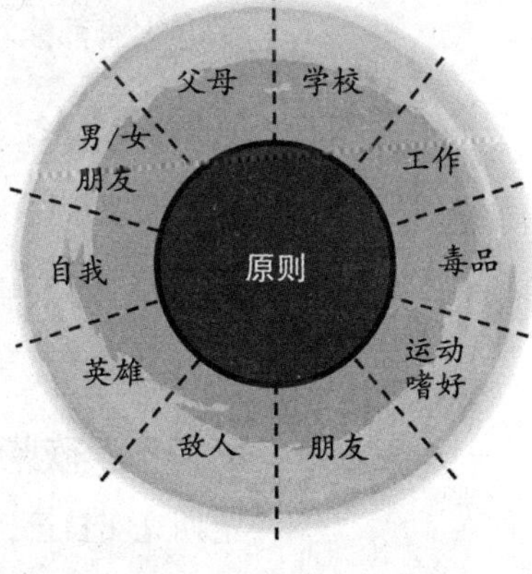

原则像灯塔，具有永恒性、普遍性，无须证明。你不能违反原则，否则不管你是谁，只能像船只撞上灯塔一样落个粉身碎骨的下场。

就因为原则永远不会负我们，所以才能够成为我们生活中最好的坐标与基础。只要以原则为基础，生活中所有相关的重要因素——朋友、异性朋友、学校、家庭——就都能够找到其相应的位置。只要把原则放在首位，其他所有问题都能够迎刃而解。

杰出青少年的7个习惯中的每一个都建立在原则的基础上，这些原则经得起时间的检验，永远都不会过时。在本书中，我将陆续介绍如果你的生活中心不是原则而是别的任何东西，那么这种生活都将是一场灾难。

杰出青少年的7个习惯

杰出青少年的7个习惯是全世界所有快乐成功的青少年所共有的7个特点。以下就是这7个习惯的具体内容及简要介绍。

习惯1 积极处世

对自己的人生负责

习惯2 先定目标后有行动

确定人生的任务与目标

习惯3 要事第一

为要做的事情排列先后顺序，最重要的事情要先做

习惯4 双赢的想法

采取大家都能够赢的处事态度

习惯5 先理解别人，再争取别人理解自己

真诚倾听他人

习惯6 协作增效

与他人合作，争取最大成就

习惯7 磨刀不误砍柴工

定期充实自己

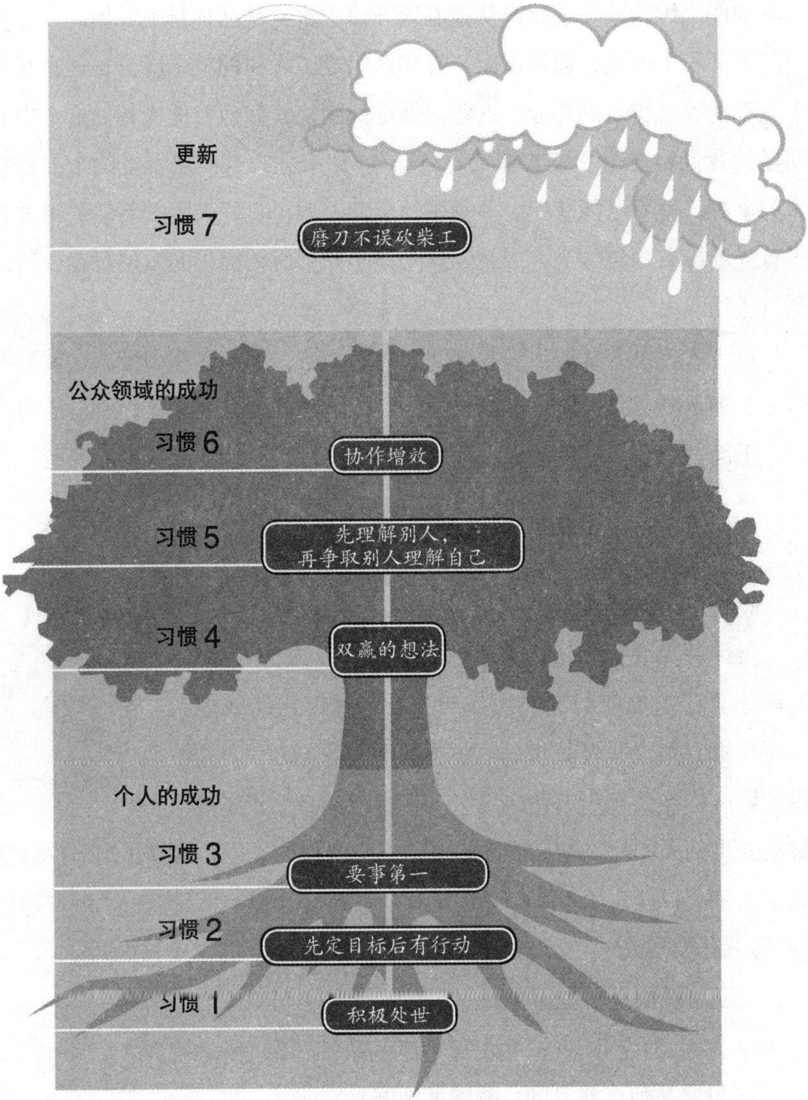

如上图所示，这些习惯是彼此相关联的。前三个习惯构成了基础，因为这三个习惯同你规范自己的行为取得成功有关。我们称之为“个人的成功”。这些习惯处于地下，这是因为除了你自己以外，没有人知道实际真实的情况。在很多情况下，我们没有改变自己就想去改变别人，这往往是行不通的。因为一切变化都从根基处开始，也就是从你身上开始。

下面三个习惯，即习惯四、五和六组成了大树的枝干部分，这也是每个人都能够看得见的部分。这些习惯全都围绕着如何与他人相处这个中心问题，我们称之为“公共领域的成功”。如果你没有一定程度的个人成功作为基础，就不可能获得公共领域的成功。取得良好人际关系的关键就在于首先要拥有稳定的个人成就。这必须是一个由内而外的发展过程，反之则行不通。

位于大树上方是从根到叶滋润大树的物质，如雨露和阳光。这就是习惯七，即不断自我更新、自我充实，它能够让其他习惯永葆青春与活力。

下面，我会用形象的比喻来形容这七个习惯，让你记得更加清楚。

习惯 *1* 积极处世

想象一个遥控器。

习惯一是说你应该为自己的人生负责，成为人生海洋中自己这艘船的船长。我的朋友约翰·拜斯威是一位作家，他说积极处世的人就像是掌握了自己人生的遥控器一样，什么频道什么情绪全都由他们自己说了算。被动处世的人则允许别人或别的事情主宰他们的人生，就好像把遥控器交到别人手上一样，简单地按个按钮就能够改变他们的情绪，一个朋友粗鲁的一句话就能够破坏他们一整天的情绪。

被动处世的人会说这样的话：

◎ 就因为我男朋友，我现在才这么惨

◎ 只要是他当我老师，我就考不好

◎ 妈妈，你把我的生活弄得一团糟

◎ 我要能长得像她那样，也会大受欢迎的

在影片《摇滚学校》（*School of Rock*）中有一个场景描写代课老师杜威语带讽刺地告诫孩子们，太多人轻易地就成为那只“遮天大手”的牺牲品，屈服于一种看不见的巨大势力：

杜威："什么？你们想让我教你们点什么？你们想要学东西？那好，让我来给你们上一课吧，很有用的一课。放弃，放弃一切努力，因为在生活中，你根本就不可能赢。当然，你可以去试一下，但到头来，你一定会输的。这是一定的，因为有一只手能够遮住整个天空。"

弗兰基："那是谁？"

杜威："就是那只'遮天的大手'。怎么，你们不知道这是谁的手吗？这只手可谓无所不在。白宫里有，走廊上也有。知道穆林斯小姐吗？她也算一个。这只手毁了臭氧层，毁了亚马逊森林，绑架了莎姆，把她关进氯气罐里。人们曾经有办法对抗这只手，就是摇滚乐。但你们猜后来怎么着？噢，不好了！那只手用一个叫MTV的小玩意儿就把这个也毁了！所以我说，别再浪费什么时间了，别再想什么办法了，因为不管你做什么，这只手都有办法叫你最终变成一个一无是处，脑满肠肥，丢了灵魂的平庸人。所以，干脆就放弃了吧。"

问题是，如果你甘当受害者，也就意味着将控制权交给了别人，给了那只"遮天的大手"：掌握控制权的这个人有可能是你的父母、你的老师、男朋友或女朋友、老板或命运。习惯一就是告诉你要从这只手里把遥控器夺回来，要为自己的人生负责。

举个例子，詹妮告诉我说过去在学校里有人说她一句坏话就让她整个情绪都变得十分低落。不过，学习了习惯一后，她已经重新拿回了自己生活的遥控器。

她说："我现在已经不再害怕在走廊上向大家问好了。如果发生什么不好的事情，我也能够笑着面对。我现在每天都很快乐，即使遇到过去让我不开心的事情，现在好像也不再能影响到我了，这样真好。就算对方不说你好，我还是会更加热情地问候每一个人，因为我现在能够掌握自己的生活了。”

你很快就会知道，习惯一在你做任何重大决定的时候都会起十分关键的作用。

习惯2 先定目标后有行动

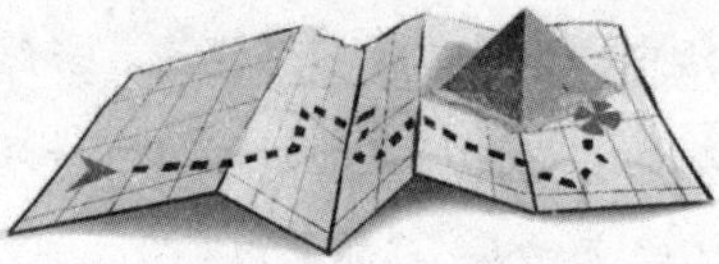

想象一张地图。

回忆一下最近一次外出活动的经历。如果没有带地图，要找到目的地该有多难？相当困难。你有可能还是会找到目的地，但有可能在寻找的过程中浪费了很多时间和精力。事实正是这样。如果我们不清楚自己的目标，不了解我们要去的方向，就会在道路上徘徊、踯躅，浪费时间，受其他人意见的左右。

为了更好地帮助你把握自己想要的人生，我建议你把自己的目标或任务以“使命宣言”（*mission statement*）的形式写出来，将其作为你人生道路上的地图。以下是亨特斯莱恩高中的阿伊莎·约翰逊为自己拟定的使命宣言：

我的任务是：

尽力做到最好。

继续做表弟表妹们的好榜样，

上高中，上大学，

继续帮助有需要的人，

做个好学生，

今后做个好妻子、好母亲，

做个成功的商人/业主，

有朝一日用节省下来的钱帮助有需要的人，

死后将我的器官捐献给有需要的人，

坚信在上帝的看顾之下，一切都有可能。

这一使命宣言将成为阿伊莎一生中多么重要的行动指南。使命宣言有各种形式，有些内容十分繁杂，有些十分简单；有些以诗歌的语言表达出来，有些以图画的形式表达。

在本书中，我还将和你分享更多青少年的人生目标，并鼓励你绘制自己的人生蓝图。

习惯3 要事第一

想象一个有13个小时的钟表。

如果你能够做到重要的事情先做，就能够把一天的时间变成26个小时，就像是有了一个13个小时的钟表一样。时间象限（*Time Quadrants*）四分法模式能够帮助你找到更多的时间，该四分法有两个主要因素：

重要性　最重要的事情，对你来说十分重要的事情

紧迫性　没有办法再拖的事情，需要马上解决的事情

时间象限

	紧迫	不紧迫
重要	① ·明天有考试 ·朋友受伤 ·上班迟到 ·今天该完成的任务 ·汽车抛锚 拖拉的人	② ·计划，确立目标 ·一周后该交的论文 ·锻炼 ·恋爱 ·消遣娱乐 轻重缓急分明的人
不重要	③ ·不重要的电话、电子邮件 ·干扰 ·其他人的小问题 ·同伴的压力 ·过多集体活动、业余爱好 唯唯诺诺的人	④ ·看太多电视 ·煲电话粥 ·沉溺电脑游戏、互联网 ·没完没了地逛商场 ·浪费时间 懒散的人

象限 1 内均为重要而又紧迫的事务，包括按时完成工作、汽车抛锚、明天的大考等。这些事情都十分重要，而且需要立即进行处理。有的时候的确会出现意外紧急状况，不过一般情况下都是由于我们一再拖延才会出现紧急情况。所以这里是拖拉之人的家园。第一象限生活方式最后终将导致高度紧张和筋疲力尽。在这个象限里不要花费太多时间。

象限 2 内均为重要但并不紧迫的事务。那么，哪些事情是重要但不紧迫的呢？锻炼吗？锻炼重不重要？当然重要！紧迫吗？不算太紧迫，就算今天不去锻炼你也不会有生命之虞，所以锻炼属于第二象限事务。还有一周后要交的论文。它重要吗？当然重要！紧迫吗？不算太紧迫。但是如果明日复明日地拖延下去的话，它很快就会变成名列第一象限内的紧迫任务了。所以说这件事务属于第二象限。这个象限的主人是那些轻重缓急分明的人，也应该是你希望停留的地方，因为在这里才能够有更高质量的生活和成绩。

象限 3 内均为紧迫但并不重要的事务，如大部分电话和电子邮件、干扰和其他人的一些小问题。因为这类事务比较紧迫，所以看上去很重要，但实际上这些都是些不重要的琐碎小事。唯唯诺诺的人喜欢流连在这个象限内。这种人不会拒绝任何事和任何人，因为他不想让任何人失望。但是这样一来，最后还是会有一个人会感到失望，那就是他自己。所以一定要不惜一切代价避免这一象限内的事务。

象限 4 内全都是浪费时间的事务，如煲电话粥、无休止地上网浏览、睡懒觉、漫无目标地逛商场。这些活动中有些能够让人放松身心，如果掌握好分寸还是十分必要的，但是如果不加节制就会变成浪费时间的事务。这里是懒散的人喜欢呆的地方。尽量不要在这里浪费你的时间。

即使你对这个象限模式的理解不够深入也没有关系，因为这样已经能够对你在学校科学安排时间大有帮助了。以下是16岁的初中生萨拉的感受：

我算得上是个好学生，但是每次测验结果都一塌糊涂。我也不知道为什么明明记得曾经讨论过的问题还是回答不出来。后来我看到这种象限分析图，突然意识到自己就是个不折不扣唯唯诺诺的人。每次当我想要学习的时候都会有这样那样的干扰，像是电话什么的，而我又认为这些小事很重要。所以我总是无法集中精力去做一件事情。到头来只能在测验那天早上恶补一通。现在我学会了某些时候拒绝别人，给自己更多时间做计划中的事情。我的老师告诉我，如果是我自己重要的事情，就应该先做，在这方面自私一点无可厚非。

习惯4 双赢的想法

这个图像自从人类穴居就开始存在了，它是团队合作和双赢精神的象征。双赢是一种相信大家都能成功的人生态度。你和我之间并不是你死我活的竞争关系，因此，别人的成功对你来说并不是一种威胁，你就会由衷地为他们感到高兴，因为他们的成功并不是从你手里抢去的。你不需要踩着别人的头顶往上爬（我赢你输），也没有必要甘当别人的梯子（我输你赢）；你应该永远用双赢的思维方式思考遇到的所有问题。

我记得曾经从《伊万斯顿湖畔教堂布道》（*the Lake Street Church of Evanston*）一书中读到过这种观点：

我最近想起了保罗·西蒙参议员最喜欢讲的一个故事……他每次讲这个故事的时候都会热泪盈眶，不能自已。他曾经主持过一次残疾人奥运会，竞走比赛即将开始，所有选手都站到起跑线上；每位选手都有某种残疾。发令枪响了，选手们争先恐后地出发了。

比赛进行到大约三分之一的时候，突然有位选手摔倒了，观众们发出了一声惊叹！就在此时，激动人心的事情发生了。只见跑道上所有选手都停住了脚步，他们全都站住往后看那个摔倒在地的选手。接着，他们全都转身向后走去，慢慢地走过去帮助那位摔倒的选手。他们把他拉起身，让他重新站稳；接着，比赛继续，全体选手并肩到达终点线。他们一起完成了比赛，因为每一位选手都从那位跌倒在地的选手身上看到了自己的影子。

虽然存在像比赛场这种健康竞争的场所，但生活本身并不是一场竞技活动，尤其是在人际关系这个领域。如果有人问你："你和你妈老是吵个没完，那到底谁赢了呢？"这不是个很愚蠢的问题吗？因为在与人相处的时候，如果不能做到双赢，那么实际上你们两个都输了。

关于如何选择好朋友，如何理智约会，如何与父母相处这些重要决定，绝对需要有双赢的精神。

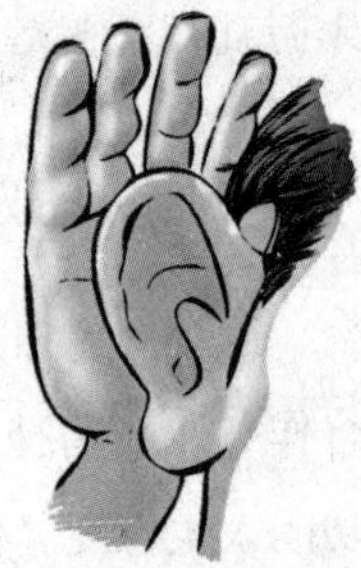

习惯5 先理解别人，再争取别人理解自己

理解习惯五，要记住大耳朵。

大部分人都不善于倾听，因此我们在生活中面临的一个大问题就是得不到他人的理解。我们总觉得没有人真正了解我们的问题、我们的痛苦、我们的愿望和我们真正的处境。

关于倾听这个问题，美国印第安人有自己独特的解决方式，这种方法已经使用了好几个世纪。他们使用的这种方法叫印第安发言棒。每当大家聚会的时候，就一定会有发言棒的用武之地。只有手持发言棒的人才有权发言，当你手里有了发言棒，就只有你能说话，如果你认为大家全都理解了你想表达的意思，就可以把发言棒传给下一个有话要说的人。这样，有了发言棒的帮助，你发言的时候就能够保证全体人员都在认真听。

如果你下次和父母谈话的时候手里能有这么一个发言棒该有多好。在他们没有弄清楚你的真实想法之前就没有发言权，这简直太妙了！

如果人与人之间的交流是需要学习的话，那么你需要学的一项最重要的交流技巧就是倾听。真正的倾听并不是你闭口不言就行了，它需要你积极参与，真正去了解另外一个人内心所思所想。我们经常会遇到问题，其中一个主要的原因就是在没有弄清楚全部事实之前就匆忙下结论。关于这一点，有个名叫罗根的少年写过一首诗：

有一天，我看到自己心爱的姑娘和另外一个男人在一起

他们有说有笑，态度亲昵

我看到他们手挽着手，毫不避忌
泪水模糊了我的眼睛
我用含泪的双眼看着眼前这一幕
这笑容满面的大块头
正在和我抢夺心爱的姑娘
我躲在垃圾桶后面，恨恨地看着那个壮汉
就在这时，他们竟然拥抱在一起

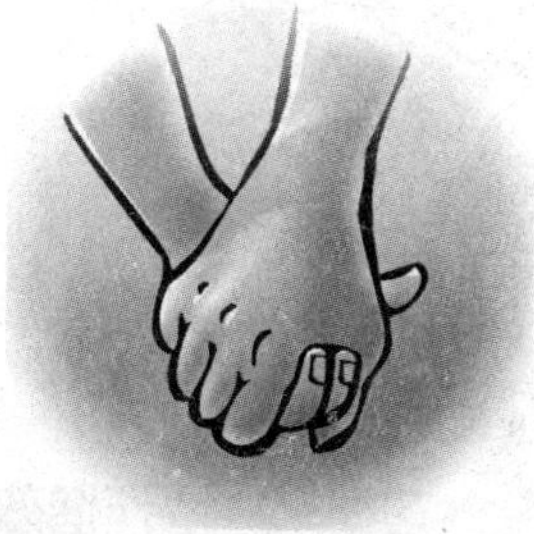

我的心碎了，因为分手的时候她竟然去亲他的面颊
于是我结束了垃圾桶后的跟踪
我已经看得够多够真的了
我决定要将这个魔鬼般的姑娘狠狠羞辱一番
虽然她曾经是我心里口里的珍爱
于是我怒气冲冲地给她发了封电子邮件
将满腔怒火狠狠发泄了一番
可我不会把邮件中的话语在这里重复，这对孩子不好
不过我承认信中用的词语的确不太美妙
我说我们的关系就此完蛋，然后飞快地点击了发送
就在这时，电话铃响了
我拿起话筒，简直不敢相信自己的耳朵
竟然是她，我的前……女友
她在电话里说
“对不起，亲爱的，今天一天没去找你
因为我哥哥来看我了！
我有没有跟你说过他是拳击手
在整个拳击界很有名？
他很想见见你，可他觉得还是应该
先问问你的意见如何。

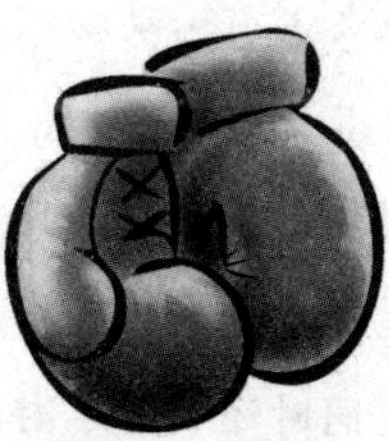

我这就检查一下信箱，然后过来找你

噢，快看，这儿有你来的一封信。”

不论是和朋友交往还是和父母相处，你都应该认真倾听，不要随意做任何判断，这样才能够收获健康的人际关系。

习惯6 协作增效

想象四只挽在一起的胳膊。

协作增效指两个或两个以上的人一起合作，共同取得比其中任何一个人都要好的成绩。在这个合作过程中并不是完全按照你说的办，也不是完全按照我说的做，而是寻找一条更佳途径，更好的方法。生活就像是组成一个圆圈的四只胳膊一样；每只胳膊都为这个集体带来新力量，最后形成的这个集体比任何一只胳膊都要强壮。建筑工最了解这一点：一根2×4的横梁能够承重607磅，但是两根横梁钉在一起的承重能力不是你想当然的1,214磅，而是惊人的4,878磅！同样的道理，如果我们一起合作，就能够做成个人无法完成的工作。

我们每个人都是独特的，家庭背景、种族、文化、长相、思维方式、表达方式等等全都有太多的不同之处。而协作增效的关键就在于要学会欣赏这些差异，而不是害怕差异。教育家R·H·里维斯博士用一则广为人知的寓言深入浅出地说明我们为什么应该尊重差异，而不应该用一个模子去套所有的人。这则寓言叫“动物学校”。

在很久很久以前，动物们创办了一所动物学校。他们为学生安排了一系列的课程，其中包括跑步、爬树、游泳和飞行……

鸭子是游泳健将，甚至比游泳教练游得还好，飞行成绩也相当不错；但跑步却很差。就是因为跑步成绩太差了，为了多练习，将勤补拙，他放学也不回家，同时还放弃了游泳课抓紧分秒时间练习跑步……

兔子开始的时候全班跑步得第一，但是在补考了几次游泳之后，神经终于彻底崩溃。

松鼠爬树最快，可是在飞行课上，老师要求他一定要从地面飞到树上才能计算成绩，而他只会从树梢上纵身而下……

小鹰是个问题儿童，因此必须严加管教。在爬树课上，他把所有同学都赶到了树梢上；他还拒绝爬树，一定要用自己的方法飞到树顶。

毕业的时候，一条成绩优异的鳗鱼在毕业典礼上代表所有学生致辞。他泳技高超，能爬会跑，也算能飞一点，所以平均成绩名列前茅。

你可能就是那只小鹰，你的朋友有可能像那只鸭子，你的妹妹像兔子，而你的妈妈则像故事里的松鼠，你应该学会接受并欣赏这些差异。你们各自都有长处，也有短处，但这正是这个世界最美妙的地方。在这个故事里，把老鹰和松鼠放在一起比较，硬是要问“它们两个哪一个更好”，这有多么愚蠢。同样道理，如果你在学校里总是和别人相比，认为“我比她好”，或“我比不上他”，这同样没有什么意思。没有人比谁好或比谁差，人与人之间只有不同。你这样挺好，他们那样也不错。

尊重差异是过上快乐生活的一个最大秘诀。同时，这也是你学习如何与父母相处的重要思维方式。

习惯7 磨刀不误砍柴工

想象一把锯子。

一个聪明的伐木工人从来不会借口工作忙就不去磨快他的锯子。同样道理，我们永远都不应该借口工作生活太忙就不再充实自己。一个人是由心、身体、头脑和灵魂组成的，每个因素都需要时间定期更新与充实。

正像鲁默·戈登所说的那样：

“每一个人都是一座房子，里面有四个房间，身体一间、思想一间、情感一间、精神一间……我们每天都要到这四个房间里去转一转，哪怕只是去那里开窗透透气也好；否则我们就不复是一个完整意义上的人。”

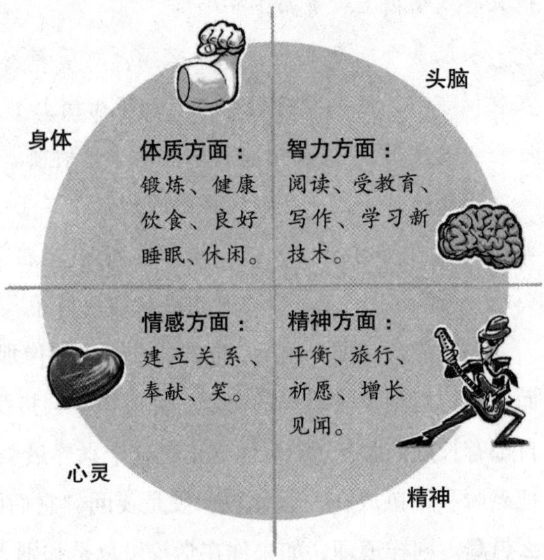

当我们把时间花在自己身上的时候通常都会有内疚感，因为我们从小接受的教育就是要先人后己。但是不要让自己有这种内疚感，在不断充实自己这个问题上，自私一点是无可厚非的。我保证不会告诉别人。

到这里，“七个习惯”速成课就结束了，了解这七个习惯对你做出人生转折点六个重大决定有很大的帮助。我希望你永远都不要低估习惯对你人生的影响力，因为如果一个习惯不是成就你，就一定会毁了你。记住，坏习惯就像是一张舒服的床：躺上去是件再容易不过的事情，但是想从上面下来就难了。相反，你一旦养成了某个习惯，不论是好习惯还是坏习惯，想要打破它都不是一件容易的事情。

关于柯维家经典影片

我喜欢看电影，我们全家都喜欢。你读这本书的时候就会发现我没说几句话就会扯上一部电影。我们家人都很古怪，因为我们会挑选

几部大家都爱看的电影，然后翻来覆去地看，直到每个人都熟悉其中的每一句对白，说话的时候三句话不离这些电影对白，弄得旁边的人都觉得我们像是一群疯子！我们把这些电影称作“柯维家经典影片”。虽然这些电影不一定是顶尖的那种，但我们喜欢看。如果你感兴趣，我已经在书后的“帮助台”（见297页）列出了这些影片。

后面的章节更精彩

想知道考试得高分的七个秘诀吗？继续往下读吧，你很快也会掌握这些秘诀的。

25页答案提示

这幅数字图和你在前面做过的那幅一模一样；不过这一次我将整幅图划成了平均的九个方格。你只要按照以下图例所示的顺序，就能够找到从1到54所有的数字。换言之，第一个数字在方框1内，第二个数字在方框2内，第三个数字在方框3内，下一个数字在方框4内，第九个数字在方框9内，然后再回到方框1内寻找下一个数字，依此类推。

1	2	3
4	5	6
7	8	9

这次再给自己一分半钟，看能够找出多少个数字。完成后，回到第21页继续阅读。准备好了吗？好，现在拿好笔，准备，开始……

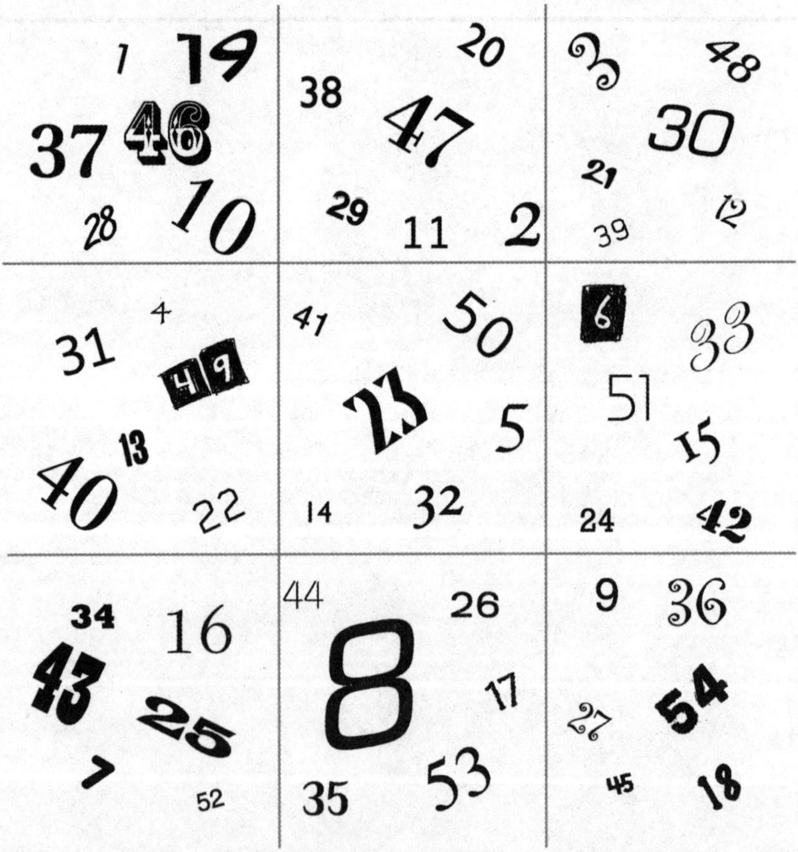

决定 1

我该如何对待自己的教育问题

压力太大，受不了啦！

关于学校 你应该了解的10件事

1. 知识和智力之间不能画等号。

——马里奥·戈迪内兹·帕拉达，19岁，美国墨西哥市

2. 要知道，越早开始学习越好。

——内田梓，17岁，日本四日市

3. 做作业，复习功课，要想得好成绩没有什么捷径可走。

——詹姆斯·阿诺德，17岁，美国犹他州莱顿

4. 参加学校活动很重要。

——普雷玛·帕兰西亚米，17岁，马来西亚雪兰莪州

5. 如果学校有坏消息，刚上车就告诉你的父母，否则你永远都不会告诉他们。

——珍娜，15岁，巴勒斯坦拉马拉市

6. 和聪明人交朋友。

——杰妮特，17岁，美国加州长滩

7. 以开放的心态听取各种意见。

——索龙果，16岁，蒙古乌兰巴托

8. 就算你的分数不是最高的，也要刻苦学习更多的知识。

——丹尼尔·提拉胡恩·梅兹葛布，19岁，埃塞俄比亚亚的斯亚贝巴

9. 考完试后再检查一遍。

——吉姆·伊安淘，18岁，中国台湾台北市

10. 学习的时候不要看电视。

——卡米·李，17岁，美国加利福尼亚州长滩

拿破仑：“唉！都没人愿意和我出去！”

佩德罗：“你约过谁吗？”

拿破仑：“没有，但是谁愿意啊？我什么本事都没有。”

佩德罗：“什么本事啊？”

拿破仑：“你知道的，就是像什么双节棍控制术、打猎术、电脑黑客术什么的。女孩们只想找那些有大本事的男朋友。”

——青春影片《拿破仑炸药》

我不喜欢中学，原因有三个：作业，作业，还是作业！就是这三个原因。但有一件事我喜欢：诗歌。当时有几个朋友，也都和我一样喜欢诗歌。我们会写一些傻乎乎的诗，然后彼此分享，看谁写得最傻。

我最“傻”的一首诗是16岁时写的。那天是元旦，我一直都和两个弟弟戴维和史蒂芬在一起看电视转播的橄榄球比赛。我们躺在长沙发上，面前堆着一大堆垃圾食品：比萨饼、玉米片、汽水什么的，反正都是不健康食品。我头疼得厉害。深夜时分我们全都躺在沙发上睡着了。后来我醒了，看到眼前是这么一幅奇怪的景象，更让我吃惊的是，我的腿竟然和史蒂芬的腿纠缠在一起。我们当时穿的都是短裤，所以两条腿就这么汗津津地粘在一起。恶心！我后来趁着记忆犹新就一口气写成了这首诗。

肥胖与温暖

感觉自己像是已经死去
轰鸣的雷声在脑海里时断时续
比萨饼、玉米片、甜甜圈
衬衫褶皱，鞋子臭气熏天
突然，眼睛和胃一起造反
你的腿竟然和我的在一起纠缠……
很肥，也很温暖

我曾参加过几次学校组织的作文竞赛，当然，看了上面这首诗，你也猜得出来我一次奖也没有得到过。但我发现自己对语言和文字有一种热情，这让我就此决定了自己在大学里的专业和今后的职业。

这让我做出了青少年时期的第一个重要决定。你上学接受教育的目的是什么？这个决定为什么排在六大决定之首呢？很简单，这个时期所接受的教育有可能对你今后50年的人生都有决定性的影响。

本章分为五个部分。第一部分“坚持就是胜利”，写给那些想要辍学的中学生。在“获得学习动力拿高分”、“拿高分的7个秘诀”中，我们将讨论如何获得学习的动力，如何取得好成绩，如何应对各种压力以及日常的情绪起伏。“成功上大学”重点探讨如何为大学做准备，包括入学准备及经济上的准备。最后，在“提前做好职业规划很重要”这部分内容里，我们将聊一聊你长大以后打算做什么以及如何开始尝试你选择的职业。

STOP

教育态度小测验

请先花几分钟的时间做一下这十个测验题。这个测验能够帮助你更好地了解自己目前的状况。记住一定要诚实应答。

盘点你的选择	才不是				没错
1. 我打算读完中学。	1	2	3	4	5
2. 我打算中学毕业后继续深造。	1	2	3	4	5
3. 我相信接受良好教育对我的将来至关重要。	1	2	3	4	5
4. 我在学校读书很刻苦。	1	2	3	4	5
5. 我的考试分数还不错。	1	2	3	4	5
6. 我参加学校的课外活动。	1	2	3	4	5
7. 我坚持做家庭作业。	1	2	3	4	5
8. 我能够应付学校压力。	1	2	3	4	5
9. 我能够平衡学校和其他事情之间的关系。	1	2	3	4	5
10. 我会花时间思考并开始探索长大后想做的事情。	1	2	3	4	5
	总分：＿＿＿＿＿				

上述每个问题满分为5分，总分50分。将十道题目的分数加起来，看自己的总分有多少。要记住，这不是考试，不会有人记录你的分数。这只不过是一次自我评估，帮助你评测自己当前所做的选择，所以不要对最后的分数耿耿于怀。

40-50 **你目前走在大路上，坚持下去！**

30-39 **你在大路和小路之间犹豫不定，到大路上去！**

10-29 **你正走在小路上，请特别关注本章内容。**

◆ 坚持就是胜利 ◆

很多年以前，有位名叫沃特·米歇尔（*Walter Mischel*）的心理学家在斯坦福大学做了一个学龄前儿童实验。他召集了一群四岁大的儿童，让他们坐在一张桌子旁边，桌子中间放着一堆棉花糖。米歇尔对孩子们说，他要离开房间一段时间，在他回来之前如果有谁能够忍得住不吃棉花糖的话，他就会奖励他们两颗棉花糖。如果他们等不及的话，现在就可以吃一颗棉花糖。是现在吃一颗还是忍耐一会儿吃两颗，这要由这些孩子们自己决定。说完，他转身离开了房间。

◎ 有几个孩子抵制不住诱惑，等他刚离开房间就吃了一颗棉花糖。

◎ 有些孩子忍了几分钟以后也放弃了。

◎ 有些孩子使劲闻那些棉花糖。

◎ 有个孩子甚至开始舔自己手里的棉花糖。

◎ 有几个孩子一开始就下定了决心要抵制住诱惑，等米歇尔回来。于是他们用手捂住自己的眼睛，把头使劲往下低，唱歌分散自己的注意力，玩游戏，藏在角落里，或者干脆努力睡觉。

米歇尔回来以后，奖励给那些能坚持住的小家伙一人两颗棉花糖。

棉花糖故事的启示

实验并没有就此结束，研究人员开始追踪这些孩子的成长过程，直到他们上完中学。值得注意的是，那些能够抵制住诱惑没有提前吃棉花糖的孩子比那些迫不及待的孩子更加成功。他们的适应能力更强，更自信，更受欢迎，也更值得信赖。他们在学校的表现更出色。

棉花糖和不辍学之间到底有什么关系呢？其实有很大关系。辍学就像吃棉花糖一样。那些美味多汁的棉花糖的确很好吃，而辍学开始的时候也能够让人尝到不少甜头。举个例子，如果你不再上学，马上就可以开始赚钱了，可以买自己想要的东西，比如汽车。你甚至还可能自己出去租房住。

同时，你马上就能够摆脱烦人的家庭作业和分数。

但与此同时，你也就失去了多等一会儿可以吃到两颗棉花糖的机会。这可不是一桩合算的交易，因为这里的两颗棉花糖更加诱人，包括掌握更多技巧，获得薪水更高的工作、更好的汽车、更多帮助他人的机会以及更好地欣赏周围的一切。

当然，关于坚持下去不要辍学的大道理你已经听了不少，但是，你真的认真思考过这些道理吗？你是否真的认真想过：如果不读完中学，你就将面临一辈子低收入的残酷惩罚？

为什么？就因为你不具备获得较高收入的工作能力。

对学生来说，每个小时赚8到10美元看上去是不错的收入，但你长大以后就知道这点收入远远不够。相信我，你只要把现在的收入水平和高中毕业后比一下，和大学毕业后的收入水平比一下，高低立见。以下是就业政策基金会提供的一些工资数据，虽然具体的数字每年都有变化，但是它们之间的差距一般都保持不变。

如果你将这些数字再乘以一生的工作时间（40年），三者之间的差异更是天壤之别。

中学辍学生749,360美元

高中毕业生1,116,600美元

四年大学毕业生2,048,240美元

此外，如果你中途辍学，下面所列的这些好工作就此与你“吻别”，因为这些工作全都要求至少拥有高中毕业文凭，通常要求具有大学文凭或职业教育背景。

电脑技术员	测量员	注册护士
牙齿保健员	医疗实验室技术员	商业艺术家
宾馆经理	工程技术员	汽车技师
行政助理	社会工作者	教师
会计师	联邦调查局侦探	工程师
记者	保险经纪人	药剂师
电脑分析员	营养学家	投资银行家
美术设计员	动物学家	公关经理
房地产代理	律师	医生
建筑师	科学家	大学教授
经济学家	心理学家	牧师、犹太教教士、神甫
牙医	兽医	公共政策分析员
地质学家	管理咨询顾问	股票经纪人

现实给辍学者敲响警钟

随着你的需要越来越多，或如果你决定和相爱的人结婚，组织自己的小家庭，低收入工作就远远不能满足你的生活需要了。青少年作家格莱格·拜伦有很精辟的观点。“你刚离开家的时候，住也许花不了你多少钱，因为你可以找人同住。但是你很快就不喜欢与人合住，希望有完全属于自己的私密空间，住得更好一点，有辆自己的新车，能够出去度假，买最新的科技产品。接着，你坠入爱河；然后有了自己的孩子，需要更好的房子，需要为开始蹒跚学步的孩子买漂亮的鞋子。

下面这张图表可以让你对单身生活或结婚后家庭生活的开支有个大概的认识：

每月预算（美元）	单身	家庭
住房（公寓或住宅）	400	900
水电气等	100	300
汽车、汽油、维修	350	500
食品与家居用品	200	900
衣物与礼物	150	500
人寿保险、汽车保险及医疗保险	350	500
娱乐活动	100	300
存款及养老金	100	300
总计	**1,750美元**	**4,200美元**

“如果你只能当商场收银员或餐馆服务员之类中学生兼职就能做的工作，根本没有办法赚到这么多钱。你需要薪水更高的工作。如果你单身的话，想要满足上述每月预算就必须每小时赚15美元；如果你有了爱人和孩子，还需要赚更多的钱才行。你一定希望他们能够有比较体面的住所，希望尽自己最大的能力为他们提供更好的生活条件……如果你们两个人都达不到这个收入水平，那你们就只能过穷日子。贫贱夫妻百事哀！你们开始为钱争吵，而这种事情本不应该发生在两个相爱的人身上的。你看看周围的人，他们由于当初做了明智的选择，现在的生活水平远远超过你们。你们不愿意谈这个问题，但是你们两个心里都清楚，因为你们都看到了：你们的朋友住得比你们好，开的车比你们好。谁能想得到，钱虽然不是万能的，但没有钱真的是万万不能的！”

难道就没有一个中学辍学生获得过成功吗？少数人的确很成功，但这就像是玩抽奖游戏一样，中奖的人毕竟是极少数。你一般不会有这么幸运，又为什么要去冒这种无谓的风险呢？

看看以下这些残酷的统计数字：

◎ 辍学生很难找到工作并保住工作：50%的辍学生失业。

◎ 辍学生被归类为无法完成工作的人群。

◎ 辍学生经常变换工作，哪个工作都干不长。

◎ 绝大多数高薪工作不会考虑辍学生，即使他们能胜任。

◎ 在很多国家，高中毕业文凭已经越来越不管用了。来自俄罗斯的少年瓦拉德说：“在今天的俄罗斯，如果你没有大学文凭基本就等于什么都不是，不读大学根本就找不到什么工作。”

写到这里，我想已经可以为辍学者敲响警钟了：

打破恶性循环的怪圈

有的时候，上一代人对我们有很大的影响，我们总是无法摆脱父辈传下来的坏习惯或坏模式。这也是为什么很多不健全的家庭总是一代传一代，无法摆脱这个恶性循环。

但是不要气馁，因为有个好消息要告诉你们：选择权掌握在你自己的手里。你可以发挥自己的主观能动性，打破这个家族的恶性循环。你可以让坏习惯在你这一代消失，把好习惯传给你自己的孩子、外甥或侄女，影响家族中的下一代。如果你能成为你们家族里第一个上大学的人，从你开始把良好习惯一代一代地传下去，这不是一件最美妙的事吗？

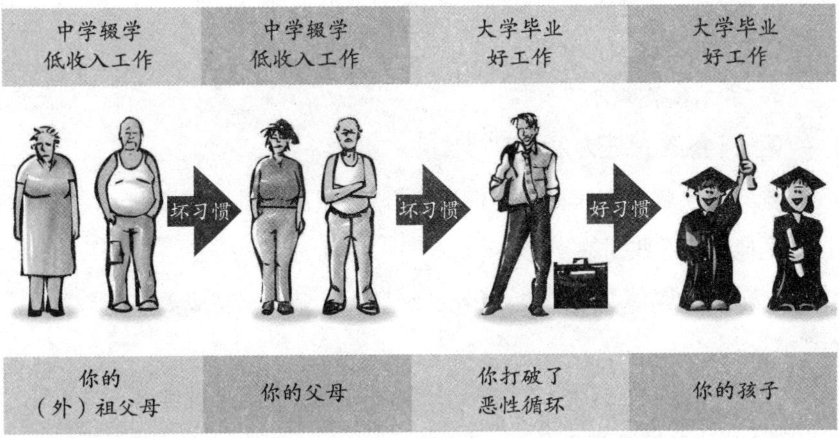

你们家的生活有可能十分困难，家里人也不希望你继续读下去；你有可能怀疑自己的能力，担心自己真的会一事无成，无法完成学业；你有可能痛恨学校生活，觉得自己在学校里一天也呆不下去了。但是，我敢保证，如果你坚持读完中学，你将为此感激终身。明天能够吃到两颗棉花糖当然比今天只能得到一颗棉花糖要好得多。

◆ 获得学习动力拿高分 ◆

做下面的测试，把你想到的第一个词写下来就行，或者用脑子记住这个词。

老师：　　**语法：**　　**家庭作业：**

成绩卡：　　**测验：**　　**午餐食堂大妈：**

我曾经组织一些青少年做过这个测试，以下为其中的一份答卷：

老师：监狱看守　　**语法：**难　　**家庭作业：**死

成绩卡：审判日　　**测验：**临时抱佛脚　　**午餐食堂大妈：**胖胳膊

勇敢面对挑战

在学校里，你面临太多挑战，其中最常见的有四种：

1.“压力太大了。”

2.“要做的事情太多，时间根本就不够用。”

3.“我不在乎。”

4.“我不擅长学习。”

第一个挑战："压力太大了"

我问过一些青少年同一个问题："学校里什么让你感觉压力最大？"以下是他们的一些回答：

“整个社会给我们的压力，好好学会怎么样，不好好学会怎么样之类的。”

“分数。”

“所有老师一起测验，星期一就有四个测验。他们应该协调一下时间。”

“父母的期望。”

“微积分简直要了我的命。”

“死板的老师，说话全都一个腔调。”

“竞争。”

“足球队训练、篮球比赛、家庭作业，所有这些全堆在一起，好像永远也做不完。稍微偷一会儿懒就得花好几天的时间才能补上。如果一天不做数学作业，第二天就要做双倍的作业。”

即使你不上学，压力也不会就此消失不见，只不过表现形式有所变化而已。这个时候给你压力的不再是学校生活，而是账单、孩子、工作以及姻亲关系等。所以不要指望过没有任何压力的生活，你应该做的是学习如何应对压力。怎么做呢？一定要定期自我磨炼。

你需要花一些时间去充实自己，这绝对不是一件自私的事情。如果你总是对自己要求太多，什么事情都先人后己，那你很快就会累垮，很快就会变得不堪重负，到那时，你还能做什么呢？所以永远不要忙得连自我充实的时间都没有了。一定要定期充实自身四个不可分割的方面：身体（体格)、心态(关系)、头脑(智力)和思想(精神)。

请做以下小测试,评估一下你在这方面做得是不是足够好。

—— 充实自身小测试 ——

身体 才不是 没错

我吃得好睡得好,没有太大压力,经常锻炼身体。我身体状况良好。 1 2 3 4 5

心态

我有不少朋友,自己也是个不错的朋友。我会花时间维持重要的关系。我参与一些活动。 1 2 3 4 5

头脑

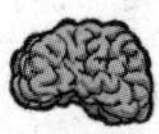

我在学校学习刻苦,觉得自己总能学到新知识。我经常读书,有自己的爱好。 1 2 3 4 5

思想

我会花时间为他人效劳,会专门拿出时间进行思考。我会定期整理自己的思绪(如写日记、到外面散步、祈祷、阅读有益身心的书籍、演奏乐器)。 1 2 3 4 5

怎么样,你对自己的各个部分都有足够的关注吗?如果你给自己的心态打了2分,或许应该在朋友和家人身上多花一点时间了。如果你为自己的身体部分打了1分,最好把生活节奏放慢一些,多关心一下自己的身体。这四个部分就像汽车的四个车轮一样,如果其中的一个失去平衡,另外三个就会承受额外的压力。举个例子,如果你觉得自己很疲劳(身体),在学校里的表现(头脑)就会大打折扣。反之亦然。如果你有生活目标(思想),很容易就能够成为别人的好朋友(心态),能够在学校有最佳表现(头脑)。

你可以采取多种方式减轻自己的压力，以下是我询问一些青少年时得到的回答：

◎ 我会去跑步，这让我有时间思考自己面临的问题，帮我找到方法。

◎ 我会给自己一个小时的时间专门想自己的伤心事，我也会哭。

◎ 我会泡个澡，读一读我的日记，然后睡一觉。

◎ 我会去打球。

◎ 我会用举重来减压。

◎ 帮助别人能够让人忘记自己的问题。

首先解决睡眠问题

先来谈关于身体最重要的一个问题：睡眠。研究表明，睡眠不足将导致情绪低落、无法取得好成绩、事故频发以及情绪失控等问题。你一定知道，当你疲劳的时候很容易把一切都搞砸。这个时候，如果有人对你的发型说了句不中听的话你就会大动肝火；近在眼前的历史考试会让你紧张得无法忍受。如果你睡眠出现问题，像一具行走的躯壳，这一切都有可能发生，你不仅会情绪失控，思维也不再清晰。

以下是四个有助于解决睡眠问题的小窍门

◎ 满足自己　你每天的睡眠时间应该在8.5到9.25个小时之间。找出多少时间的睡眠能实现你的最佳状态，然后根据早上起床时间为自己设定睡觉时间。一定要记住，睡眠是大脑的食物。

◎ 早睡早起　健康专家认为晚上12点前睡一个小时等于12点以后睡两个小时。早睡早起的确有神奇的功效。

◎ 坚持到底　如果你周一到周四每天晚上大约11点上床睡觉，那就不要在周五、周六晚上熬到凌晨3点才睡，然后一直睡到第二天中午才起。周末晚睡晚起容易打乱平时养成的良好睡眠习惯。凡事都不要走极端，即使晚睡也不要超过一定的时间范围。

◎ 放松彻底　不要在就寝前猛灌咖啡，要尽量让自己放松。泡个热水澡，写写日记，读一些轻松的漫画书。就寝前几分钟的“轻松一刻”能够有效保证夜间的睡眠质量。

以上这些小窍门只是一些指南，尽量安排好自己的睡眠，不要走极端，要保持理智。如果你觉得自己情绪低落，头脑思维混乱，容易疲劳，那么有可能稳定的睡眠规律就能够治愈你所有这些问题。

第二个挑战：要做的事情太多，时间根本就不够用

有个少年说："我真的很忙，什么都要做。乐队、羽毛球队、学开车，干两份兼职，每个星期还有家教任务。我参加了学校的五个俱乐部，还选了一大堆选修课。"

有这么多事情要做，时间总是不够用，我怎么才能做得完所有这些事呢？如果你能够合理安排时间的话，就能做到面面俱到，至少能够完成其中大部分工作。本杰明·富兰克林曾经说过："你热爱生命吗？那就不要浪费时间，因为生命就是由一分一秒构成的。"

如果每天有25个小时该有多好！你会用多出来的7个小时做什么呢？我敢打赌你每星期至少消费7到20个小时，而你却从来没意识到。如果你不信，填写以下的表格。

活动项目	上周所用时间	每周能够节省的时间
少看电视		
减少单纯消磨时间的事情（浪费我时间的事：________）		
面带微笑，拒绝琐事（不太重要的事：____________）		
该做的事情就不要再拖延		
总时间		

减少看电视的时间　看电视是消磨时间最好的办法。懒散的人在电视前的沙发上一躺就是几小时。看看电视是有好处的，但是看太多电视绝对是浪费时间；这是典型的第四象限内事务，既不重要也不紧迫（参见第33页的时间象限图）。你知道美国青少年平均每星期看电视的时间平均高达21个小时吗？可他们还抱怨自己的时间不够用。嘿嘿……

找回更多的时间（PTW）　回忆过去7天你在看电视或看电影上花的时间，包括周末。一定要诚实作答。将数字填写在上表“上周所用时间”一栏内。现在，认真想一想，在这方面能够减少多少时间？将这个数字填写在上表“每周能够节省的时间”一栏内。

减少单纯消磨时间的事（PTW）　我们都会做第四象限内纯粹消磨时间的事情。我把这些称为单纯消磨时间的事情或叫PTW；这些事务的具体内容因人而异。当然，你需要时间放松自己，我也没说你应该取消所有这些PTW，只是说应该在这些事上减少一些时间的投入。

找回更多的时间　把你消磨时间的方式填写在上面的表格中，回忆过去7天花费在这方面的时间，然后想一想你能节约多少时间，将数字填写在上表相应的空格里。

对不重要的活动笑着说“不” 第三象限是个恶魔，属于唯唯诺诺的人（参见第33页的时间象限图）。这种人希望取悦每一个人，不愿意错过任何事情，对所有人所有事都说“好”，但唯独忽略了你自己。我当然赞成你积极参与体育活动、俱乐部活动以及其他课外活动，但是千万不要走极端。首先要注意的是你自己的事。美国中学生中大约2/3都会在上课的同时做兼职工作。问你自己：我是否真的需要在学习的同时工作？当然，有些孩子必须工作，帮补自己的家庭，这没有什么不对，但有很多学生根本就没有这个必要。如果赚钱影响了学习，那就得不偿失了。

问一下你自己：“我手头的事是不是有点太多了？”如果你参加了太多活动项目，感觉无法控制自己的生活，那就先放弃一些不那么重要的活动项目，将时间和精力放在剩余的重要活动上。要开始学习说“不”，拒绝的时候要面带微笑。

让一切简单起来。做一两件能够让你出色的事情，不要做一大堆流于平庸的事。

找回更多的时间 在你定期做的事务中选择一项最不重要的活动，将其记录在上面的表格中。然后记录过去7天包括周末的时间里在这件事上花费了多久。如果砍掉这项活动能够节约多少时间，将这个数字填写在上表“每周能够节省的时间”一栏内。

想到就做，养成做计划的好习惯 上中学的时候，我和我弟弟合开一辆破旧的本田雅阁。一天，我感觉刹车有点不对劲，应该送去修理一下。但是我把这事一拖再拖，直到刹车出现刺耳的噪音。最后，我终于把车送到修理处，但这个时候，刹车已经完全不能用了。我们花了一大笔钱，用了几天时间才把刹车修好；如果一开始就送修的话，只要花现在1/5的钱就行了，而这全都是因为我“明日复明日”的懒惰思想。如今，我遇到事情总是会问自己以下这几个问题：“如果你手头有工作要做，问自己两个问题。如果现在不做，什么时候做？如果我不去做，谁去做？”

你在学校里是不是有临时抱佛脚的习惯？好几个星期什么都不学，然后到测验前一天晚上一夜不睡狂补功课？这样有用吗？也许短时间内有点用。你有过在农场工作的经验吗？你在农场干活的时候也能靠这个吗？春天忘记耕种，整个夏天无所事事，然后秋天想到田地里收获作物。这可行吗？我想不行吧。从长远来看，生活更像是农场，而不是学校。播下什么，收获什么。

我承认！上中学时我最拿手的就是拖延战术。功课一拖再拖，测验前夕临时抱佛脚，结果都能混过去。但是最后没有记住多少东西，我把这个叫做学习上的贪食症：记了就忘，吃了就拉，最后什么都没有留下。后来读大学和研究生的时候，我花了不少时间和精力才补上当时拉下的功课。但是有些东西却永远都无法弥补，为此我十分后悔。对付这种拖延只有一种办法，那就是耐克的口号“Just Do It”（想到就做）；十分感谢，耐克！学习一定要跟上，千万不要让自己落在后面。要做第二象限的主人，做一个轻重缓急分明的人，养成凡事做计划的好习惯。

我建议使用某种规划手册；有很多学校都会发给学生这种手册，如果你所在的学校不这么做，就自己去买一本。买那种有月历的手册，要留出每周或每日个人计划的空间。当然，你也可以使用电子文档版本。买到规划手册以后，把重要的事情都记在上面：测验时间、交作业的时间、学校休息时间、假期、比赛日期、生日、主要家庭活动等等。把事情记录下来能够让你心情放松，没有必要再时刻记住所有的。每个星期的第一天，查看一下这周的主要活动内容。不要等到最后一刻再去翻书复习准备测验或开始写论文。一定要做到未雨绸缪。

找回更多的时间　在过去的这一周里，记录下你在弥补早些时候拖延未做的事情上所花费的时间，然后计算一下，如果你不是那么拖拖拉拉的话，每周能够节约多少时间。

将总数填写在上表“每周能够节省的时间”一栏内，看看得数是多少。7个小时？15个小时？还是更多？是不是很惊人？大家总觉得时间不够，可我们每个人每周都有168个小时供自己支配，可以做自己希望做的事。迈克尔·阿尔舒勒（*Michael Alshuler*）写道：“坏消息是时间在飞逝，而好消息是你的时间你做主。”

把自己的缺点变成优点和长处

第三个挑战：我不在乎

是不是有人这样对你说过？“你在学习上实在是太懒了。如果你能稍微用功一点，一定能取得好成绩。”在学校里，不用功、成绩差、不在乎，都是十分普遍的现象。如果你没有什么动力，觉得学习是强加于人的事情，那么认真思考一下关于学校有哪些事情是你可以控制的，有哪些是你所无法控制的。很显然，有很多事情你都没有发言权。但是，也有不少事情是你可以控制的。

接受教育是你自己的事

你不一定非得喜欢学校，但是也别让自己像个受害人一样可怜。不要随便就对自己说："我不喜欢学校，所以我不想再去上学了。"哇！你应该做的是把注意力放在自己能够控制的事上。

接受教育是你自己的事情，不是学校或家长的责任。当告别青春年少步入成年的时候，你应该知道如何阅读、如何思考以及如何表达，应该了解一些历史、地理以及文化方面的知识。你应该阅读过很多的经典书籍，认识历史上著名的人物。这就是你接受教育的目的，教育本来就是一件很让人激动的事情！所以不要再让自己被动地接受教育了，应该主动去寻找知识。以下是一些改变你对教育看法的诀窍：

◎ 培养一个你真正喜欢的爱好，如摄影、艺术、舞蹈或别的能够让你热血沸腾的活动项目。

◎ 报名参加你一直都想选修的课程。

◎ 参加学校有趣、有挑战性的课外活动，如俱乐部或体育活动。

◎ 申请喜欢的暑期工或其他能够激励你的实习工作。

◎ 选修在学生中口碑最好的老师教的课程。

◎ 开始做自己要做的事。

◎ 选择适合自己的教育项目。很多学校都会提供针对不同素质发展的教育项目。

◎ 在国内或出国旅游。

体会旅行的乐趣和教育意义

圣·奥古斯丁曾经在书中写道：“世界就像是一本书，而那些足不出户的人只能读到第一页。”我太喜欢这句话了。我想不出能比旅行更有乐趣和教育意义的事情了。以下是旅游的一些好处，摘自卡洛尔·卡特所著的《一生所系》（*Majoring in the Rest of Your Life*）。

1. 旅游能够让你立即拥有自己热爱的职业：你有可能对某些事务感兴趣，但是自己对此却一无所知。如果你能够拓展自己的见识，就会发现自己真正喜欢什么。

2. 旅游能够让你发展一项特殊的技能：外语表达能力。在有些工作领域，你去过的地方越特殊，就越能显示你所拥有的才能。举个例子，如果你在自己的简历上写着“我曾经在罗马尼亚度过一个暑假”，这一定能够让你应聘的公司对你刮目相看。

3. 旅游能够增强你的自信，提高你的承受能力。在外国城市游历一番之后，见识了那里不同的文化、语言，再回到自己的国家应付这里的一切那简直是“小菜一碟”。

4. 旅游让你有机会了解不同的文化和民族，让你对自己的国家和传统有更深的认识，并为此心怀感激。

5. 旅游十分有趣，让你享受学习的乐趣。你会看到那些只有在书上才看得到的瑰丽景象，如巴黎的罗浮宫、中国的长城、纽约市百老汇演出等。

现在，你有可能会说：“太好了！可我该怎么做呢？旅游的费用在哪里？我该怎么说服父母放我出去旅游呢？”如果你真的喜欢旅游，喜欢到国内国外去拓展自己的见识，有大量资源可供你使用，有很多相关的项目和人员愿意帮助你实现自己的愿望。如果你真的热爱旅游：

◎ 利用学校安排的旅游项目，几乎每个学校都会有这种旅游项目

找辅导员、行政管理人员或了解情况的人谈一谈。通常情况下，如果出国旅游，你还可以得到学分。我上中学的时候，曾经参加了一次学校赞助到墨西哥的旅游活动，我在那里同一个正宗的墨西哥家庭一起吃住。一天，我脱光上衣出去跑步，一路上所有的墨西哥孩子都看着我笑。后来我才弄明白那是因为他们从来没见过这么白的皮肤。晕！我那次真的很开心，还学会了用西班牙语说“疯狂”。

◎ 加入一个志愿组织，数不清的这种组织都缺少志愿者

你可以去世界上比较贫困的地区，通过自己的努力改变那里有些人的一生，同时也让自己的人生变得更加充实。我有个名叫丹恩的邻居，17岁的时候参与了微笑行动。这个行动组织一些医生和志愿者到世界贫困地区为那里患有面部畸形（如兔唇）的孩子免费做矫正手术。他们每年都会用几天的时间做数千例手术，让这些原本不幸的孩子重新拥有灿烂的笑容。这些手术虽然简单，但却能够改变一个孩子一生的道路。这是丹恩整个中学岁月中过得最有意义的时光。

◎ 做一名外国交换学生

报名与外国家庭一起生活一段时间，全身心地融入另外一个文化中。

◎ 父母出差的时候要求一起去

白天父母工作的时候你可以自己出去参观市容，去博物馆或动物园或在当地商场吃午饭。晚上和父母一起活动。

如果你想了解更多的旅游机会，还可以到网上去搜索一下，约辅导员谈一下，去图书馆查找有关资料，与有过这些经历的人约谈一次。17岁的中学生布里奇特是这样开始寻找旅游机会的：

一天，我对母亲说：“我真想出去旅游，这肯定很有趣。”她对此不是很热心，说：“也许有一天可以吧，出去做交换学生什么的。”于是我上网搜索了一下，马上就找到了一大堆机会。接着我去找辅导员谈了这个问题，了解这些机会是否合法。我找到了一个名叫青少年相互了解的国际交流组织，认真研究了有关项目，最后决定去日本。但是参加活动需要缴纳5000美元的费用，我申请了冲绳和平奖学金。3个月以后，我真的得到了奖学金，活动经费的问题迎刃而解。我启程去了冲绳，这里被誉为日本的夏威夷。我在那里呆了6个星期，简直是乐不思蜀。我爸妈都说，别超过6个星期啦。今年，我又要跟一个教师资助团体到爱尔兰去。

这毕竟是一个很小的世界。（嘿，这句话怎么听上去有点耳熟。）所以赶快跳出你那个小圈子，走出家门，出来探索这个美妙的世界吧。

第四个挑战：我不擅长学习

也许你在学校里的表现的确差强人意，也许你认为自己本来就不是读书的材料。别灰心，同学，抬起头来!你知道吗，世界上有些名人也曾经和你一样过……

这些名人曾与你一样

爱因斯坦　被誉为20世纪对人类影响最大的人，4岁之前不会说话，7岁之前不认字。他的父母一度认为他智力有问题。9岁之前他说话口吃，有老师劝他中学辍学："爱因斯坦，你什么都干不了。"

牛顿　现代物理学创始人，科学家，上学的时候数学成绩很差。

帕特利西娅·波拉蔻　多产的著名儿童作家及插图画家，直到14岁才认字。

亨利·福特　发明了著名的T型汽车，福特汽车公司的创始人，中学几乎一度读不下去。

露西尔·鲍尔　著名戏剧演员，《我爱露西》一剧的主角，由于过于安静和害羞而曾被戏剧学校开除。

巴伯罗·毕加索　人类有史以来最伟大的艺术家之一，10岁的时候由于成绩太差而被赶出学校，他父亲请来的家庭教师也认为他不可救药而主动辞职。

贝多芬　世界最伟大的作曲家之一，教过他的音乐老师曾经断言他“是个没有希望的作曲人”。

沃纳·冯·布劳恩 世界著名的数学家，九年级的时候代数考试不及格。

阿加莎·克里斯蒂 举世闻名的侦探小说作家，除莎士比亚之外最畅销书的作者，深受诵读障碍困扰。

温斯顿·丘吉尔 著名的英国首相，读六年级的时候曾经留级。

虽然他们在学校遇到了这样那样的问题，但最终还是在其他领域取得了成功。你也可以做到。就算学习成绩不好也不等于你不够聪明，因为智力有多种表现形式。学校主要考察我们一种智力形式，即所谓的智商IQ，也就是我们进行分析、推理、抽象思维和语言使用的能力。

其他形式的智力也同样重要，如情商EQ。情商很高的人有很高明的直觉，能够解读各种社会环境，有能力与各种各样的人打交道。但是在学校里未必能体现出你这方面的才能。还有SQ，精神层面的智力，代表每个人对将来进行规划、评估以及设想的能力。学校也无法衡量你这方面的才能。还有体能方面的智力PQ。你不需要提醒心脏，它每一分钟都在工作；你也不需要提醒自己的肺，它自己就能够扩张。此外，人还可以通过身体运动使身体各部分变得更加协调。

你的朋友有可能在智商上得分比你高，但是你的情商有可能比他强；要对自己独特的秉赋和才能心怀感激，不要因为他人的缘故丧失对自己的信心，认为自己一无是处。如果有人对你进行恶意攻击，记住爱因斯坦在受他人攻击的时候说过的一句话：“伟大的心灵总是会遭到来自平庸之人的猛烈攻击。”

如果我有学习障碍，怎么办

如果别人说你有学习障碍，什么儿童多动症、多动综合征、诵读障碍或无法集中注意力，你可以尝试以下几种解决途径。首先，约有关专家谈一次，看看自己是不是真的有这些方面的问题，了解一下专家提出的建议。有些孩子服用药物之后感觉好了很多；有些孩子使用其他方法，如节食、治疗、减压、运动、草药或将其中几种方法结合起来使用。有些孩子根本没有任何问题，只不过是他们认为自己有问题。

其次，绝对不要认为自己有某种缺陷！不管最后的诊断结果如何，你都完全有能力在学校做得很好，有能力生活得很好。如果你知道有数以千计的成功企业家、律师、医生、教师、音乐家、演员曾被诊断出有诵读障碍、多动综合征或其他学习障碍，你一定会大吃一惊。

如果你觉得学习是件困难的事情，那就将它看作你的一个弱点好了，然后想办法去克服它。你有可能需要付出比别人多的努力，但是这样做的结果就是能够取得成功，把自己的缺点变成优点和长处。

格莱格·福克斯曾经讲述了他自己在这方面的亲身经历：

作为一名学习有障碍的学生，老师对待我是那种对待残疾人的态度。他们把数学问题的答案直接告诉我，帮助我做家庭作业，允许我们考试没有任何时间限制。他们对我没有什么期望，我也就不会给他们什么惊喜。到了上中学的时候，我已经习惯了这种特殊待遇；平生第一次我将自己的不足当做了跛足人士所使用的拐杖，因为这让我能够轻而易举地对付各种任务。就这样，我成了低人一等的人。

高中时，我和其他一个有学习障碍的孩子一起进入一个班，我们有了个新老师，威斯伯格先生。他是个中年人，放弃了做律师的职业，专门到学校来帮助像我这样的青少年认识并发掘自己身上的潜力。他真的做到了。不管我有什么样的借口，在他那里都行不通。我长这么大第一次必须为自己的学习负责，并且学习如何不去找任何外界的借口。

我就像是正在学步的人一样渴望重新拥有一对双拐，因为我用了它们这么多年。虽然过程十分艰难，但是威斯伯格先生逐渐让我相信人的潜力是无穷的。开始的时候，我恨他不让我偷懒，但是我们两个最终还是一起冲破了那道看不见的障碍。

我以全科都是A的好成绩从中学毕业，考上了大学，开始读英语本科学位。但是，除了学位和平均成绩点数GPA以外，我还学会相信自己，自己对自己的未来负责。我唯一后悔的是，过去那么多年以来，我一直都将自己关在别人限定的小圈子里。

我们一直都希望自己能够满足他人对我们的期望，希望能够满足自己对自己的期望，这是事实。如果你觉得学习上遇到困难，不要放弃，不要让自己退而求其次，一定要摆脱别人为你贴的任何标签。当然，无论如何你更不应该自己给自己贴标签。这种做法十分缺乏远见，根本就没有认识到我们每个人与生俱来的各种潜力。

我记得见过一个名叫阿米莉娅的姑娘，她很爱说话，刚从韦伯州立大学毕业，取得汽车科技专业学位。她是该校本专业里唯一的女生。她的成绩非常出色，多家大公司都抢着要她去工作，其中包括哈雷·戴维森公司。不过阿米莉娅的成长环境并不好，她来自犹他州普若佛的一个单亲家庭，母亲为了养活五个孩子，不得不同时打多份工。

“我妈妈很早就告诉我她付不起我上大学的钱；如果我想要过上比较好的生活，就必须靠自己去赢奖学金。”但是，阿米莉娅读小学的时候成绩并不好，尤其是阅读困难很大。直到上了中学，她才终于意识到问题出在什么地方。“有一天我正大声朗读课文，一直都在读错字。正好我妈听见了，问我：‘你干嘛要读错字？’于是我说：‘我也不想。我一直都这样，读错两三遍之后才能读对。’于是我妈妈这才知道我有这个问题。这么多年来，我一直痛恨阅读，痛恨学习，最后被诊断为患有严重的诵读障碍。这之前，我不知道自己为什么这么痛恨学习，即使老师和我妈也弄不明白。”

诵读障碍指阅读的时候会将所有字母都混在一起。很多年以来，患有诵读障碍的人通常都会被别人认为是愚蠢的孩子；后来玛格丽特·劳森发现了这种病患，终于为上百万孩子洗清了愚蠢的名声，让大家都了解这些孩子大脑里究竟发生了什么事情。通过下图你就能够形象地看到，一个句子在患有诵读障碍的人眼里是什么样子：

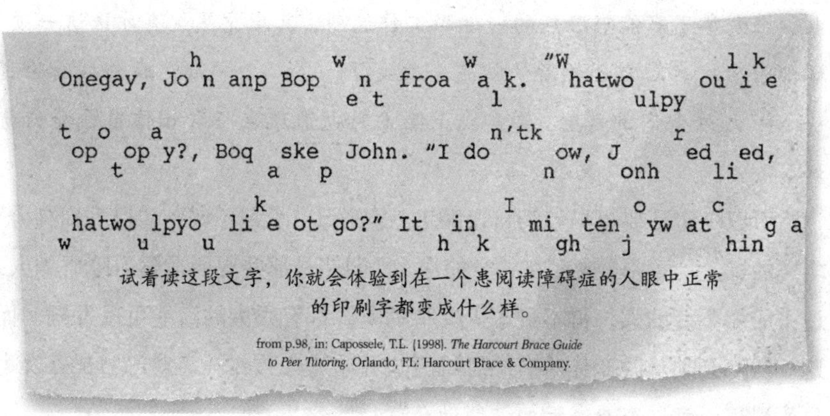

试着读这段文字，你就会体验到在一个患阅读障碍症的人眼中正常的印刷字都变成什么样。

from p.98, in: Capossele, T.L. (1998). *The Harcourt Brace Guide to Peer Tutoring*. Orlando, FL: Harcourt Brace & Company.

幸运的是，在整个中学和大学，阿米莉娅结交了几个真正的朋友，帮助她克服了诵读困难的问题。

通过自己的努力，有了人们善意的帮助，你也一样能够像阿米莉娅一样克服学习上的重大困难和障碍。

拿高分的7个秘诀

我相信，如果愿意的话，每个人都能够取得好成绩，就算他们之前从来没有得过好成绩或学习一直都有问题也没有关系。“好成绩”到底是什么意思呢？每个人都有自己的观点，你应该自己决定。以下是取得好成绩的七个窍门。

秘诀1：相信自己，能行　这完全取决于你的思维定势，取决于你自己的想法。首先你一定要相信自己的能力。一个名叫约什的少年是这样说的：

整个中学我从来都没有得过高分。我是个好运动员，但是觉得自己就是学习上的事不行。这真是伤自尊。我带着这些想法上了大学，你猜怎么着？上了大学以后我还是得不了高分。我想当牙医，可我这样的分数绝对不行。有一天，我上网的时候看到屏幕上弹出一个智商测试。我记得父母曾经告诉我小学的时候我的智商测试得分很高。于是我就试了一下，结果让我大吃一惊。我的得分是140！我简直不敢相信自己的眼睛。

电脑上列举了我能够胜任的一连串工作选项，其中竟然就有牙医这一项。从那以后，我对自己的看法就完全改变了。第二个学期，我的成绩除了一个B⁺之外全部都是A。要是我上高中时也像现在一样相信自己能行就好了。

所以一定不要过早地为自己贴上“愚钝”、“学习不好”、“得不到高分”之类的标签。每一个人都有无穷的潜力，即使是那些有所谓学习障碍的人，过去成绩不好的人，得不到家人支持的人，都有很大的潜能可以发掘。而这一切都必须从改变你原有的思维模式开始（如果你不喜欢IQ测试以及类似的测试，可以查看书后的“帮助台”)。

秘诀2：展现自己 正像著名的喜剧大师伍迪·艾伦说的那样：“成功的80%靠频频露面。”有些逃课的孩子总是奇怪为什么自己的分数永远都上不去。如果你按时出勤的话，就会发生意想不到的好事。因为这样就不会错过突击测验，不会错过老师宣布的加分作业，不会错过老师教大家如何准备马上面临的测验。

秘诀3：重视加分作业 只要是老师布置的加分作业，就一定要认真去做。通常情况下，这些加分作业都很简单，但却能够让你得到不少分数，还能够为考试做好准备。但是有很多学生都不会利用这一资源提高自己的分数。我还记得自己上中学三角课的时候，不管我多用功，测验得分永远都是B或C。后来我注意所有作业都按时完成，尤其是老师布置的加分作业一个也不落下，最后终于得了个A。哈！

秘诀4：给老师留个好印象 见了老师要打招呼；态度要友好，对老师要尊重。上课的时候选择前排座位，改变老师对你的印象；不要认为老师处处都是在针对你，99%的时候他们没有专门针对你。如果你没有按时完成作业，要勇敢地告诉老师，并询问是否可以晚一些再交。有的时候他们会接受迟交的作业。嘿，你知道吗？老师其实和你我并没有太大的差别。如果你对他们好，他们也会对你好，不会一直跟你过不去。我太太丽贝卡尤其擅长在高中的时候给老师留下好印象。

在麦迪逊中学上高中的时候，我的化学课老师是克莱默先生，才华横溢但是很难相处。我当时对化学这门课很不开窍，什么都不懂，测验只得三四十分。于是我对老师说："克莱默先生，请您帮帮我。我总是不及格，但是我发誓真的是尽力了。"说完，我哭了起来。这可不是我在假装，我哭是因为我这门功课不及格。后来我每天上课都提前来，由老师给我补课。我问老师是不是能够给我布置一些加分作业，每次作业我都按时认真完成。下课以后我也会主动留在教室里学习。终于我得到了B。我想自己能够得到这个成绩主要是因为老师喜欢我，而我也真正尽了力。

当然，你可以把这种做法称为拍老师的马屁，但我更愿意说这种做法十分聪明。

秘诀5：在红色区内一定不能松懈　在橄榄球运动中，红色区指到达最后端区之前的最后20码区域。这里是最难通过的地方，你可以将球上抛下传，但是如果你在这里失手，将一分不得。有很多孩子整个学期都很努力，但是最后一个星期却由于过于疲劳而泄了气。在学校里，红色区指的是最后的关键时刻，需要你全力以赴去应对，最后完成一件事情。它有可能指明天的关键性测验，因为这比平常任何一次加分作业都要重要。它也有可能是学期最后一个星期，期间你要对付几次考试，有很多作业要完成。在这些时刻，你尤其不能松懈；有些青少年之所以能够得高分，就因为他们在这些红色区内的表现比那些分数不高的孩子要强。

最后关头也是最关键的时刻，一定要坚持下去，坚持就是胜利!

秘诀6：调动一切能够动员起来的力量　我们小的时候，老爸常在夏天带我们全家人出去滑水。每当我们这些孩子在水里挣扎着想要重新爬回滑水板上的时候，老爸都会站在船边冲我们大喊："加油宝贝，你一定能行。发挥你的潜力，运用意志力，用尽全力！"当时在水里我们根本就听不懂

他到底在喊些什么，但我还是记住了他的这些话，对最后一句话“用尽全力”的印象尤其深刻，虽然不知道人在水里怎么能够调动一切能够动员起来的力量。

说到学校生活，调动一切能够动员起来的力量指的是让老师、朋友、亲戚、祖父母、父母、辅导员、良师益友等等全都来帮助你提高学习成绩。首先，你要寻找真正信任你、关心你的人帮助你一起提高学习成绩。大部分学校都有出色的辅导员热心为学生提供帮助，根据学生的需要制定辅导计划。

秘诀7：培养良好的学习习惯 当然，你很忙，要学习，交朋友，工作，参加课外活动，还有其他很多事情。这样就更应该养成良好的学习习惯。让我们先来看詹妮塔和玛丽娅两姐妹的故事。詹妮塔上高一，成绩全都是A或B；玛丽娅上高三，虽然很聪明，但成绩单上都是C、D和F。让我们一起来看一下她们两个人的学习习惯吧。

詹妮塔的晚间生活

詹妮塔放学后踢了一会儿足球，然后做了一些运动，大约6点钟回到家。吃完晚饭稍微休息了一会儿，7点半开始做家庭作业。她在妈妈卧室里学习，因为那里有一部电脑和一张大写字台，足够詹妮塔摆放所有的书籍和笔记本。她把所有的东西都先准备好（纸张、铅笔、书籍、水果小吃等），所以不要每隔5分钟就出去一趟。

詹妮塔不喜欢做家庭作业，但是她知道最好还是集中精力快点儿做完作业，这比总是拖拉着完不成要好。她一般要花一个半小时做完。在这段时间里，詹妮塔不接电话，不看电视，不听音乐，不看短信，也不会去剪指甲。詹妮塔按计划学习。首先，她会完成明天要交的所有作业；然后按计划完成长期任务，如完成一本书25页的阅读任务，为下个星期要交的读书报告做准备。她十分清楚什么时间需要完成多少任务，因为日历上记下了详细的计划。詹妮塔有一个帮助她更快完成任务记得更多的小窍门：她会先把任务大体浏览一遍，然后进行认真的阅读，最后做练习检查自己的阅读效果。

玛丽娅的晚间生活

玛丽娅一般6点钟左右回到家，晚饭后通常会先花几个小时的时间打电话、看电视或在自己的房间里做些事情。她不喜欢给自己规定一个必须做家庭作业的时间，不过通常情况下会在9点钟或10点钟开始做作业。

玛丽娅喜欢在厨房学习，但是这里是全家人活动的地方：闪烁的电视屏幕、不时响起的电话铃声或家人不停地进进出出。大约11点，当全家人都回到自己房间以后，玛丽娅终于能够集中精神做作业了。她不喜欢使用日历，所以总是记不住明天要交什么作业。于是她只能打电话问朋友，或者干脆靠自己的猜测。她大部分学习时间都用在临时抱佛脚地赶作业上了，根本就顾不上为几天以后的测验做什么准备。她没有什么固定的学习方法，通常都是想到什么做什么。半夜12点，她已经十分疲劳，无法继续学习，于是洗漱就寝，一边心里还愤愤不平地想："他们竟然布置了这么多作业。"

读到这里，你一定很清楚：如果想要在学校里取得好成绩，良好的学习习惯是十分必要的。以下就是上述两个例子中告诉我们的五个学习习惯。

良好的学习习惯养成法

◎ **填饱肚子**　想让大脑转得快，就必须先喂饱肚子；如果开始学习的时候肚子还是空的，就先给自己弄点吃的再说吧。

◎ **找个好地方**　学习需要一个安静的地方，最好宽敞一点，能让你把所有东西都铺开。把所有要用的东西都先准备好，纸张、铅笔、剪刀、钉书机、小吃等，这样就用不着老是走来走去拿东西了。

◎ **选择好时间** 每天都规定好做作业的时间。尽量避免外界的打扰。如果你很难集中注意力，可以尝试“少吃多餐”这种方法，即每次完成一小部分任务，每天多安排几次学习时间。

◎ **先做后做** 要合理安排自己的时间，将大任务分割成小块，分步骤完成要交的论文或为将来的考试做准备。

◎ **浏览、阅读、练习** 如果明天有第九章的历史测验，你有一个小时的复习时间，你会怎么做？应该这样：

浏览（10分钟）。先大体浏览一下第九章的所有内容，记住大标题、主要观点、关键人物、关键词、关键日期、复习题等要点。

阅读（30分钟）。认真阅读第九章的内容以及自己记录的课堂笔记。

做练习（20分钟）。做一个自我测试。回答本章课后问题或自己给自己提问，回答自己笔记上、词汇表里或老师上课提问的问题（如果你想了解更多学习技巧方面的知识，请阅读本书后的“帮助台”）。

拿高分的7个秘诀

秘诀一：相信自己，能行。

秘诀二：展现自己。

秘诀三：重视加分作业。

秘诀四：给老师留个好印象。

秘诀五：在红色区内一定不能松懈。

秘诀六：调动一切能够动员起来的力量。

秘诀七：培养良好的学习习惯。

◆ 成功上大学 ◆

马上就要从中学毕业了，我记得当初心里想：“世界上没有不散的宴席，朋友就要各奔东西了。我现在必须承担起责任，有朝一日好找到一份好工作。我必须长大了，真是郁闷！”

话虽这么说，但是我还是想要给你们一个建议：一定要多读书，多接受教育。读完中学，然后去读四年本科；如果可能，再继续深造。如果你觉得自己做不到，至少也应该获得两年制的大学文凭。（在这部分内容里，我所说的大学为广义上所有高中以后继续深造的地方，包括技校、军事院校、商业学校、社区大学、远程教育等等。所有这些都可以。）

上大学是不是值得

绝对值得！至少有以下三方面的好处：

1. 大学教育将使你的人生更加丰富多彩！上大学的时候有一门英语短篇小说的课，老师布置给我们的第一个作业就是阅读两篇短篇小说，然后讨论哪一篇写得更好。在接下来的几个月时间里，教授逐项进行分析，告诉我们为什么其中一篇远远优于另外一篇。因为这一篇里有各种隐喻、象征，人物发展合理；而另外一篇虽然读起来很有趣，但乏味可陈，十分浅薄。一开始，我根本认识不到这种差别。但是几个月以后，接受了这种教育，我的大脑被开发出来了，我具备了区别写作优劣的能力，能够从一个全新的角度更好地欣赏文学作品。这就是教育的功能。它让我们具备更好地理解生活、欣赏生活的能力，不论是音乐、艺术、科学、人、自然，还是我们自己，完全从一个全新的角度更好地去理解和欣赏。

千万别忘了　上大学的本来目的并不只是为了要找一份好工作，而是为了充实自己的心智，让我们更好地认识自己，提高能力，实现理想，拥有更多服务社会的机会，当然，还有一份更好的工作。

2. 大学教育是你的“敲门砖”！想象一下有一天你在就业网站上发现

一个绝佳的工作机会，看上去能够提供你想要的一切待遇，而且正是你擅长的领域。于是你急切地想要应聘获得面试机会，但你很快发现他们要求“应聘人员必须拥有学士学位”，兜头一盆冷水。你有可能是这个职位最合适的人选，但是这也无济于事，他们根本就不会考虑你，越来越多的工作都要求应聘者拥有大学文凭。当然，也会有例外的情况，但是为什么要冒这个风险呢？

3. 接受大学教育能够赚更多的钱！当然，还有比赚钱更重要的事情，而且身为穷人也不是一件丢人的事情。但是，一般来说，钱多就意味着机会多，选择多，帮助别人的机会也多。多赚几个钱对谁都没有坏处。你一定要先有充分的思想准备，再了解一下不同的教育背景在收入上能够产生多大的差距（该数据由美国就业政策基金会提供，每年的数字都会有所变化，但它们之间的差距大体保持不变）。

不同学历的人年收入水平	周薪	40年总收入（美元）
没有高中文凭	410	852 577
高中文凭	588	1,222,396
两年高等教育	733	1,524,703
学士学位	949	1,973,760
硕士学位	1,109	2,307,025
专业或博士学位	1,376	2,862,914

不低头不认输

对一些来自贫困家庭，得不到支持的家庭或发展中国家的多数青少年来说，上大学近乎不可能。即使这样，也有办法让你实现大学梦，只要你想，一切皆有可能。这一点安德里斯·马罗奎恩比任何人都清楚。

安德里斯出生在危地马拉靠近圣马科斯市的一个小镇上，家里一贫如洗。在危地马拉这样的国家，只有不到1%的孩子有机会上大学。但是上大学是这个孩子一直以来的梦想。他告诉我："我8岁的时候就知道，实现我自己的梦想和帮助家庭最好的方法就是在学校里好好学习。小学的时候，我一直都是班里的第一名。可我实际上并不是最聪明的，只不过我比别人都要用功。"

安德里斯一直都很努力，也一直都很出色。"我的朋友经常去打篮球，他们来叫我的时候我通常都会说'不'，这样才能有更多时间来学习。我没有父亲，因此有些问题对我来说很困难。但是我把书上、电影里和电视里一些人的成功当成父亲对我的教诲。"

中学最后一年，安德里斯为自己设定了一个奋斗目标，要考上危地马拉最好的一所大学。包括他老师在内的每个人都对他说："算了吧，安德里斯。这是不可能的。我们曾经也做过这样的梦，可你看我们最后不都在圣马科斯市教书、工作。"

但安德里斯却不愿意放弃。对他来说，要解决的问题只有一个：他没有钱。于是他开始了积极并且十分具有创意的努力。"我打电话给危地马拉的15家大使馆，询问他们是否为大学生提供奖学金。得到的全部都是否定的回答。后来我在电话簿上看到了当时危地马拉总统弟弟的名字，就给他打了个电话，说我很想上大学，但需要一笔奖学金。他同意帮助我；可惜不久他的哥哥不再掌权，这事也就黄了。"所有的办法都没有奏效，安德里斯参加了危地马拉城三所顶尖大学的入学考试，希望能够以优异的成绩圆了自己的大学梦。

他申请的学校中有一所是弗朗西斯科·马洛奎恩大学，是中美洲地区最好也是最昂贵的大学。一位名叫莫妮卡的招生官员回忆道：

"安德里斯的数学成绩满分，其他各科成绩也十分优异。于是我们进行了深入的调查，但是发现他根本就没有能力支付学费。我们约他面谈了一次，这也是招生过程中的一个规定程序。我和其他招生组的人都对这个学生有很深的印象，面试结束以后，我们就对他说：'安德里斯，你被录

取了。’

我记得他当时回答说：‘真的吗？太感谢你们了。现在我可以回去告诉村里的人我被大学录取了。可你们知道我付不起学费，所以你们可以把我的名额给其他人。至少我知道终于实现了自己的梦想，我很高兴；虽然我不能真的来上大学，但我还是觉得很幸福。’

‘别担心，安德里斯。你是我们学校第一个适用新奖学金制度的学生；这笔奖学金能够支付你上大学的全部费用，包括学费、住宿费、书本费以及一大笔生活费。祝贺你！’

安德里斯不敢相信这一切都是真的。接下来整整三分钟时间，他一个字也说不出来。”

几年以后，安德里斯从弗朗西斯科·马洛奎恩大学毕业并获得了经济学学位。现在，他正在美国攻读博士学位。

安德里斯本来可以用各种各样的借口逃避学习：“我很穷”、“这太难了”、“从来都没有人做到过”。但是他没有这么做，而是把注意力全都放在自己能够控制的方面：自己的态度、生活动力、奋斗目标等。

选择合适的大学

什么样的大学最适合你呢？在你做决定的时候一定要记住一些“不要”：不要因为有朋友在某所大学就去选择这所大学；不要因为某所学校有名就去选择它。选择一所大学需要考虑很多因素：入学标准、评级标准、所处位置、校园情况、学费水平、生活条件、学校有哪些领域比较出色等。举个例子，如果你想在音乐领域深造，就应该去一所音乐系实力较强的大学读书。选择合适的大学是个重大决定，一定要把所有方面都考虑到。你应该：

◎ 参加大学宣讲会

◎ 同父母谈一次，听听他们对此有什么建议

◎ 同正在你心仪大学读书的人或上过这所学校的人谈一谈，询问他们这所学校有哪些长处，有哪些不足

◎ 阅读大学宣传手册，上它们的网站浏览一下，阅读有关资料

◎ 参观校园，没有什么比你直观的感受和体会对你所做的决定更有帮助的了。在校园里走一走，听一两堂课，参观图书馆，去学生的宿舍里坐一坐

◎ 选修一门入学课程，你可借此同时获得中学和大学学分，还能够让你有机会感受一下大学的学习生活

准备报考大学

怎么才能够进入自己选定的大学呢？虽然每所学校的招生情况都不一样，但所有大学一些基本的规定其实都大同小异，其中包括：

求学欲望　你有多想进入这所学校？如果你真有热情的话，就会在你的申请资料中以及面试的时候表现出来。因为热情无法假装。

标准化考试分数　学术评估测试（SAT）及美国大学测试（ACT）分数，或其他标准化测试成绩如何。

成绩　总平均成绩如何，是否选修比较难的课程等？

课外活动　你参与过哪些活动，如体育、俱乐部、戏剧、乐队、学生管理机构、教会或社区活动？

公共服务　你曾担任过哪些活动的志愿者，为哪些有价值的活动服务？

推荐信　其他人对你有什么看法？选择了解你的人为你写推荐信，并不一定要去找有名的人写。要选择那些你认为会把你写得十分出色的人，而不仅仅是认为你还不错的人。在这个问题上不要冒险。

交流能力　你是否能够用文字表达清楚自己的意思（主要从你的申请信进行判断），是否具备语言表达能力（某些学校会根据面试结果进行判断）。

如果你的GPA不甚理想，不要烦恼；如果你在其他方面表现出色，还

是有机会进入很好的学校。招生官员会综合评估你的能力，而不是只注重学习成绩。他们会看你的发展趋势来做最后的决定。

如果你是所谓的“大器晚成”者，在学校里学习成绩一直都不好，但是现在希望有机会到大学提高自己，这样也不是完全没有机会。因为你要知道，现在的大学更像是在做生意，它们想赚你的钱，所以也在不断地寻找生源。你有可能无法进入那些最好的学校或第一志愿学校，但是剩下的学校中还是有不少很好的值得考虑。

准备标准化考试

短短4个小时的考试就能决定人的一生，这也太不公平了。不过想想参加奥运会的赛跑选手在10秒钟内就决出了胜负，至少我还有4个小时的时间为未来拼搏，这样一想心情也就稍微平和了一些。

该如何准备应考呢？很简单，上九年级的时候就开始挑选那些比较难的课程，充分锻炼自己的智力，学习如何进行思考。

在大学入学考试前几个月，你必须就开始做模拟试题。青少年在准备考试的时候很容易犯的一个错误就是把准备的时间划分得十分零散，今天准备一个小时，明天再拿出一个小时的时间进行准备等。我建议你至少要进行两次全程考试模拟，熟悉整个考试过程。如果真正的考试安排在周六上午8点到12点，那你也应该安排一个星期六的上午同样的时间进行模拟测试，至少两次，这样到真正实战的时候你才能够应对自如。你一定要记住，考试前一天晚上一定要睡个好觉，考试当天好好吃一顿早餐，这些对考试都会很有帮助。

◆ 提前做好职业规划很重要 ◆

我问过一些孩子长大以后想做什么，以下是他们的一些回答：

◎“我想当那种开棕色卡车把箱子送到你家的人。”——纳桑，6岁

◎ “我希望自己高兴。”——玛丽娅，10岁

◎ “我想当一名竖琴老师，当个妈妈。”——贝丝，11岁

◎ “我想当送比萨饼的人。”——米歇尔，8岁

◎ “我想当一个核科学家一定很有趣。”——彼得，11岁

◎ “我真的，真的，真的很想当电脑技师。”——米歇尔，11岁

◎ “我想当兽医。”——泰勒，10岁

◎ “我想当摄影师，可以到处旅行，还有可能上太空。”——戴萨，10岁

如果你马上就要中学毕业了，最好开始思考一下这个问题，想一想自己长大以后想要干什么。我并不是说一定要有一个很确切的答案；因为你最终的目标应该是为自己未来所从事的职业未雨绸缪，而不是东一头西一头地到处打工，最终一无所成。

问题的关键就是要寻找属于你自己的声音。我在这里可不是说什么合唱团的事，我的意思是说要找到你自己的最佳状态，你自己最想做的事情，你自己最擅长做的事情。

我最擅长什么	**这是才能**
我最喜欢做什么	**这是激情**
我认为自己应该做什么	**这是良知**
社会最需要什么以及我做什么能够得到最优厚的报酬	**这是需要**

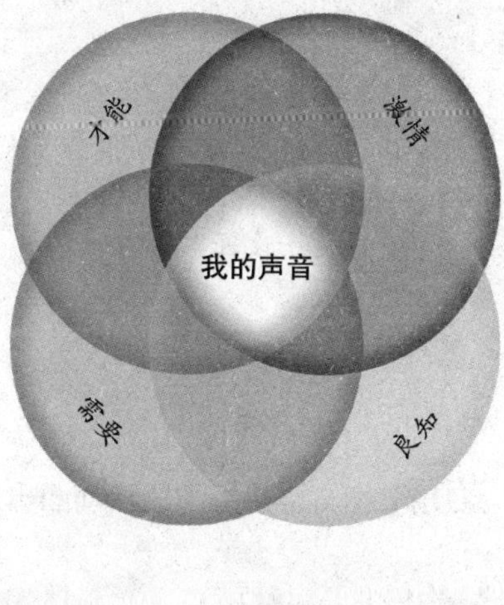

这四个圆圈交汇的地方就是代表着你的声音。当你选择自己想上的大学，想从事的工作，希望攻读的专业等问题的时候，想一想这几个问题。最终，你一定能够拥有一个能够充分反映自己声音的职业。

所有这四个圆圈都很重要。举

个例子，你十分热爱音乐（激情），而且在这个领域颇有才华（才能），同时还想办法利用自己的这项能力谋生（需要）。当然，成为摇滚巨星的几率太过渺茫，所以在这方面不要太过执著。但是你可以教音乐课或为电视广告及电影创作配乐谋生。同样，你也不希望自己到头来有个薪水很高的工作（需要），但这份工作并不让你快乐（激情）或让你无法发挥自己的才华（才能）。

也许你从内心深处感觉自己这一生中有些很特殊的事情需要由你来完成（良知）。做到这一点有可能会花更多时间。一定要耐心。在你寻找属于自己声音的时候，以下这些建议或许对你会有所帮助。

多选课广泛尝试，找到兴趣点

“撒大网才能捕大鱼”。如果你不去尝试，又怎么能够知道自己喜欢什么不喜欢什么呢？因此，在中学的时候，一定要多选课。

把自己感兴趣的用笔圈起来：

有氧运动	电影文学与电影史
天文学	食品
舞蹈	珠宝
制陶	新闻（校报）
制衣	音乐独立学习
文学创作	辅导同学
摄影	学习技巧
莎士比亚	电视/录像制作
手语	体重控制训练
运动娱乐推广	年鉴

用笔把自己感兴趣的活动圈出来：

学术挑战

乐队

拉拉队

棋类活动

合唱团

护旗队/军乐队

企业家实践

时尚俱乐部

辩论

垂钓

人类家园组织

健康职业俱乐部

爵士乐队

私人俱乐部

语言俱乐部

数学联盟

模拟法庭

模拟联合国讨论区

多文化俱乐部

国家荣誉协会会员俱乐部

同学辅导活动项目

学生会

戏剧协会

看看你身边的人，有的时候，一件很简单的事有可能会激发你的灵感和创造力。如果可能的话，你应该尽量多尝试几份工作；如果你真有勇气的话，就应该着手自己创业，成为青少年企业家。以下就是两个少年企业家的实际例子，摘自杂志《科斯特克关系》。

Photo used with permission of Sportime, LLC

克里斯托弗·哈斯企业公司

克里斯托弗·哈斯

加州，特缪古拉

克里斯，17岁，篮球场上的神投手。他说："我注意到很多孩子投篮不准全都是因为他们拿球的姿势不对。"他来到自己家里的车库，将双手伸进油漆桶里，在一个篮球上印上了自己的手印。他当时并没有意识到这是个天才创举，因为球上的手印能够让孩子在投篮的时候准确掌握拿球的位置。如今，各地特殊体育用品商店全都出售这种印上手印的篮球和橄榄球。他已经出售了上百万只带有手印的篮球。不过开始的时候一切进行得并不顺利。据克里斯自己回忆："我在一年半时间里被12家公司拒绝过，最后终于有家公司决定试一下我的产品。"如今，克里斯赚的钱已经足够支付他自己和兄弟姐妹的大学教育费用了，他们一起管理着这个家族生意。

巧克力农场

艾莉丝和伊万·麦克米兰

科罗拉多州，丹佛市

今年14岁的艾莉丝还在蹒跚学步的时候就跟着奶奶学会了做巧克力糖果。几年以后，她开始在丹佛青少年市场上出售自己制作的动物巧克力。艾莉丝把自己制作巧克力的才能和12岁弟弟伊万的电脑才能结合起来。艾莉丝将美味的巧克力同农场动物结合在一起，制作了奶牛巧克力、绵羊巧克力、猫咪巧克力和泥塘中的猪。伊万还设计了互动网站，人们可以通过电子邮件发送巧克力制作方法及其他反馈意见。定单开始源源不断地涌来。如今，www.chocolatefarm.com网站日点击量已经达到一万，生意十分兴隆。他们姐弟二人是如何处理赚到的这一大笔钱呢？除了资助当地的一个奖学金以外，他们还为自己今后上大学准备资金，然后将剩下的钱重新投入这个家族生意。

发现自己最擅长的

我中学的时候一直都打四分卫，靠四分卫得到一笔奖学金上了一所好大学。我在这所大学上了一个老师的课，受到启发选择了英语专业，最后发展了写作方面的才能，并最终影响了我整个职业。如果我坚持要当跑锋的话，我有可能无法到大学打橄榄球（因为我奔跑的速度不够快），或许就不会遇到那位对我启发良多的老师，那么以后的很多事情也许就都不会发生。我真高兴德鲁里教练当初看到了我自己都没有发现的潜力。意外的发现，不是吗？

所以一定要留心这些意外的发现：它们有可能以各种形式出现在你的生活里，有可能是打破常规的一件事、一个意外、一个转折性的事件或者能够发现你身上与众不同之处的人。人生道路上那些曾经绊倒过你的石头有可能会成为你未来构建职业大厦的基石。有的时候我们苦心经营自己未来的职业，但有可能有一天发现自己苦苦追寻的东西就在自己的眼前。

深入思考自己到底想要什么

有很多人到头来发现自己的事业一团糟，这一切都是因为他们从来都没有花一点时间认真思考一下自己到底想要什么。应该思考些什么问题呢？应该思考自己喜欢做什么，讨厌做什么，希望自己赚多少钱，想要过什么样的生活。如果你喜欢自己当老板，那就去当企业家。如果你不喜欢居无定所，今天不知道明天在哪里，就不要去军队工作。

最重要的一点是：一定要选择自己喜欢的职业。我喜欢玛娅·安吉洛的一段话：

只有你真正喜欢做的事情才会让你有成就感。

不要把赚钱当作你的人生目标。

要做你真正热爱的事情，

然后投入自己的全部精力把它做好，

让所有人都对你刮目相看。

虽说金钱并非一切，但是赚钱多少仍是一个需要认真考虑的因素。认真阅读以下表格，你就会对自己选择的职业“钱”途有个大概的认识：

技术水平	报酬	所需教育背景	工作种类
专业人士	丰厚：上层社会生活方式	高中 学士学位 硕士学位 博士学位	注册会计师、高级电脑编程员、律师、商业行政管理人员、大学教授、工程师、医生、成功企业家
技术人员	很好：中产阶级生活方式	高中 学士学位 硕士学位	电脑编程员、警察、首席技师、绘图员、飞行员、电气技术员、家庭农场主、金融分析师、房地产经纪人、学校老师、注册护士
半技术人员	一般：中低阶层生活方式	高中 学士学位	木匠、汽车技师、工厂工人、商店管理人员、卡车司机、行政管理助理、保险经纪人、汽车销售员
不需要任何技术的工作	不好：下层社会生活方式	初高中	零售店员、快餐店工人、餐厅服务员、建筑工人、看守人、园丁、保安、大部分兼职工作

让我再说得更加清楚一些。一个人赚多少钱以及做什么样的工作与这个人本身的实际价值并没有什么必然的联系。所有劳动者都有尊严，都是平等的。但接受良好的教育让你拥有更多的选择。大部分做低收入工作的人并不是自己选择了这种生活，而是不得不接受这样的生活。他们愿意有一份更好的工作，但是无法实现这一愿望，因为他们缺乏必要的技术。

完成你一生的使命

每个人出生的时候都肩负着某种使命，换言之，我相信每一个人来到这个世界都是有原因的，都是因为这个世界有些特殊的使命需要由我们来完成。我喜欢电视脱口秀女王奥普拉说的一段话：

要有勇气追随你自己的激情。如果你不知道自己的使命是什么，那么你在这个世界上存在的理由就是要找到它。这一生的任务就是要找到自己的人生使命，通过严格的纪律、韧性和努力的工作去实现它。

你怎么才能知道自己走的道路是对的，交的朋友是对的，选择的工作是对的呢？你知道自己是对的，就像你知道自己做错了事情一样，因为你能够感觉得到。每个人对于伟大都有自己独特的理解，正因为这种独特性如同你的指纹一样，因此只有你自己才能够理解你自己。

留心那些让你觉得充满活力、激情与爱心的人和事，做自己喜欢做的事情，回馈周围的人，你所得到的就不仅是成功，而且将获得胜利。

看到这里，你有可能会说："话是没错，但我又不是奥普拉。"我同意，你不是奥普拉，但是你同样具有别人所没有的特殊才能和天赋，可以做别人无法做到的某些特殊事情。不管是在学校、工作场所还是在你自己的家里，要做的事情实在是太多了。

把自己的任务写出来，这是表达自己心声的最好办法。以下是马来西亚吉隆坡一个女中学生写的，表达了她长大以后想要做的事情以及为自己制定的教育计划：

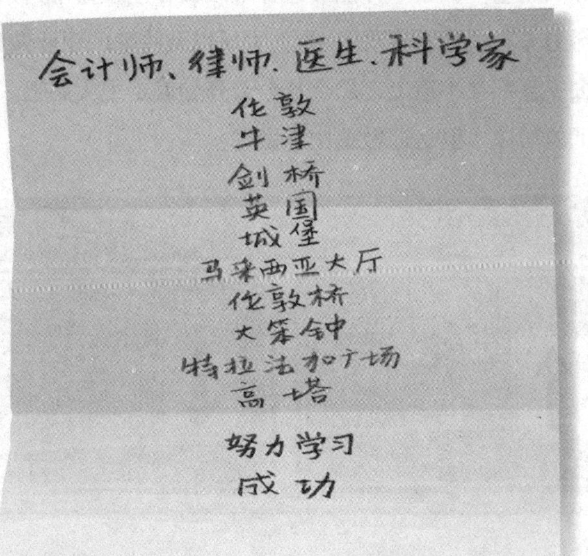

人是有巨大潜力的

剑桥大学所做的一项研究表明，在一个词语中，字母的排列顺序无关紧要，唯一重要的是第一个字母和最后一个字母的位置一定要正确，就算其他所有字母的位置都是错误的，你照样能够正确地辨别这个单词。这是因为人类的大脑并非逐个字母去辨认,而是将一个单词作为一个整体看待。

Aoccdring to a rscheearch at Cmabrigde Uinervtisy, it doesn't mttaer in what oredr the ltteers in a word are, the olny iprmoatnt tihng is taht the frist and lsat ltteer be in the rghit pclae. The rset can be a taotl mses and you can still raed it wouthit a porbelm. This is bcuseae the huamn mnid deos not raed ervey lteter by istlef, but the word as a wlohe.

你是不是很吃惊？我也一直都认为拼写很重要呢！

你的大脑的确是个不可思议的器官。不要浪费这个宝贵的资源，要好好地开发和利用它。我希望你能够选择继续留在学校读书这条大路，尽自己最大的努力（即使你不喜欢），为上大学以及将来的职业做充分的准备。如果你过去一直都在小道上，那么从今天开始就走上大路吧。当然，你需要补上落下的功课，但是迟做总比不做好。

亚伦中学的阿丽莎是这样说的："教育就像是马戏团表演时张开的安全网一样。即使你在表演空中特技的时候不慎掉了下来，有了这张网，你也不会受伤。"我很同意她的观点。如果有相当的教育背景，就算你丢了一份工作，还可以去找一份新工作。工作有保障并不是说要把一份工作做到老，而是说随时随地都可以找得到工作，因为你有这种能力，因为你知道如何实现增值。

找到属于你自己的声音

为了帮助你找到属于自己的声音，请做第92～95页的训练。亲爱的，要有耐心！

如果你还不知道自己长大以后想要干什么，不要着急。没有必要今天就把自己的职业、专业决定下来，只要从此多加留心。要留心哪些事情能够引起你的兴趣，把自己擅长的事情记下来。认真观察从事不同行业人们的生活方式。思考一下：你崇拜他们吗？他们的生活幸福吗？

如果你喜欢做一件事情，但是觉得自己必须去做另外一件事情，那该怎么办？这是个很好的问题。我回答道："良知应该排在第一位，排在才能前面，然后才是激情，或者是需要。一定要注意自己的直觉，有的时候直觉会表现为感情、印象和观点。"

后面的章节更精彩

你是否遇到了坏女孩和爱欺负人的同学？那不是所有学生都会遇到的问题吗？接着往下读，看别人是怎么解决这些问题的。

我的训练计划

每一个决定最后我都会列一张包括10项内容的清单，命名为我的训练计划。这个训练计划主要目的是帮助你立即掌握本部分内容，并将其付诸实施。你可以实践每一项，也可以挑选感兴趣的几项进行练习。如果你想了解更多，请看比尔·默里主演的影片《天才也疯狂》（*What About Bob*）。绝对轰动！

1. 如果你有辍学的打算，最好每天都大声说一句话，让自己做好应对将来生活的准备："我愿意一辈子干低收入的工作。"

2. 列出读完中学然后上大学的三个好处：

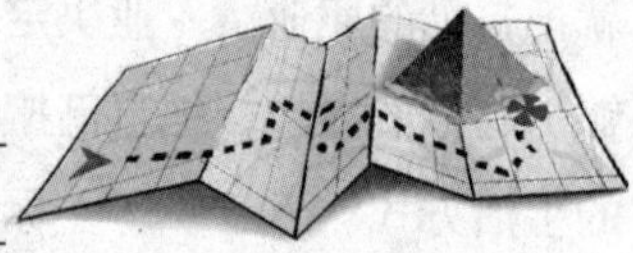

____

____

____

3. 就在这个星期挑一个晚上好好睡八九个小时的觉，然后感觉一下第二天在学校的表现和平常相比有什么不一样。

4. 坚持一个星期内不看电视、电影，不使用电脑，不打电脑游戏，然后计算一下因此能够节约多少时间。不过用电脑做作业不在限制之列。

5. 如果你有能力外出旅游，可以选择世界上任何一个地方作为目的地，你会去哪里？思考并列出能够想到的一些办法，让你有朝一日可以实现这个梦想。

办法：______________________________

____

____

6. 如果有哪位老师布置了加分的作业，一定要做！

7. 想办法和一位老师建立良好的关系。

见面问好，勤问问题，态度友好，表达敬意。

8. 制定家庭作业时间表，将作业作为一天重要的事情去做。每天都划定专门的时间段用来学习。

星　期	学习时间
星期一	
星期二	
星期三	
星期四	
星期五	
星期六	
星期日	

9. 注意你认识的人中是否有人正在从事你喜欢的工作。询问他们是否可以跟他们一起去上一天班。

10. 你希望对哪一方面的知识有更深入的了解？

____

____

你想怎样获得这些知识？

____

阅读书籍、杂志：______________________

浏览网站：______________________

与人交谈：______________________

选修课程：______________________

实地参观：______________________

才能岛

The VOICE Finder

1. 我最擅长什么？

____

____

2. 我在哪些方面比大部分人都优秀？

____

____

3. 了解我的人认为我最大的长处是什么？

____

____

4. 在以下所有工作中，我最擅长的三个是：

会计师、消防员、电脑编程员、护士、技师、外科医生、农夫、律师、建筑师、职业运动员、乘务员、宇航员、商业行政管理人员、教授、教师、警察、工程师、科学家、牙医、古生物学家、统计专家、精神病学家、企业家、销售人员、治疗师、医生、承包商、房地产开发商、作家、音乐家、演员、兽医、动物学家、政治家、店主、股票经纪人、飞行员、顾问、其他

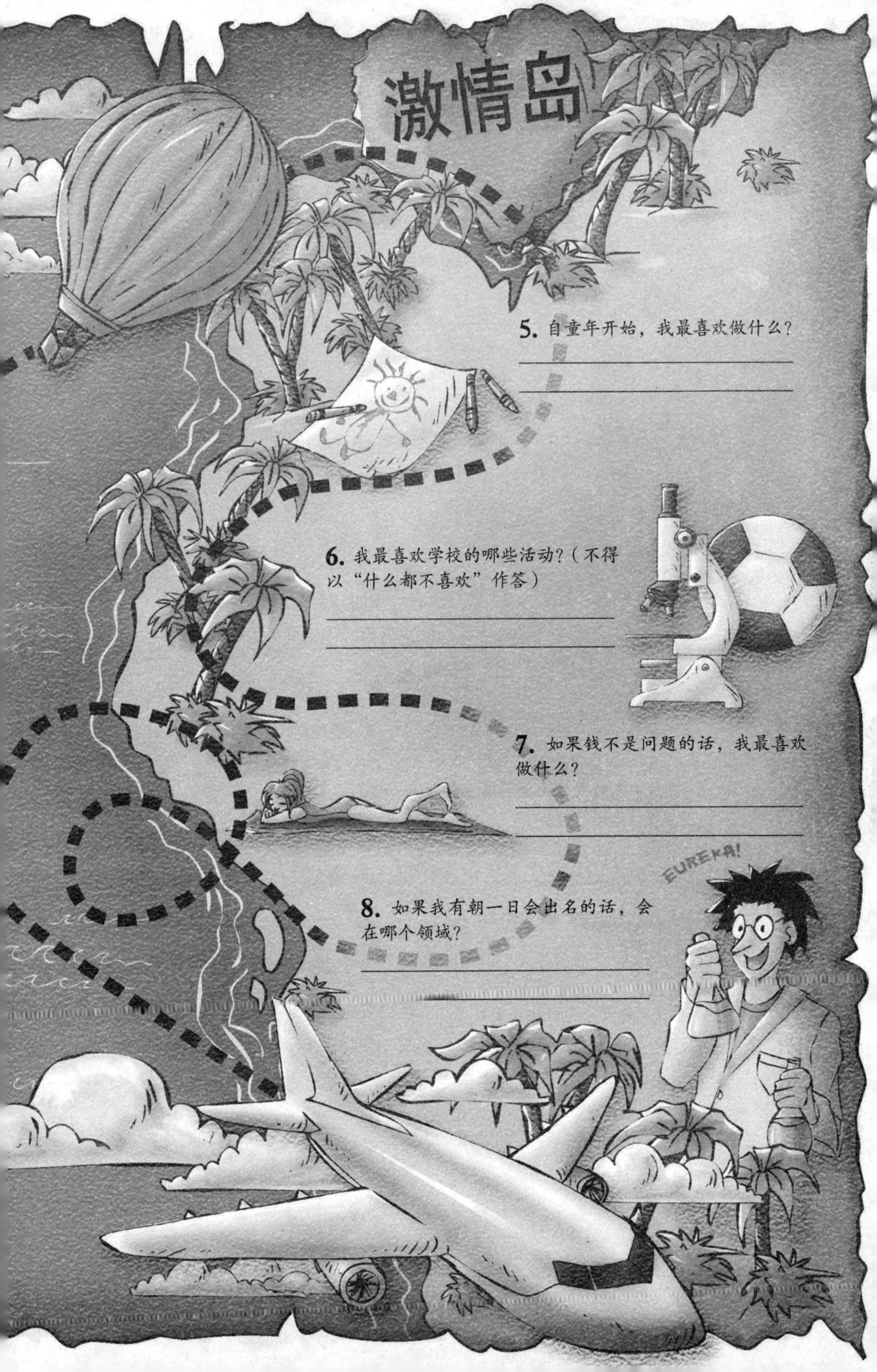

激情岛

5. 自童年开始，我最喜欢做什么？

____

____

6. 我最喜欢学校的哪些活动？（不得以“什么都不喜欢”作答）

____

____

7. 如果钱不是问题的话，我最喜欢做什么？

____

____

8. 如果我有朝一日会出名的话，会在哪个领域？

____

____

需要岛

9. 目前赚钱的行业都需要什么技术？

10. 我的家庭目前最大的需要是什么，我怎么才能帮得上忙？

11. 在我的朋友中间，谁最需要帮助？我应如何提供帮助？

12. 我应该具有什么样的技术，有朝一日才会有人愿意出大价钱用我？

良知岛

13. 我如何才能更好地帮助他人以及为他人提供服务？

14. 生活需要我做些什么？

15. 是否有什么事情是我认为应该去做的但却一直都没有做的？如果有的话，是什么？

16. 如果我不小心的话，有可能在什么问题上栽跟头？

决定 2

我选择什么样的朋友，自己又是怎样的朋友

乐趣也多变数也多

关于朋友你应该了解的10件事

1. 人以类聚，如果你认为自己的朋友又蠢又粗鲁，如果你不想变得和他们一样，那就去交一些新朋友。

——帕特里克·迪恩，18岁，美国华盛顿州温哥华

2. 有时朋友之间争吵是正常的，也是必要的。

——贝伦·勒莱纳·穆尼兹，15岁，阿根廷布宜诺斯艾利斯

3. 友谊不是一两天就能够培养出来的。

——卡拉·曼西拉·辛诺约萨，18岁，墨西哥墨西哥城

4. 每个人都很独特，因此没有理由不坚持做自己。你就是你，没有人能够改变这一点。

——詹妮·麦卡伦姆，15岁，苏格兰古雷恩市

5. 帮助朋友，鼓励朋友。

——普雷玛·帕兰西亚米，17岁，马来西亚雪兰莪州

6. 首先，要相信你的朋友；其次，在相信朋友之前，要谨慎择友。

——雅兹德·阿莎伊德，14岁，巴勒斯坦拉马拉

7. 要有勇气对有些朋友说：做坏事让人显得酷这种说法是错误的。

——角田司，15岁，日本町田

8. 向朋友保密是应该的，因为每个人都有属于自己的隐私；但是欺骗是绝对不行的。

——詹妮·范，16岁，中国台北

9. 别让那些拉拉队领队和运动员把你给吓住了。

——克里斯蒂·彼得斯，17岁，美国犹他州莱顿市

10. 每个人都喜欢接到电话或收贺卡，这是我生病住院时候的亲身体会。

——约翰·格林，19岁，爱尔兰都柏林

勿行我前，追随本非我所愿；

勿行我后，领导亦非我所盼。

请伴我左右，与我携手为友。

——加缪

在我的一生中，我只狠狠地打过别人一拳，但这一拳打的却是我最好的朋友。

当时我上二年级，和朋友一起玩四人两组橄榄球比赛游戏，后来，我和克莱尔为比赛规则吵了起来。吵着吵着，我失去了理智，狠狠朝他的眼睛打了一拳。打完之后我自己也蒙了，赶紧逃走，只听克莱尔在我身后哭着大骂我是个“冷血杀手”。虽然我那一拳让克莱尔顶了两个星期的黑眼圈，但他还是原谅了我，让我继续做他的朋友。对此我心怀感激。我们的友谊一直延续到今天。

在这个世界上，没有什么比朋友更重要了，没有什么比有个你完全可以信任的人在身边更好的事情了。就像一个聪明的少年说的那样：“朋友其实就是上帝派来照顾我们的。”但是，朋友有的时候也会背叛你，背后说你坏话，或者让你难受得恨不得打他们一拳。

因此，我们将在这里专门讨论朋友这个话题，这是我们面临的又一个重大选择。你会选择什么人当自己的朋友？你自己又是个什么样的朋友？在这个问题上，所谓的阳光大道就是选择一个和你有相同价值观的朋友，一个真正的朋友，能够和你一起面对同伴压力。当然，如果你选择的是反复无常的朋友，自己也朝三暮四的，总是屈服于同伴之间的压力，那么你选择的就是一条羊肠小道。和前面关于教育的决定一样，关于朋友的决定也不是一个简单问题，而是要在几年时间里需要做出的一系列决定。

朋友关系自我测验

先做一下自我测试。

盘点你的选择	才不是				没错
1. 我总是努力认识更多的人，结识新朋友。	1	2	3	4	5
2. 经常和我在一起的朋友对我有积极的影响。	1	2	3	4	5
3. 我并不排斥任何人，但是也不属于任何排外的小圈子。	1	2	3	4	5
4. 我有一两个真正的朋友。	1	2	3	4	5
5. 我对一个人没有充分的认识之前，不会做任何先入为主的判断。	1	2	3	4	5
6. 我对朋友十分忠诚，不会背后说他们的坏话。	1	2	3	4	5
7. 朋友犯了错误，我会很快原谅他们。	1	2	3	4	5
8. 我是个很好的倾听者，不会一人独占谈话。	1	2	3	4	5
9. 我不仅仅是对认识的人友善，对所有人都很友善。	1	2	3	4	5
10. 我坚持自己的观点，不会盲从周围人的意见。	1	2	3	4	5
	总分：				

将你的分数加起来，看看自己做得如何。

40-50 ↑ **你目前在大路上，坚持下去！**

30-39 → **你在大路和小路之间犹豫不定，到大路上去！**

10-29 ↓ **你正走在小路上，请认真阅读本章内容。**

本章分为三个部分。第一部分“选择什么人做朋友”，主要谈论如何应对变化无常的朋友、坏女孩、爱欺负人的学生、竞争以及我们为什么不应该把生活重心放在朋友身上。在“交到好朋友的7个要素”中，将探讨交朋友以及朋友间相处的正确方法。最后，在“正确对待来自同伴的压力”中，我们将了解如何拒绝消极的影响，创建你自己的积极支持体系。

◆ 选择什么人做朋友 ◆

如何应对见异思迁和多变的朋友？这似乎是友谊这个问题最常见的一个挑战。其他一些必须应对的问题还包括如何玩“最受欢迎”这个游戏，忍受朋友的怪癖，应对闲言碎语和爱欺负人的人，苦于比较与竞争等。

你所选择的朋友应该喜欢你本来的面目，而不是那些因为你拥有某些东西才喜欢你的人。

你的朋友迟早都会露出他们的“本色”，换言之，他们到底是什么样的人，这是无法隐藏的。我认识的人中几乎所有人都有过这种经历，原来以为是自己最要好的朋友，为了搭上更有名的人就抛弃了他们原来的友谊，才显现出他们的“本色”。如果这种事情发生在你的身上，想想很多其他人也有过类似的经历，这会让你感觉好一点。下面是柯蒂斯·沃克的故事：

我成长过程中交朋友是件难事，周围的人不是无视我的存在就是专门欺负我。我一直都希望自己能够在学校里受大家的欢迎，那些和我说话的孩子都和我一样是圈外人，都是被大家认为很古怪的人。上高二的时候，我表现出了一定的运动才能，得到了周围人的一些认可。我生平第一次参加了橄榄球队，觉得自己终于能够实现被人接受这个梦想了。

一天比赛的时候，队员们都穿上运动服一起活动。那天是我们的第一场比赛。午饭的时候，我做出了一个重大的决定。我刚买好饭，看到所有的队员都坐在一起，有些认识我的人招手让我也过去。

我刚想走过去，又看到自己的老朋友们坐在另外一边。这一刻虽然短暂，但是我当时的感觉却十分漫长；我当

时愣了一下，然后立即就意识到我生活中最重要的是什么。于是我向那些不那么出名的老朋友们走去，和那些对我不离不弃的人在一起。

从那以后，橄榄球队那些人中有些对我的态度就有了改观。我知道不和学校里最受欢迎的人在一起会失去很多机会；但这最终还是值得的，因为就在那一天，我的性格达到了一个里程碑。

难道你不希望自己能够拥有像柯蒂斯这样的朋友吗？这就是一个人的本色；他意识到即使他没有显示出任何运动才能，那些老朋友也会一样对待他的。我希望你我都能够有柯蒂斯这样的勇气。

FRIENDSHIP 2 SURVIVAL TIP

尽可能多交朋友，但是永远都不要将他们作为你生活的重心。

你的生活重心是什么

遇到见异思迁的朋友到底该怎么办？问题的关键就是不要让朋友成为你生活的重心。你生活的重心应该是那些对你来说最重要的东西，不论它是什么，都将成为你的思维模式，成为你观察这个世界的眼镜。

对于青少年来说，生活中重要的事实在是太多了，最常见的有男女朋友、运动、出名和朋友。让朋友成为你的生活重心看上去似乎很不错。但实际上并非如此。为什么？因为朋友是不完美的、不稳定的，都有人性的弱点。如果你把朋友当作生活中最重要的内容，这些变故都会颠覆你的生活，你的感情生活也会和朋友的数量以及朋友对待你的态度密切相关。你会屈服于朋友施加的压力，会让朋友介入你与父母之间的关系。

如果某个朋友的占有欲十分强，希望你做到对其毫无保留，没有人能受得了。但是如果你把朋友当作生活的重心，就有可能会发生这样的事情。如果你想失去某个朋友，最好的办法就是将其作为你生活中最重要的内容。苏格兰少年保罗·琼斯对这个问题是这样看的：

一定要给你的朋友一定的空间，不要什么时候都和他们缠在一起；君

子之交淡如水，但是在你有需要的时候，真正的朋友永远都会在你身边。

如果朋友不应该成为我们生活中的重心，那什么才是呢？原则，就是那些经过时间的考验，永远都不会过时的自然法则，包括诚实、尊重、责任。和朋友不同的是，这些原则永远都不会让你失望，不会背后说你的坏话，也绝对不会背叛你，不会抛弃你。最重要的一点就是：如果你把这些原则当作自己生活中最重要的内容，其他各种因素就都能够按部就班，包括朋友。如果诸事原则先行，你就能够交到更多的朋友，自己也能够成为一个更好的朋友。听上去有点不可思议，是吗？为什么呢？那是因为你的安全感没有建立在自己身上，而是建立在一些外部事物上。如果你有这种由内而外散发的安全感，就能够做到始终如一；所有人都喜欢和这样的人交朋友。

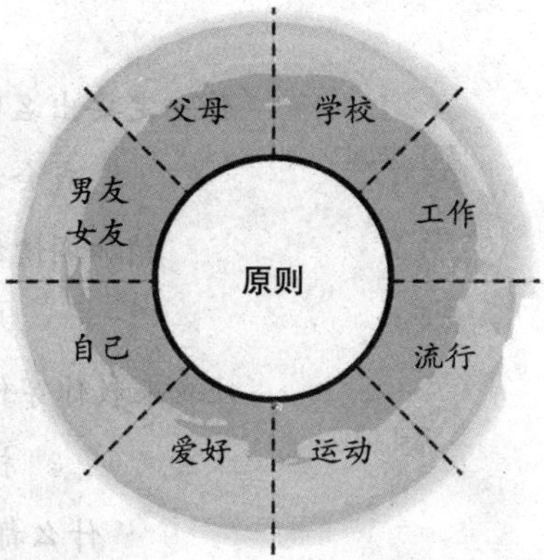

FRIENDSHIP SURVIVAL TIP 3

不要希望面面俱到，做你自己就行了。要友善地对待每一个人，好运就会接踵而来。

出名也有烦恼

看到"出名"这个词，你都想到了些什么呢？你是否希望自己能够在人群中受欢迎，还是一想到这样就反胃呢？其实，和大多数事情一样，出名也有好的一面和不好的一面。

先来说不好的一面。出名通常会和妄自尊大、标新立异等联系在一起，出名的人通常认为自己高人一等。就像那些长相英俊的小伙子总认为自己说什么都是对的，穿什么都很帅一样；虽然他们自己认为每个人都崇拜他们，实际上很多人都恨他们。说实话，他们实在是有点自恋，只不过是把出名当作了生活中最重要的内容。这让我想起了音乐剧《坏女巫》，剧中有一幕说自以为是的女巫佳琳达教自己的新朋友埃尔法巴如何变得像她一样出名。

出名！
你一定要出名！
我会教你几个花招
稍加调情和引逗
几句话就能把小伙儿迷倒
让我来教你穿什么鞋
梳什么发型
什么都得一丝不苟
如果你真想出名

但是，出名也有其积极的一面。我们都认识一些有名而且广受尊敬的人物，那是因为他们全都是些真正上档次的人。他们对每一个人都很友善，不特别表现自己，通常都是通过自己的努力才在某一方面取得了突出的成就。我想再说得清楚一些：受人欢迎并不是一件坏事；只有当这些人认为自己高人一等的时候，它才会变成坏事。

那么，如果你是个好人，但并不受人欢迎，该怎么办呢？不要担心，你只要别将这个当作生活的重心，别为了要受人欢迎而去做一些事情就行。因为这样往往会事与愿违。只要做最好的自己就行了，把注意力放在这上面，就能够获得你想要的东西。如果有很多人喜欢你，那很好；如果没有多少人欣赏你，也没有什么关系。毕竟，受不受人欢迎是次要的，并不是首要的成就，因为这些都是建立在外界对你的看法这个基础上的，世人注重的无非就是名和利、肌肉与美貌。

真正伟大的并不是这些外在的东西，而是内在的东西，是你的性格，你之所以是你的特质。这才是能够长久的东西。

此外，如今出名这个概念其实已经不再流行了。原来在学校的时候，好像只有去当运动员或拉拉队的队长才算出名；现在已经不是这样了。由于每个学校都开展了种类繁多的课外活动，时尚的标准已经变得十分多元化。想要出名？机会实在太多了。

4 如果你厌倦了女王和跟屁虫的游戏，就做γ类女生！

做社交女王、模仿者还是γ女孩呢

苏珊娜·麦都斯曾经在《新闻周刊》上发表了一篇书评，评论罗萨琳德·怀斯曼所著《女王与跟屁虫》一书，探讨了受人欢迎和融入集体等问题。怀斯曼曾经研究过一所中学的女生，并把她们划分为三组，分别命名为阿尔法(α)、贝塔(β)和伽马(γ)（备注：这是希腊字母表中的前三个字母）。

α这组是“女王”，即将自己的受欢迎程度视为生活全部内容的女生。她们会不惜一切代价保卫自己的小圈子，对胆敢威胁她们领地的人毫不手软。β组的女生全都是所谓的跟屁虫，只要能够跟女王在一起，让她们干什么都行。

不论是女王还是跟屁虫，她们全都为名所累，根本就没有意识到有些女生已经远远超越了她们的境界。怀斯曼把这些女生称为γ女生：她们有可能不是学生中最受欢迎的，但也绝对不是一无是处的人。刚好相反，她们保持自己的本色，自得其乐，不做卑鄙的事情，热爱自己的父母，聪明能干，对是不是受欢迎根本就不在乎。

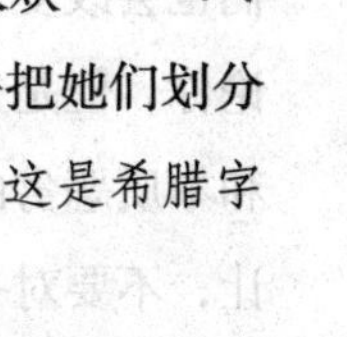

来自加州瓦哈拉高中喜欢写作的姑娘们“根本就不在乎是否收到派对的邀请，因为她们全都忙着为校报评论专栏写稿、冲浪或骑马”。γ女生雷娜·库克说：“为了融入学校的环境，我必须穿某些衣服，要有淑女气质，参加派对，吸烟，喝啤酒。我总觉得这么做显得自己很低档。”

因此，γ类型的女生会参加学校、教会以及社会上形式多样的活动，会积极参加竞技性体育运动。

FRIENDSHIP SURVIVAL TIP 5

一定要立即原谅朋友的小过错，就像你希望他们原谅你的过错一样。

包容怪癖和小毛病

你的朋友也跟你一样想要弄清楚自己到底是谁，探索生命的目的。他们也会改变主意，情绪起伏波动，也会犯错误。有时候他们会在你背后议论你，但是并没有什么恶意。有时候他们也会有一点嫉妒。虽然你不应该和本质恶劣的人交朋友，但对于朋友日常表现出来的不足还是应该多加忍让，不要对一点小错误大惊小怪。就像你希望朋友能够宽容你一样，原谅他们的小怪癖、错误和小毛病吧。

凯文讲了自己的一个故事：

一天，开始棒球训练之前，我把自己的饮料放在露天看台上，去了趟洗手间。回来的时候，我喝了一大口苏打水。周围所有的人都爆发出一阵狂笑，我这才发现有人往我的饮料里吐了口水。但是我没有当着大家的面发作，而是按下了自己大脑里的“暂停”键。我刚刚读过《杰出青少年的七个习惯》这本书，所以我的脑海中在排演：做出控制局面的决定还是消极无意义的反应。

过了一段时间之后，我去找那个往我饮料里吐口水的人，问他：“你为什么要那么做？”我们交谈之后，他向我道了歉，我原谅了他，因为他是我的朋友。那天晚上我回家的时候感觉很好，因为我决定用谈话的方式解决问题，维持了我们之间的友谊。我意识到，有时和朋友之间相处也会遇到一些起伏，最好不要做得过火，而要会谅解和忘记。

凯文所做的正符合一句谚语：

“傻瓜有什么说什么，聪明人会把想法留到后来再说。”

不过有的时候，朋友做错了事我们应该原谅他们；但有些时候，必须划清界限。来听一听金伯利的亲身经历吧：

有几次我的朋友卡洛尔用了很卑鄙的手段对付我：有一次，她和她的朋友玛琳偷偷拿走了我的游泳衣、内衣和短裤，还把它们全都藏了起来。她们只给我留了一件长T恤，我穿上它走了一英里的路才回到家。还有一次，她带我去参加野外派对，那里有成桶成桶的啤酒，可她明明知道我不喝酒的；然后她又会找借口不把我送回家。当然，我最后都能找到解决问题的办法，于是她会打电话给我，道歉，保证以后绝对不会再这样了。于是一切又都从头开始。

明显，金伯利该换朋友了。如果你的朋友不停地利用你或欺骗你，那么你也应该做这样的决定。不过一定要注意，这些事情和小打小闹是有本质区别的。正像理查德·卡尔森说的那样：“小事不值得大惊小怪。”

FRIENDSHIP SURVIVAL TIP 6

如果有人说你的坏话或欺负你，直接面对欺负你的人或想别的办法解决这个问题。

直接面对流言蜚语和爱欺负人的人

男生欺负人的时候喜欢用威胁性的字眼或干脆在储物柜前动手动脚、推推搡搡的；而女生使用的手段则比较间接，经常会在背后说人坏话，排斥某个人，骂人，传播流言蜚语，见异思迁，总是一些经过精心策划的小伎俩，目的都是想要看不顺眼的人感到痛苦和难受。所以才会出现“坏女孩”（*mean girls*）这个专门的词形容这种女生。

说别人闲话尤其让人无法容忍。雷西的妈妈认为应该让孩子在家里接受教育，于是让雷西从公立学校退了学。但是没过多久，雷西的一个同学就开始散播谣言，说她是因为在学校犯了很大的过错才被学校开除的。谣言传播得很快，雷西听到这种说法之后几乎崩溃。棍棒和石头能够打碎你的骨头，但是恶毒的语言却能够撕碎你的心。我们应该万分小心地对待他人的声誉。

如果你是别人说闲话的对象，有几件事情是你可以做到的。首先，你可以直面针对自己的闲话。不用去说那些说你闲话的人的闲话，而应该直接去找这些人，告诉他们："我听说了你们在背后说我的那些话，希望你们不要再这么做。如果你了解我的话，就会知道我没有那么坏。"这样做需要很大的勇气，但是通常能够让他们闭上嘴巴，尤其注意找他们谈的时候要控制好自己的情绪。但是也要加倍小心，有些人实在是太坏了，这样做只能让事情变得更糟。

其次，处之泰然。有时对付这种事情最好的办法就是不予理睬，让谣言自生自灭。

也许你看到这里会想："嘿，我就是你说的那种人，那种坏人，欺负别人的人。"如果是这样的话，请从现在开始变得友善一些，你伤害了这么多人。有位母亲告诉我说她女儿上中学的时候有些人对她很不友好，直到今天她还深受其害，可她十年前就已经毕业了。况且，正像乔治·艾略特说的那样："如果我们不能让彼此的生活变得更加轻松惬意，那么我们的生存还有什么意义？"

我最喜欢的一部喜剧片是一部叫《圣诞节故事》（*A Christmas Story*）的老片，是讲一个名叫拉尔菲的小男孩如何对付老是欺负他的斯各特·法克斯（你有没有见过比这更难听的名字）。因为法克斯常年欺负拉尔菲；拉尔菲有一天终于忍不住了，将对方打翻在地，狠揍一顿。虽然我从来都不建议使用武力解决问题，但是必要的自我防卫又另当别论。

让我们一起来看布兰顿·贝克汉姆怎么对付他生活中的法克斯。

刚上高二时，我很胆小，总是受人欺负，经常挨打。我个头很小，也不喜欢打架。我妈妈更是教育我别人打了我的左脸，最好把右脸也凑上去让人打。父亲则教育我不要去惹别人，但是在必要的时候要进行自卫。

有一天上体育课时，我正和一个朋友坐在那里，和大家一起等老师。我只不过是看了一眼那头的一个学生。

突然，他对我开口就骂。你这个XX看什么看？我什么也没说，把目光移到了别的地方。他向我走了过来，边走边骂骂咧咧的；走到我跟前，他让我站起来和他打一架。我站起身来，但是转身向另外一个方向走去。这时，大家都已经站了起来，就好像要看我们两个打架似的。我一直向前走去，他就跟在我身后，嘴里继续不干不净地骂着。我盼着老师快点出来，但是他连个影儿都没有。十分钟以后，我认为自己应该采取自卫措施了。我放慢了脚步，让他离我近一点；然后猛地用胳膊肘向后打去，正中他的鼻子。我出手很快，用力也很猛。他仰面向后倒去，整个人都呆住了。鲜血从他的鼻子里流出来，流在他的手里。他睁大眼睛看着我。我朝他跑过去，他的同伙拉开了我。我奋力挣脱了他们，扯下衣服全身而退，没有受伤。

这件事情让我明白了什么？那就是：在必要的时候，我完全有能力保护自己。这让我有了自信，其他孩子也因为我敢于这样反抗欺负我的人而崇拜我。从那以后，我下定决心不再让任何人欺负我。

FRIENDSHIP 7 SURVIVAL TIP

朋友之间不要比较，不要竞争，要使用双赢思维方式。

在友谊中，竞争不应存在

螃蟹是十分可笑的动物，如果你把几只螃蟹放在一个桶里，没有一只会爬出来，因为当一只螃蟹往外爬的时候，其他螃蟹就会把它拖回来。你是否也有过这样的经历？当某人名列前茅的时候，大家都会嫉妒他，想把他拉下来。

当然，和周围的人比穿着、比相貌、比能力，这是很自然的事情；期待竞争、胜利、领先，这些也都是很自然的事情。但是自然的事情并不一定都是对的。实际上，和朋友竞争绝对是一件十分危险的事情。不要误解我的意思。如果是在体育场或商场上，竞争是件好事，但在友谊中，竞争不应该有立足之地。

如果想要摆脱这种竞争与比较，最好的方法就是采取“七个习惯”中的第四个习惯：双赢思维方式。这种思维方式认为“生活并不是一场竞技比赛。我自己想赢，我也希望你赢。因为我们周围赢的机会实在是太多了”。

卡洛尔在给我的一封信中写到：

亲爱的肖恩：

我今年16岁了，想要打破过去这么多年来养成的习惯可真是一件不容易的事（整整16年啊！）。其中最主要的一件事就是我不再和学校里的一个女生竞争了。她非常狂妄自大（我刚学会了这个词，觉得很酷，就用上了，抱歉！狂妄自大的意思就是态度粗鲁，冒冒失失，爱出风头）；还有，她喜欢的东西几乎全都和我一样，所以我们两个在一起总是较劲。过去，因为我不喜欢她，连带着让我也无法好好享受学校里的一些活动，如戏剧表演和演讲比赛等。

现在好了，我已经摆脱了这种状态！我原谅了她，把过去全都抛到了脑后。今天，我告诉自己一定要时刻牢记：生活不是一场竞技比赛。我感觉真的好多了。我觉得自己卸下了身上的这个大包袱！

双赢思维并不是说你诸事忍让，什么事都让你的朋友做主；这种思维方式是我输你赢，也不是一种健康正确的选择。

记住，你和你的朋友都有可能会变，会有各自不同的兴趣，这没有什么大不了的。

你怎么老是没有时间和我们在一起

我在小学的时候最要好的朋友是保罗，我们那个时候简直是天天都形影不离。我们一起打网球、篮球、棒球、橄榄球，一起游泳。我们经常到对方家里过夜。我们是最要好的朋友。

但是我们上了中学以后就渐行渐远了。保罗没有抛弃我，我也没有抛弃他，我们只不过开始有了自己的兴趣。保罗参加了篮球队，我进了橄榄球队。我们开始有了不同的朋友圈子。但是我们一直保持十分密切的关系，只不过再没有那么多时间整天在一起了。

一定要以开放的态度对待你和朋友的变化，因为这些都正常。今年你最好的朋友有可能明年就不再是你最好的朋友了；如果你升学了，比如从初中升到高中，就会更加明显。但是抛弃原来的朋友和由于发展了新的兴趣而拥有了很多新朋友，这两者之间是有本质区别的。如果你和朋友由于各自不同的兴趣而不像从前那么亲密了，也不要伤心难过。

友谊发展过程中出现千变万化的波动起伏是很正常的事情。我们这里只能讲述其中很少的几个问题。不管你对友谊持什么样的观点，我们每个人都需要朋友，因为朋友就像是“生活这碗色拉上面撒的美味火腿丁一样”。

正像有人跟我说的：“朋友就像你走廊上的柱子一样。有的时候，他们能够为你提供支持，有的时候会压在你身上；可是有的时候，你只要知道有他们在那里就足够了。”

◆ 交到好朋友的7个要素 ◆

我要求一些青少年给真正的朋友下个定义，他们是这么说的：

“接受别人，允许别人改进。” ——泰勒

“和你有着同样的标准。” ——杰伊

“他知道何时倾听何时开口。” ——爱丽斯

“不专横。” ——杰莱特

“会维护别人。” ——查尔斯

“一个不拒绝你，不让你感到自己愚蠢的人。” ——娜塔丽

“他知道你不止一个朋友。” ——麦塔

对于有些人来说，交朋友简直是小菜一碟。而对于另外一些人来说，交朋友就像是在忍受拔牙般艰难。“我在学校里是一个寂寞的人，”乔斯告诉我，“我只是想有个人说说话，告诉他们我的日子过得怎么样，如此而已。我猜我在学校里的全部问题在于没有自信。我始终觉得比别人‘差一点儿’，就是忍不住会这么想。”

相信我，每个人都在寻找自己的位置，想要被人接受，融入人群。

如果你希望结交朋友，与朋友保持良好关系，成为别人的好朋友，那么，继续往下读吧。我将向你介绍实现这些目标的7个要素。

要素1：不要急于下结论

我们之所以终止同所有朋友的关系是因为我们太急于下结论。

在俄亥俄州的希拉德·达贝中学，教师苏珊·曼琳发起了一个名为“交友日”来提倡容忍和帮助学生走出他们的小圈子，结交新面孔。在这天午饭的时候，她鼓励学生去同他们以前从未交谈过的人们交流。

一个学生来自索马里，她来这里是为了逃避内战和贫穷。午饭时，她大胆地问同校一个男运动员：“为什么你称我们为‘臭索马里人’？”

他马上反问道：“喂，你为什么在这儿？你为什么不回你自己的国家？”

她沉默了几秒钟。然后她声音柔和地告诉他她看到自己全家人在自己面前被人枪杀的情景，只有一个弟弟和几个堂姐妹幸免。她告诉他索马里是怎样被军阀控制，她和她幸存下来的家人对能够生活在一个自由的国家是多么感激。

你可以想象那个男生感觉自己是多么愚蠢。真是个典型的转变！在他们交谈之前，他只知道她看上去与大家不一样，他恨她。现在他全面地了解了情况，他看任何事情都不再一样了。俗话说得好，“说话绵软甘甜，人人听了喜欢。”

这个教师还通过在她学校582名青少年中做的调查发现，有88%的学生相信别人仅仅以外表判断自己。多数学生感到人们以是否身强力壮或使用什么语言来评判自己。没有人来了解真正的你，他们仅仅凭那些因素来判断你，你有多喜欢呢？我猜，从我还在学校那会儿到现在，中学没有改变多少。“标签”无处不在。

走出你舒服的小圈子，去认识新的人。你对一个人的认识始终是不够的。陌生人只是等待你去结交的朋友。

要素2：努力从我做起

我认识一个女孩，她总是抱怨她的朋友不愿意做出努力来包容她。但是当我观察她与朋友们交流的时候，我意识到她也不愿意做出任何努力去包容别人。

如果你想要交朋友，要积极主动，自己先做出努力。不要总是等待朋友来靠近你。中国有句谚语“世上没有免费的午餐”。你需要先迈出第一步，如果开始就不成功，那么你需要坚持。

看看安琪儿的故事是否有些熟悉：

如果你没有一个朋友的圈子，那种感觉真是太糟糕了。这一点我深有体会。中学第一年，我度过了一年寂寞的时光。我很不自信，或者说我不会交往，但是极其渴望结交朋友。我所在的教区有一大群年轻人，第一次去参加活动的时候，我独自走了进去，把我的时间和精力都花在假装与人交谈上。我告诉妈妈我不想再回到活动中去。但是她问我："如果你不在那儿，你怎么能交到朋友呢？"

我非常非常想有一个朋友的圈子，于是我又独自走了回去，时间一星期一星期地过去，我在交朋友方面没有任何进展。

一天晚上，我们一起唱了一首迈克尔·史密斯的歌，歌名是《朋友们》。我的全部身心都被那首歌的歌词吸引了，眼泪充盈着我的眼眶。我的内心感到如此孤独和无用。为什么这些女孩没有一个想要成为我的朋友？

有时，你的社交生活可能只是在星期五的晚上照看你姐姐的孩子，看迪斯尼的卡通片！但不会一直都这样的。不断尝试，不要为自己感到难过从而封闭自己。我喜欢奥格·曼迪诺的话：

始终相信情况会改变。

虽然你的心沉重无比，你的身体伤痕累累，你的钱包依然空空如洗，安慰你的人也没有出现——挺住。你知道的，太阳总会升起，所以相信吧，你的坏运气就要到头了。

过去如此，明天也如此。

对于安琪儿来说，她的坏运气确实到头了。她后来写道："几个星期后，我开始去另外一些年轻人的圈子，渐渐地找到了一帮很棒的朋友。中学生活的时光给我留下了美妙的回忆，我只是经历了一个不愉快的开头而已。"

要素3：建立关系银行账户

你在一种关系中拥有的信任程度，就像银行里的账户一样。我把它叫做关系银行账户（RBA）。如果你以细心周到、忠实等其他诸如此类的事情对待你的朋友，就等于在银行存了很多笔小额存款，你就能提高你的信誉等级，或者提高你在关系银行账户的存款。

假设你在对待朋友艾丽方面的关系银行账户里的存款为500美元。当星期一你看到她的新发型的时候，你在所有人面前脱口而出："艾丽，你的头发！太可惜了！”很好，你刚刚从你与艾丽的关系银行账户中提取了200美元，你的存款减少到300美元了。星期三，你想轻松一下，你当着她男朋友的面问她痔疮是否还疼。她的男朋友不会觉得有什么好笑，艾丽马上满脸通红。你再次从你同艾丽的关系银行账户中提取了200美元，而其中的存款减少到100美元。如果你坚持下去，你会真的进入负债状态。你开始感到你们正常的密切的关系有一些紧张。于是你寻找机会再存些钱入你的账户。星期五，你找到机会了。凌晨一点，艾丽打电话来。在几分钟闲聊之后，她敞开心扉，一直谈到凌晨两点，都是关于她的男朋友怎样整晚与另一个女孩调情的内容。虽然你疲乏不堪，还要早起锻炼，但是你真的努力倾听了。

最后，两人都认为艾丽也许需要与其他的男孩约会。她挂上电话，感到肩膀上的重担放下来了，非常庆幸有一个可以交谈的朋友。

说中了！你刚刚又存入了一大笔现金500美元，使你的账户余额提高到600美元。你们的关系现在能够维持正常了，我们都会不时地提取小额存款的（有时是故意的，有时是无心的）。

你能明白如何建立友谊了吗？！

下面是一个表格，列举了你可以通过五个重要的存款来建立一份友谊。每一次存款，都有一次对应的取款。

存款	取款
+ 做一些友善的小事	– 做一些卑鄙的小事
+ 说你很抱歉	– 太骄傲，不愿意道歉
+ 忠实	– 传八卦和在别人背后说人坏话
+ 信守承诺	– 违背承诺
+ 常常倾听	– 说得太多

赢得最大品行积分的存款是倾听朋友的讲话。这是第五个习惯：先理解他人，再争取别人理解自己。你知道，每个人都想要别人的理解，这是心灵的最大需要，是一切良性交流的基础。永远不要忘记我们有两个耳朵

和一张嘴——按照它们的用途使用它们吧。

每个人都听到你说的话。

朋友们倾听你说的话。

好朋友倾听你没说出的话。

要素4：让你自己更可爱

你不能强迫别人喜欢你，但是你始终可以让自己变得更可爱。怎样才能做到这点呢？通过注意你的缺点，尝试提高那些你能够有所作为的事情。

我喜欢约翰·贝斯韦就这个问题写下的话：

“在驾驶员的培训班上，学生经常被警告盲点的问题——你即使用反光镜也看不见的其他车可能躲藏的地方！我们每一个人去找一个我们信任的成人，要求他们帮助确定我们个人的盲点。直接问：‘您是否注意到我正在做的事情中有些可能让我难以交到朋友？您能不能给我指出来？’这可能需要你表现出谦逊的态度，但也可能帮助你看到一些对你有帮助的事情。”

如果你正在努力交朋友，或即使你有很多朋友，诚实地考察一下你自己，看看你是否是那种喜欢朋友围绕在身边的人，不时地问一下自己下面的问题，如果需要就做出调整。

◎ 是否有人说你讨厌，太吵，不适当或只是不想闭嘴？

◎ 你问别人生活方面的问题吗，或者你总是问有关自己的问题吗？那些你身边的人几乎都插不上嘴吗？

◎ 你有较好的卫生习惯吗？经常洗澡，使用除臭剂，或者是经常洗头洗衣服？

◎ 你穿着适当吗？你穿衣马虎，太过时，太奇异？你是否化妆太浓？

或者你能不能化点淡妆？

◎ 你认为你比其他人更好吗？或者，你总是说自己是一个失败者，每一个人都恨你，这样来羞辱自己？

◎ 你是否太过严肃，或者你是否总是不得不表现轻松和把所有事都闹成一个笑话？

当你渐渐让自己更加受欢迎，关注你能够控制的事情，而不是关注你不能控制的事情。

你不能控制你的身高、相貌或基本体型，但是你可以控制你的个人卫生，你身材的健美，你的癖好，你的衣着，你的言谈举止。

圣·弗朗西斯总结得很好：

"上帝赐我平静的性格来接受我不能改变的事情，赐我勇气来改变我能改变的事情，赐我智慧来辨别是非。"

要素5：要有包容一切的胸怀

你还记得安琪儿努力结交朋友的故事吗？当她进入大学的时候，有人想要闯入她新形成的圈子，形势转变了。

上大学的时候，我遇到了莱斯丽，她后来成为我终生的朋友，一直到今天。最后，我有了一个可以倾诉衷肠的女朋友，我与她一起穿用彼此的衣服。我们也与两个很棒的小伙子交朋友，他们很有意思，看上去像是我们的哥哥。我们四个人变得不能分开。

另一个姑娘名字叫阿丽萨，她真的很想成为我们中的一员。我不清楚我为什么这么反对她加入。我认为我害怕她会进来取代了我的位置。

一天在咖啡厅里，我们四人围桌而坐。阿丽萨发现了我们，问她是否可以与我们一起坐。我说着可以，内心却感到压力。对于这件事，我的感情很矛盾。

阿丽萨拉过来一把椅子，坐在桌子的另一端。仅凭坐在桌边的位置，她就显得与众不同和让人很不舒服。整餐饭，我们基本上不理她，我们彼此谈笑着，讲的都是只有我们四个人才知道的事情。

后来，阿丽萨找了个机会跟我说，她犯了个错，她不该坐到我们这边来。她说我们已经清楚地表明我们不想要她坐过来。她离开后，我感到自己就要哭出来了。我不相信我已经让另一个人感到很伤心。最糟糕的是，我知道她的感受，我仍然那样做了。她非常非常寂寞。但我没有足够的安全感，以至于担心失去我拥有的东西而不敢与她分享我的友谊。

就在那时，我向自己做出承诺，我将永远不再让另一个人感到他不属于我们的圈子。从那天起，不管什么时候，我看到有人看起来在他们的环境里不大自在，我就走过去，向他介绍我自己，尽我所能让他们感到自在。

你现在可以马上享受到关系亲密的一帮朋友所带来的安全感，意识不到在你的朋友圈子外边有好多人在等着加入呢。即使是那些看起来什么都有的孩子们也经常会有不安全感，凯蒂就是一个很好的例子。

当我沿着运动场走动的时候，我还记得看台上的那些面孔，也记得乐队演奏的声音。这是学校的返校足球赛，我被推荐为返校节女王。当他们宣布我是获胜者的时候，我感到了从未有过的快乐和寂寞。

第二天晚上是返校节舞会，但是还没有人来约我。我有什么不对劲吗？人们那么投票支持我，却怎么没有一个男生愿意带我参加舞会呢？

我记得我几乎要痛恨这个王冠了，它被戴在我的头上，在返校节的舞会上度过一个痛苦的夜晚。我感到伤心，就早早地离开了舞会，去我的朋友林德塞的家。但是，当我到达的时候，我受到了欢迎，如此温暖的笑容和友好的面孔，让我自己情不自禁地高兴起来。那天晚上我们是那么开心，全都是女孩，生命中一个最糟糕的夜晚带给我的全部感受都因此而改变。

艾米莉·狄金森写道：

他们也许不需要我，也许需要

我会停留，留在他们的视线里

一个微笑，如我一般微不足道

或许正是他们的救命良药

凯蒂的朋友可能永远也不知道，他们的微笑正是把凯蒂从那个沉闷的夜晚拯救出来的救命良药。

对于朋友要包容。敞开你的心灵，让别人进来。

要素6：以德报怨

经常听到有人说这样的话："他对我那样，我为什么要对他好？"别人对你好，你也对他们好，这很容易，任何人都能做到这一点。真正不容易的是以德报怨，对那些卑劣的人友善。这样做能够产生奇迹。

在罗马尼亚，有个姑娘叫尤利娅，她是学校的新生，因此受到了很多关注。这引起了一些更招人喜欢的姑娘的嫉妒，于是她们开始败坏她的名声。她们开始背后说她的坏话，传播难听的谣言，故意把她从她们的活动中排除出去，一定要让她知道大家的"圈子"不欢迎她。

这件事让尤利娅的生活变得很难以忍受，她不知道自己是否应该转校。但一个叫卡塔丽娜的姑娘尝试做尤利娅的朋友。尤利娅准备举办生日派对，卡塔丽娜鼓励她邀请那些说过她坏话的姑娘参加。

开始尤利娅拒绝这么做，但是经过再三思考，她决定向她们展现善意。当这些姑娘收到邀请的时候，全都目瞪口呆地愣住了。她们不仅参加了派对，还买了鲜花和礼物，为她们所做的事情向她道歉。一旦给予一个机会，那些开始败坏她名声的姑娘最后都开始喜欢她，把她当成一个朋友了。

人们经常批评亚伯拉罕·林肯，因为他经常试图与他的敌人交朋友，而不是除掉他们。他却回答："我在做的难道不正是化敌为友吗？"

要素7：互相提携

我认识一个叫凯乐的男孩，他是在一大帮互为左邻右舍的朋友堆里长大的。后来，在读高中的时候，他与一帮无赖小子混在一起，把自己弄得“特酷”，以至于疏远了他的老朋友们。一次，这些新朋友给了他一些危险的混合毒品，把他一个人扔在家里，忍受可怕的迷幻过程，那差点要了他的命。

在完成了戒毒过程之后，凯乐的父母问他的老朋友们是否还愿意接纳他回到他们的圈子。他们没有排斥他，而是向他伸出了欢迎的手。开始，有他在身边，人们会觉得不舒服，因为他穿得像一个暴徒，经常拿他曾经尝试过的事情吹牛。这些社区的孩子中没有人染指过毒品，也不想要那样的生活方式。但是他们很耐心，继续邀请他打篮球和参加教会的青年活动。他一点一滴地改变着自己的方式和穿着来与他们相称。很快，他们重新在运动和攀岩中发现了共同的兴趣，有时只是在彼此的家里消磨时间。

一年后，多亏了朋友们的帮助，经过了艰苦的努力和责任感的提高，凯乐重新改变了自己的生活轨迹。他甚至还鼓励他的老朋友们去面对和克服他们自己的挑战。

凯乐有两个不同的朋友圈子。一个圈子给他带来折磨和痛苦，把他身上最坏的一面表现出来；另一个圈子则重新塑造了他，把他身上最好的一面表现出来。你有什么样的朋友？最终的检验标准就是：与他们在一起的时候，你是否变得更好了？

在体育运动中，每时每刻你都会遇到一个独一无二的运动员，他能给周围的人“提升”。被认为任何时候都是伟大篮球运动员的迈克尔·乔丹，就有那种影响力。有他在场的时候，每个人都有更好的表现。那些人就是你想要的那些朋友，那也是你想要做的那种朋友——能让周围的每一个人得到提升的人。所以，偶尔问问自己：我在周围的时候，我的朋友是否能做出更好的决定？

诗人约翰·格林利夫·威特精练地写道：

你提携我，我提携你。

我们一起进步。

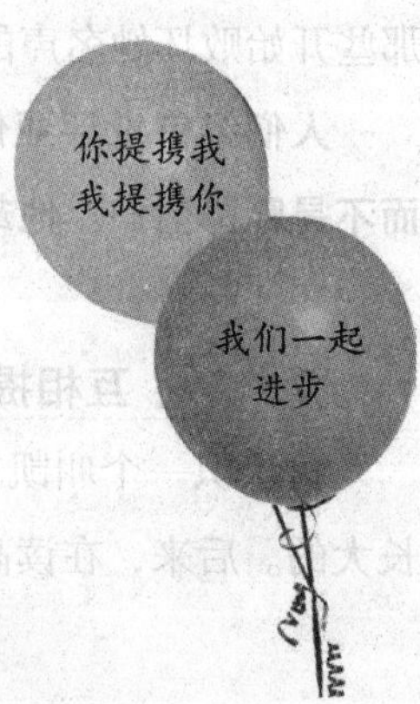

◆ 正确对待来自同伴的压力 ◆

“我们多高？”我冲着下面的船喊道。

“大约70英尺，”他们喊着回答，“让我们看你跳。”

“我不知道行不行，”我喊道，“看起来太高了！”

这时我在鲍威尔湖，与我的朋友们一起跳崖。我们从大约30英尺开始，不断互相挑战，越来越高。压力很大，但没有人愿意做懦夫。

“来吧！跳！”

我鼓起了全部的勇气，跳了下去。

在下降的过程中，我还在想：“我真是个傻瓜！”

当我触到水面，感到水就像混凝土一样，我整个身体剧烈地颤抖起来。我的手伸向水面，触到了空气。我快速地检查了一下，心情放松下来，知道我的身体各部分仍连在一起。乌拉！

来自同伴的压力会让你去做愚蠢的事情。你独处的时候，或想得清楚一点的时候，通常不会去做这样的蠢事。在同辈人的压力下，你几乎就像把你的大脑丢在了身后。

那么到底什么是同伴的压力？同伴的压力就是你从你同龄人那里感受到压力，然后以某种方式通过行动表现出来。积极的同伴的压力是在你的朋友期望你做好的事情的时候；消极的同伴的压力就是在你的朋友劝说你适应或做你不想做的事情，如逃学、在商店里偷东西、做爱、吸食毒品、说谎、破坏公物、骂人、穿得很另类、背后说人坏话、恃强凌弱等等。

你屈服了，那是因为你想要被人接受。你想取悦他们，你不想别人注意你，你只是想和其他人一样。

在一个群体的环境里，如果有了压力，我们就把大脑丢在了门后，做出愚蠢的事情。就像邓不利多教授告诉哈利·波特的：

要站起来勇敢地抵抗你的敌人需要很大的勇气，但是要站起来面对你的朋友需要更多的勇气。

建立应对同伴压力的防御机制

要面对你的朋友，你需要某种防御机制。我把它叫作同伴压力抗压盾。这个机制由三个部分组成：准备、强力支持体系、临场勇气。

准备好应对办法

你有那种就要开考了还没有准备好的令人讨厌的感觉吗？而另一方面，如果你考试前准备充分，不是会感觉很棒吗？

确实我们经常屈服于同伴的压力，只是因为我们没有准备，没有想好在困难的情况下怎样做。下面是一些你需要即刻就要仔细考虑出应对办法的高压情况。

困难情况	我将怎样应对
人们开始取笑某个人	______
我感到有压力迫使我说谎、欺骗或偷盗	______
有人向我提供毒品	______
男友或女友开始向我施压，要我参加更多的身体锻炼	______
其他	______

下面是做准备的其他一些方法：

明确你的目标。如果你明了自己的目标，那么对同伴压力说“不”就容易得多了。一次，我走到同学中间，问他们是否有人愿意出来把他们的目标与大家分享。一个叫卡梅隆的二年级中学生走上前来。我本来想他会像往常一样，急促地背诵一些他根本没有考虑好的目标。但是，我错了，他拿出钱包，从中取出一张薄薄的卡片，向众人宣读起他的目标来。

◎ 取得并保持GPA3.7。

◎ 达到“三更”（更大、更快、更强壮）。在高三之前，达到200磅，40英尺跑4秒6，台式压床举重200磅8次。

◎ 高三那年成为大学体育代表队的22名领队之一。为赢得州冠军贡献力量。

◎ 做一个好哥哥，成为我三个弟弟的榜样。

每一个人都被深深打动，想：“哇！也许我也应该制订一些真正的目标。”有了这样具体的目标，你能够看到卡梅隆抵制负面的同伴压力是多么容易吗？你能够看到他在学校里努力学习，保持体形，充分尊重地对待他的弟弟等方面要多么容易吗？

莱尼·奥斯瓦尔德说，她的个人使命宣言虽然简单，但却帮助她真正按照自己的价值观去生活：

◎ 要诚实

◎ 做正确的事情

◎ 友好对待每一个人

◎ 尽你最大努力

◎ 付出你的全部努力

◎ 保持快乐

◎ 始终记住你是谁，你代表着什么

赢得每日个人的胜利。你每天都要面对公共的挑战，你应该远在他们袭击你之前，就在你自己隐秘的房间里，采取措施，赢得挑战。每天早晨或晚上拿出20分钟，试试这个三步骤的每日必做功课吧。它叫作每日个人胜利。

◎ 每天通过写日记与你自己进行交流，阅读给你带来灵感，祈祷、冥思，或随便做点什么都能激励你或增加你的自我意识。

◎ 回顾你的目标、抱负或使命宣言。

◎ 把在未来的几天里你将面临的挑战写出来，现在决定你将怎样对付这些挑战。

建立积极的支持体系

在做好准备之后，保护你自己免受同伴压力伤害的下一个步骤就是建立一个强有力的支持体系。让那些能够激励你表现最好一面的朋友、家庭成员和可以信赖的成人围绕在你的身边。与每一个人设定目标，自始至终都彼此负责。同样，参加课外活动建立很棒的支持结构。麻烦通常发生在你无所事事的时候。

同伴达成正面约定

看看这四个来自佐治亚州孟菲斯城的男孩子是如何建立他们自己的积极支持体系的。

当阿曼、德龙、维克特和乔丹还是初中学生的时候，他们环顾四周，看到其他人吸毒、酗酒，做着工资很低、深夜上班的工作，未来生活得到改观的机会渺茫。

他们经常谈论到生活中的更多需求，问着这样的问题：什么造就冠军或毒品贩子？要得到一份好的工作，需要怎样的付出？他们决定，他们要摆脱常规，取得成功。这四个朋友达成了彼此间的一个约定。第一，通过考试上大学；第二，不沾毒品；第三，不喝酒。

这个约定给这些孩子的生活所带来的结果是惊人的。

阿曼在橄榄球方面表现优异，得到了一笔奖学金，为阿拉巴马大学打比赛。他是角逐颁给美国大学橄榄球队最佳跑锋的“多克·沃克奖”的五个决赛选手之一，最终被选入美国国家橄榄球联盟（NFL）。

德龙也成为一个很棒的运动员和他所在中学篮球队的明星，还拿到菲斯克大学的奖学金。在他的母亲被发现患上了癌症后，他飞回家照顾他的母亲和弟弟。最后实现了对母亲的承诺：会读完大学，抚养14岁的弟弟。他对自己的决定毫不后悔。

维克特在中学表现不错，大学毕业，成为加利福尼亚州的一名教师。现在，从孩子们生活的各个方面到培养他们面对挑战取得成功，他都在发挥着影响。

乔丹也大学毕业了，他的职业生涯也很成功。

回顾他们共同的经历，阿曼说：

“朋友极其重要，如果你们拥有同样的价值观，对彼此负有责任，朋友就更加重要。任何时候，我们都坦诚相见。有时，我们并不总是事事意见相同，但是我们互相帮助，做出好的选择，即使这个选择并不一定受欢迎。我们全都愿意帮助其他人成功。这是我们的支持系统。我们彼此间互相制约和平衡。”

尽快摆脱错误团伙

一般来说，加入黑帮的都是那些没有强有力支持系统的青少年。毕竟，那也是一个支持系统，只是不是你想要的那种而已。一旦你加入了黑帮，同伴的压力就强烈起来。一名叫哈劳提的汤加人告诉我加入黑帮的生活是什么样的。

作为一个小男孩，哈劳提是在汤加长大的。他是家中9个孩子中的一个。他的父母知道，如果想要他们的孩子有前途，就必须离开没有教育和高失业率的汤加。在用9年的时间捕鱼积攒资金之后，哈劳提的父亲把家庭迁移到加利福尼亚州。他相信他对孩子们寄予的希望是能够实现的。

哈劳提说：“我还记得，为了赶上公共汽车去上英语课，我拼命地跟在车后面追，最后还是错过了，我痛哭流涕。虽然那时我只有6岁，但是我已经知道，学习语言和教育对我在新家中的成功是至关重要的。

“回顾过去，我每天追求的，我所重视的就是非法活动。我们除了自已，不关心任何人。我们的时间都花在了偷窃、打架和招惹是非上。我的父母对我们的所作所为毫无办法，因为他们工作太忙了。我过去常常认为他们对我没有任何支持，但是我认识到，他们在用他们所知道的唯一的方法支持着我。”

虽然哈劳提不吸毒，但是作为一个八年级的学生，他已经开始销售毒品赚钱，并留在黑帮中。就在这时，一切发生了变化。

“当几个家伙开车过来，开始大声喊着说我早些时候卖给他们的是劣质毒品的时候，我正在与一个朋友做一单毒品交易。没有任何警告，车里有人开枪打中了我的朋友，他们随即驱车逃走了。我眼看着我最好的朋友在流血，死在马路上。

“我不能相信刚刚发生的一切。世界上我最亲近的人刚刚死去。如果子弹偏离一两英寸，那么死去的就是我了。我知道我的结局也是死，这只是个时间问题。

“从那时起，我比谁都知道，是毒品、黑帮和一个又一个不好的选择害死了我的朋友。我不想再过这种偷窃、说谎和充满暴力的生活了。”

与此同时，哈劳提的姐姐和姐夫走进了他的生活。他的姐夫是他的精神治疗师，引导他重新回到学校和体育运动。他们成为他的新的支持系统。

中学毕业后，哈劳提上了犹他州立大学。在那里，他打橄榄球，取得了大学学位，遇到了他现在的妻子。今天，哈劳提抚养着自己的几个孩子，实现了他父母的梦想。不幸的是，哈劳提的几个兄弟永远也摆脱不了黑帮生活，仍然重复着进出监狱的故事。

“我是幸运的，”哈劳提说，“我的朋友死的那天，我幡然猛醒，摆脱了那种会把我毁掉的生活。”

如果你正在考虑加入黑帮，请你三思。如果你已经身在黑帮，退出吧，在你还能够退出的时候，鼓起你的勇气。如果黑帮正在告诉你和你的朋友们不合适的事，请停止使用毒品，离开他们！根本没有支持系统也比有一个错的支持系统要好啊！

这里是四张红牌，提醒你可能需要一个新的朋友圈。

1. 为了维持这些朋友，你不得不改变你的衣着、语言、朋友或标准。

2. 你正在做着你感到不好的事情，如偷窃、打架，或和毒品打交道。

3. 你感到你好像正在被人利用。

4. 你的生活好像失控了。

拿出勇气面对突发事件

不管你准备得有多么好，你的支持系统是多么强有力，你都会遇到永远无法预测的同伴压力所带来的困难时刻。你不会有时间去思考，但是必须在那一刻拿出勇气。

高二学生考特妮正从斯嘎林中学往家走，突然遇到一大帮孩子站在马路中央，她认出其中一个年幼的男孩就住在她的社区，名字叫约翰。当几个年龄较大的孩子辱骂他的时候，他看上去很害怕。他被他们推来搡去。考特妮忘记了自己还没有那些男孩大，又是一个女孩，她挤过人群，站在那帮恶少们面前。

“嘿，你们要干什么？”她质问道，“你们是一群胆小鬼！这算什么，十对一？放开他，滚开这里！快滚！我是说真的！”非常令人吃惊的是，在沉默了一会儿之后，他们小声地说了几句什么，恶少们竟然慢慢后退了。大约一分钟后，他们一个跟着一个地离开了。明显解脱了的约翰在嘴里低声地说着“谢谢”，一溜烟地跑回家了。

晚上，约翰打电话给考特妮，告诉她，如果没有她插手相助，他不知道自己会做出什么事情。他感动地说：“我不知道你甚至还知道我的名字。”

回想起来，考特妮承认：“我不知道如果他们拒绝离开，我会做什么。但他们那样做是不对的，他们也知道，我只是提醒了他们而已。”

做真正的朋友

关于朋友，我们已经谈了很多：怎样选择朋友，怎样交朋友，怎样做一个朋友。我鼓励你选择大路，选择能够提升你的朋友，自己做一个真正的朋友，勇敢面对同伴所带来的压力。注意千万不要把你的生活中心放在你的朋友身上。如果你没有足够多的朋友，那么按照交朋友的要素去做吧，就像白天之后是夜晚一样，他们肯定会来的。

如果你过去已经做出了很多交坏朋友的决定，不要因此责备自己，从中吸取教训就行了。从现在开始，你能够做出更好的决定。

我们当代最迷人的特里莎修女，她把自己的生命都贡献给了帮助贫困国家的穷人和病人。在她家里一面墙上，写着一首美丽的诗，我喜欢把它看作是对待朋友问题的生活原则：

人们往往疯狂、荒谬和利己；不管怎样，原谅他们吧。
若你善良，人或责你自私自利、别有用心；不管怎样，保持善良吧。
若你成功，来到身边的或是假的朋友和真的敌人；不管怎样，赢得成功吧。
若你诚实、坦率，或遭他人欺骗；不管怎样，诚实和坦率吧。
你数年之功，他人或一夜毁之；不管怎样，继续建设吧。
若你找到平静、幸福，他人或嫉妒；不管怎样，保有快乐吧。
你今日之善行，或遭忘却于来日；不管怎样，多做善事吧。
你将你的最好奉于世界，但是世界所需永不足够；不管怎样，继续奉献吧。
命运的解析，从来都不在你和他们之间的是非曲折，而在于你和你的信仰。

后面的章节更精彩

父母有时候总是莫名其妙，他们是否来自另一星球，你是否有过这样的想法？你希望与父母是一种怎样的关系？请接着往下看。

我的训练计划

1. 一整天都友善地对待每一个人。不欺凌他人，论人是非，冷漠，排斥，打人，嘲笑，批评，蔑视，生闷气，窃笑和诽谤。

只有在你完全做到了之后，才能签上你的名字和日期

签名________________ 日期________________

2. 在下图的中心处，写下你生活的中心。考虑下列可能的中心：朋友，学校，受人欢迎，工作，快乐，运动，嗜好，敌人，英雄，自我，男朋友，女朋友，父母，信仰，或其他。考虑中心对你的生活的影响。

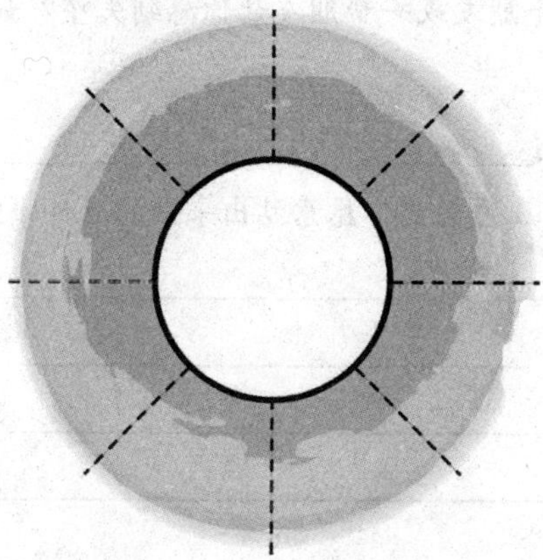

3. 在与你的一个朋友之间的关系银行存款账户上，写下你可以存的款数。

朋友：________________________________

我可以存款：____________________________

4. 你可以改变的头三件让你成为一个更可爱的朋友的事情是什么？

____

____

____

5. 有人想进入你的朋友圈吗？如果有，敞开你的心胸，让他们加入吧。

想加入的人：______________________________

我可以怎样敞开我的心胸：______________________________

6. 记住乔治·艾略特的话："如果不是为了让彼此的生活更加顺利，我们还活着干什么？"

7. 去想一个最近可能冒犯过你的朋友。这个星期的某个时候，以友好回报他的不友好，让他大吃一惊。

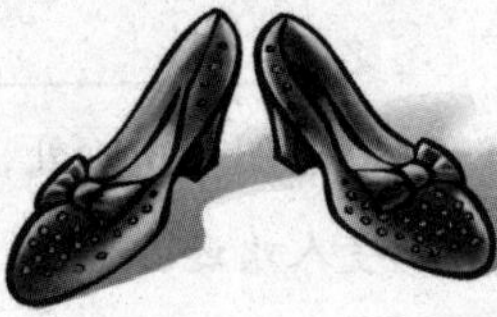

8. 如果你不断发现自己在与同一个人竞争或者把自己与他相比，让你的脚后跟互相敲击三次，同时大声重复："我将停止竞争，停止把自己与__________相比。

9. 你是否有一个朋友或一帮朋友让你感到失望？如果是，想出怎样退出这种关系或群体。

我的退出计划：______________________________

10. 列出在同伴压力面前你愿意站出来做的五件事情：

____

____

____

____

____

决定 3

我和父母将形成什么样的关系

真让人尴尬!

关于父母你应该了解的10件事

1. 父母有时候就是莫名其妙。

——马里奥·冈尼内斯·帕拉达,19岁，墨西哥城，墨西哥

2. 做家务，给他们送花，攒钱。

——吴乔伊,15岁，新加坡

3. 千万不要低估他们的看法和点子。

——丹尼尔·蒂拉洪·梅泽盖布,19岁，埃塞俄比亚亚的斯亚贝巴

4. 在家里搭把手，做做家务。

——埃伦·杰恩斯,15岁，爱达荷州雷克斯堡

5. 和父母拌嘴，和他们对着干，不会有什么好结果。

——马场梓,19岁，日本

6. 只有尊重他们，你才会受到尊重。

——阿里温鲍尔德,17岁，蒙古贺恩蒂

7. 要想让父母答应你的条件，就不要催得太紧，这样就会达到目的。

——内奥米·戴维森,18岁，美国犹他州莱登

8. 血确实要浓于水——家人永远是你的依靠。

——艾梅·佩顿,17岁，美国华盛顿州塔科马

9. 征求父母的意见，遇到问题向他们请教。

——普雷马·帕兰西亚米,17岁，马来西亚雪兰莪州

10. 要知道抚养孩子是多么的不容易。

——渡边佑一郎，18岁，日本东京

在我还是一名14岁的男孩的时候，父亲是个大老粗，什么都不懂，只要他一出现在我身边，我就无法容忍。可当我快满21岁时，我吃惊地发现，他在短短7年的时间里学到了太多的东西。

——马克·吐温，作家

上大学头一年，我开始在校队打四分卫。前一个星期，我们队大获全胜。我传出了许多好球，比赛结束后，大家对我都十分热情。

后一个星期，我们主场迎战美国最优秀的一支球队。我希望在主场观众面前有上佳表现。老爸也从外地飞回家来，为我助战。我没有料到他会这样做。可是，他还是在开赛哨声响起之前赶到赛场。

这是我平生打得最臭的一场球。对方的防守球员一次又一次把我撞倒在地。我当时还在想，难道事情会变得更糟？事实正是这样。我犯了大量愚蠢的错误，多次阻截对方，还遭到对方痛打。我们以30分惨败。

赛后，我感到无地自容，真想找块地方把自己藏起来。你能想象得出惨败和打臭球的滋味吗？更衣室里，大家都在躲你，好像我会把传染病带给他们似的。我默默无言，洗澡，更衣。当我走出门外，发现老爸正在等我。他用双臂揽住我，把我拥抱在怀里，目光紧盯着我的眼睛，说："我看这是你打得最棒的一场球。这不是因为你赢了球，也不是因为你的技术统计结果非常棒，而是因为你今天表现得顽强无比。你本来已经几乎被打出局了，可你还是顽强地一次又一次站起来。我真为你感到自豪。"

我震惊了。这是我一生中打得最臭的一场，他为什么从未感到如此自豪？我相

信任何人说的任何话都不足以让我感到安慰，可他却做到了。他没有让我再想起自己的错误，而是把重点放在我做得非常不错的一点上：一次又一次站起来。他的令人鼓舞的话语使一切又恢复了正常。世界末日没有来临，生活还在继续。

我真庆幸，自己在成长的过程中有一位伟大的老爸陪伴在身边，当然还有一位伟大的老妈。尽管他们老是让我感到难堪，但他们对我还是关怀备至。虽然我总是会产生他们来自另一个星球的想法，但多数情况下他们的表现又酷极了。问问我的朋友就知道了。

我希望你们也像我一样幸运。希望你们也能拥有一个伟大的老妈，或一位伟大的老爸，或者拥有两者。如果你没有与自己的老妈或老爸一起过日子，我希望你被伟大的叔叔、奶奶、继父或其他亲人抚养成人。这里面的好处在于，虽然他们老是麻烦不断，并且看上去也不像从前那样热情似火，但大多数老妈和老爸还是非常爱你们，为了你们，他们不惜献出自己的生命。

这一段文字把我们带到决策道路上的第三个岔路口：父母

你怎么处理你与父母的关系？为什么这是你所做的最重要的一项决定？因为，父母会在相当长的一段时间里成为你生活的一部分，不管你愿不愿意。十年后，你的朋友将从你的生活中消失。你希望他们在身边，可他们不在。你们会各走各路。可是，父母却会永远在你的生活中占据一席之地。

你或许会与他们中的一位或者两位一起生活到十八九岁，然后，在今后几十年的时间里，根据彼此关系的性质，他们要么成为支持你的强大力量，要么成为令人苦恼的难题。你们会一起见证各种大小事件，比如毕业典礼、婚礼、出生和死亡，以及种种得意和失意。你开始能意识到为什么你与母亲或父亲的关系是如此重要了吧？！

出于方便起见，我在这一章里通篇都使用“父母”一词。每家情况千差万别，抚养你的可能是母亲和父亲，也可能是母亲一个人，也可能是父亲自己，还有可能是姨妈、叔叔、继母和继父、祖母、监护人、一些外星人等等。因此，无论你何时遇见“父母”、“母亲”或“父亲”等用语，都可以用更恰当的词语来代替，以适应自己的情况。组建家庭并不一定需要血缘，只要有爱就够了。

这是一条什么样的路呢？你可以铺就一条坦途，方法是建立良好关系，解决问题，展示爱和尊重。你也可以走上一条羊肠小路，方法是放弃建立关系的机会，每当遇到分歧就当面吵嘴，或背地里生闷气，不尊重人。

父母关系小测验

在进行下一步讨论前，我们做一项测验，看看你对父母的表现如何。

盘点你的选择	才不是				没错
1. 我和父母关系良好。	1	2	3	4	5
2. 我尊重父母。	1	2	3	4	5
3. 父母相信我。	1	2	3	4	5
4. 父母不说，我也会经常给他们当帮手。	1	2	3	4	5
5. 我非常了解父母，比如他们的喜好，讨厌的事物，梦想和价值观，我还知道他们让人发笑的事情。	1	2	3	4	5
6. 父母非常了解我，比如我的喜好，讨厌的事物，梦想和价值观。他们还知道我的许多让人发笑的事情。	1	2	3	4	5
7. 父母和我的交流非常顺畅。	1	2	3	4	5
8. 我们善于解决问题和消除冲突。	1	2	3	4	5
9. 即使父母确实和我拌嘴，或者大吵一架，大家也会很快就和好如初。	1	2	3	4	5
10. 从心里说，我爱我的父母。	1	2	3	4	5
总分： ________					

把各项得分加在一起，看看你做得怎么样。

40-50 ↑ **你目前走在大路上，坚持下去！**

30-39 → **你在大路和小路之间犹豫不定，到大路上去！**

10-29 ↓ **你正走在小路上，请认真阅读本章内容。**

这一章分成四个部分。“建立关系银行账户”，讲的是与母亲和父亲建立良好关系的秘诀。在“好烦啊，怎么办”中，我们将讨论如何对待令你厌倦或反感的父母的行为。“缩小与父母的代沟”将探讨如何缩小与父母在交流方面出现的差距。最后“如果你不得不拯救父母”部分，专门供那些遇到这种情况的青少年借鉴。

◆ 建立关系银行账户 ◆

在我成长的过程中，每次当我忘记倒垃圾，老妈就会像被摁了电门般暴跳如雷。每个星期五的早晨，耳边都会传来老妈的喊叫："肖恩，把屁股从床上挪开！我都能听见垃圾车的响声，可你还是把倒垃圾的事忘得一干二净！"到了最后，她只好求助于一种办法：在门上、冰箱上、梳妆台和我的枕头上贴上纸条，上面写着："肖恩，倒垃圾，不然有你的好看！"

我还有办法让老妈感到开心。每当我考出好成绩，她都异常兴奋。她会把我的成绩单贴在墙上，好让朋友看见，嘴里同时吹个不停。每当我帮助她洗碗，或者把杂物拿进屋里时，她都十分高兴。我就是通过这些方法弥补自己没有倒垃圾的过失，使我们的关系朝积极的一面发展。

在前面一章中，我们谈到了"关系银行账户"，它代表着你在关系方面有多少积蓄。而在父母问题上，你的关系银行账户有多少存款？如果1000美元代表着你与父母的关系非常密切，那么你存了多少钱？你是否确实在银行里存了1000美元？还是只存了500美元？也许你一文不名也未可知，甚至还透支了1000美元。不管是哪种情况，公式都是相同的：你一次只能建立一种关系，存一笔钱。

下面是五种与父母建立良好关系的存款项目。对应着每笔存款，是取款项目。

存款	取款
+ 了解他们的"现金"数量	- 假装了解实情
+ 讲真话	- 撒谎，掩盖
+ 了解需要	- 一味等待他们对你提出要求
+ 牢记小事	- 忘记所有小事
+ 敞开心扉	- 封闭自己
+ 使用最重要的词句	- 避免使用最重要的词句

了解对他们来说什么是重要的

千万不要认为给你自己存款就是给父母存款。如果父母扔下你一个人，你也许会把与朋友呆在一起当作存了一笔钱。不过，假如父母与他们的朋友在一起，你又出现在他们的身旁并与其聊天，他们会把这看成是存款。怎么样？父母使用的现金与你使用的不同。我曾向好几位父母提出过一个问题："在你们的关系银行账户里，什么是你们的十多岁子女所存的最大一笔钱？"听他们是怎么说的：

◎"读本好书。"

◎"把他的房间打扫干净，好让我至少把门打开。"

◎"女儿所存的最大一笔钱就是，善待兄弟姐妹。"

◎"我走进女儿的房间，与她的朋友打招呼，并闲聊了一分钟。当我离开时，她和朋友们说：'再待一会儿，和我们聊聊。'这笔钱存得真值！"

◎"女儿出席了一次会议，组织会议的人鼓励与会学生原谅父母所犯的错误。她对我说，我的所作所为棒极了。这真是太好了！"

◎"每天都自觉做家务。"

这可是些好东西。你可以通过使用这些存款，在与母亲和父亲的关系上多多加分。

讲真话

破坏你与父母之间信任的最快途径就是对父母说谎。这是在取出一大笔存款后，需要花费几个月甚至好几年的工夫才能重新赢得信任。正如一名十多岁的孩子所说："应该诚实守信。虽然讲真话并不容易，但父母发觉你在撒谎的后果要比讲真话要坏十倍。"

问题就在这里。他们总会找出真相。父母总是有高明的办法找出真相，他们能揭开伪装。因此，对他们还是要一是一，二是二，因为诚实总是不会过时。

了解需要，并加以满足

碗是不是要洗？要不要接小妹回家？妈妈是不是需要休息？如果是这样的话，了解这些需要并加以满足，不要等人提出来。

"父母从不对我抱太大指望，"13岁的瑞安说道，"我的意思是说，我在家里做家庭作业和其他一些事情，仅此而已。有一次吃完晚饭，妈妈非常疲乏，我自告奋勇收拾餐桌。她几乎被累死了。看到她走到一旁休息，我真是万分开心。"

如果你家里有一个小弟弟或小妹妹，父母对你的一大需要就是成为他们的朋友，帮助把他们抚养成人。记得弟弟乔舒亚刚上中学时，父亲非常担心。乔舒亚上的是另外一所中学，一个人也不认识。他瘦瘦的，笨笨的。我意识到父亲的这种需要，前去这所中学与乔舒亚作伴。我还帮助训练他们学校的新生橄榄球队——乔舒亚也是其中一员。我永远忘不了父亲对我的感激之情。

我与一位名叫德斯汀的16岁男孩交谈。当我问起他的母亲时，他的两眼闪出光芒。"我妈妈？我会为她推动整个地球。我爱她。我们有时也会顶牛，但最后还是会和好。"

他对我说，妈妈刚离婚，受到沉重打击。他很为妈妈担心。他认为最好的办法就是帮助她照看7岁的弟弟和9岁的妹妹。

"现在"，德斯汀说，"我基本上成了一家之主。我努力把家里收拾得井井有条，好让妈妈不会感到烦躁和紧张。放学后，我接上弟弟妹妹，把他们送回家，照看他们做作业、吃饭和玩耍。必要时我会替妈妈跑腿，或者做我能为她做的任何事。"

牢记小事

在关系问题上，小事也是大事。什么是小事？一句温暖的话语。一个甜蜜的微笑。一条感谢的留言。盖比给我讲了这样一个故事：

我和妈妈的关系算不上坏，但还是遭受过破坏。我决定给妈妈写封信，

告诉她她对我是多么重要。我把纸条塞进她的车里，然后去做自己的事。这件事我没有多想。可让我吃惊的是，等我到家里，妈妈正在门前迎我，然后同我拥抱。她说这是我送给她的最好礼物——这只是一句简单的感谢，也是对她所做的努力的赞赏。

这使我回想起母亲节的情景。我在那一天把一份特殊礼物送给了妈妈。以前，我总是给她送上一瓶普通的香水，而她也总是装作非常高兴的样子。（“天呐，肖恩，这一次又是香水！太棒了！”）这一次，我写了一首题为《男孩和母亲》的小诗，内容是介绍一名伟大的母亲。她说，这是我有生以来送给她的最好的礼物，她甚至把它挂在了“荣誉墙”上。

敞开心扉

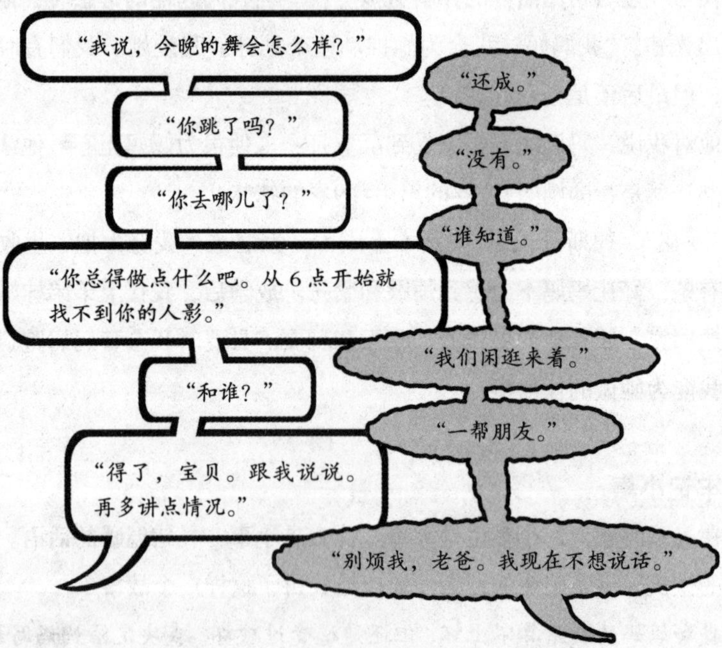

这番对话是不是听起来耳熟？如果是，那你的感觉就是正常的。有时候你就是不喜欢和人说话，尤其是当自己像接受审问的时候。然而，凡事总有来龙去脉——有时需要敞开心扉。事实上，和父母一起分享自己头脑里的想法，才能拉近和父母的距离。

青少年往往觉得这样的话难以启齿："老妈，老爸，你们看我应该怎样做？"但这样的问法是明智的，因为，虽然父母不能永远保持洒脱干练的形象，但他们的头脑通常还是睿智的。你对时装和时尚的了解固然比他们要多，但他们对爱情和幸福的理解要远远超过你。他们尤其擅长帮助你对待朋友的背叛、解决在男朋友或女朋友问题上的七七八八。

一次，家里的一个老朋友对我说："肖恩，如果你把自己做出的所有重要决定告诉父母，你就不会出大错。"他的建议非同寻常，令我永远难忘，并且一直努力付诸实施。

不过，你虽然打算向父母敞开心扉，但又担心会产生意外的结果。遇到这种情况怎么办？你担心可能会激怒他们，或者让他们感到失望，以下是一个屡试不爽的法宝。

开始时要这样说："老妈，我实在想跟您谈点事情，可我担心我把话告诉您之后，您会大发雷霆。"

"当然，我肯定不会发火，"老妈可能会这样说。

"不，您肯定会。您老是发火，让我为自己说的话感到后悔。"

"我发誓，宝贝。我肯定不会骂你。说吧，怎么了？"到了这个时候，她的好奇心已经被吊了起来，她非要弄个明明白白不可。

"好吧。您要保证让我把话说完，还要保证不发火。"

这样做，会使他们对你要说的话有心理准备。结果是，他们会更认真地听你介绍，并且对自己的回答更加谨慎。

选择最重要的词句

在和父母相处的问题上，最最重要的一个字是"请"，最重要的两个字是“谢谢”，最重要的三个字是“我爱你”，最重要的四个字是“我来帮你”。每个词都满含着力量和魔力。

说“请”既是出于礼貌，也是出于尊重。“谢谢”也是如此。没有什么比忘恩负义更令父母心寒了。因此，要抓住一切机会努力寻找说“谢谢”的不同方法。

“谢谢，老妈。饭菜好吃极了。”

“老爸，非常感谢您昨晚让我用您的车。我玩得开心极了。”

“我爱你”是一句非常重要的用语。一些家庭把“抱一下”和“爱你”挂在嘴边。还有一些家庭，表达起感情来不像这样热情和含蓄，实际上可以说有些冷漠。如果你们家就属于这种情况，你不妨试着做“第一个吃螃蟹的人”，打破局面，在家里建立一种新的风气，用不同的方式表达爱和亲情。只要一个人先开个头，一切就迎刃而解。下面看看舍温是怎样做的：

老爸的样子帅极了，只是脾气不太好，沾火就着，我老是提心吊胆。小时候，老爸老是冲我大喊大叫，我被吓坏了。可我在心里并不怪他，我一直认为都是我的错。

看电视时，剧中的父亲去世，孩子一直没有机会对他说“我爱你”。要是我会怎么办？我会不会也没有机会对老爸说我爱他？从那以后，我每天都给老爸一个拥抱。我用这种方式对他说：我爱你。

第一次拥抱老爸时，他一点也不觉得尴尬，我有些吃惊。我对他说，我从来不想对他说再见。不管出什么事，我都希望我们会善待对方。他也是这样看的。他说得很清楚，如果我需要他的帮助，我随时可以找他。我爱他。虽然我有时候也讨厌他的执拗劲，可我每天还是照样拥抱他。不需要什么理由。我们的关系确实好多了。

美国乡村摇滚歌手詹姆斯·泰勒这样唱道：

用爱来回报爱你的人，证明你会爱他们直到永远。

一切会越来越美好，只要你打定主意，不改心愿。

"我来帮你"是重要用语。切记：当你准备说这句话时，一定要让父母坐好，因为这说不定会导致他们的心脏病复发。

这就是与父母开设关系银行账户的全部内容，归结为一点，就是：永远保持房间整洁。可能是出于一些稀奇古怪的原因，他们就喜欢这样。只要你的房间保持整洁，即使你犯一箩筐的错误，也会得到父母的原谅。再好不过的是，弟妹的房间凌乱无比，因为这会使你获得优势。

◆ 好烦啊，怎么办 ◆

大家都知道，父母有时候非常烦人。大家抱怨最多的五件事是：

◎ 父母总是拿我跟别的孩子作对比

◎ 父母老是不满意

◎ 父母真让人尴尬

◎ 父母过分溺爱

◎ 父母老是吵个没完

无论是哪一点，你都能对上号。这些问题可能会让你发疯，直到反唇相讥。不过，你也可以换一种方法来加以解决。

如果你对父母的做法不满意，要记住一点：把精力集中到自己的控制圈里。不要把精力用到你无法驾驭的问题上去，父母的弱点或者他们烦人的举止就属于这类问题。把精力用到你能驾驭的问题上，比如你的态度以及你对他们的作法做出的反应。你不能改变父母的决定，那就只能改变自己的选择。

父母总是拿我跟别的孩子作对比

“你为什么不能像你哥哥那样？”天呐！

“你为什么不像你的朋友泰瓦那样做课外活动？看，她的成长多全面。”

塔季扬娜对我表示，每当父亲拿她作对比，她就感到自尊心受伤害：

小时候，爸爸对我非常好，但后来再也不是这样了。我有两个弟弟和一个姐姐。我和姐姐相差11个月。老爸老是拿我和姐姐比。姐姐非常聪明。她老是对我说：“你不行。”老爸则说，我不是上大学的料。不过这没有关系，我是说我已经见怪不怪了。

最近，我们去姨妈家里做客，他们在讨论谁长得像谁。老爸说：“塔季扬娜长得像我，她的脑子可不像我，她姐姐倒是和我非常像。”老爸前额很宽，姐姐也是。他说：“大脑门的人聪明，塔季扬娜没有长大脑门就是这个道理。”我真为自己感到难过。我真希望像他和姐姐那样，也保持那种关系。

我敢打赌，这个父亲非常喜爱塔季扬娜，但没有意识到自己已经严重伤害了她的感情。你不可能不把自己与那个聪明的小女孩和GPA得分为4.0

的男孩进行比较。你在比较，你的父母也在比较，这是人类的天性。出于一些古怪的原因和良好的本意，父母认为，拿你和其他人比较会调动你的积极性。每一个十多岁的少男少女都知道，这样做的后果只会适得其反。

如果你老是被比来比去，不妨这样想。首先，不要太拿它当回事。只要记住它给你的感受，然后拿定主意，今后不拿你自己的孩子进行对比就行了。其次，不妨让父母认识到你对这件事的感受。如果下一次母亲或父亲又把你和兄弟姐妹、朋友，或希腊神进行比较，不妨这样说："老妈，老爸，你们知道吗？你们拿我和这个人或那个人进行比较，真的很伤我的自尊心。我其实与这个人或那个人都不一样，如果你们今后不再谈这个话题，我会非常感激。"

我们每个人都希望自己能得到父母的爱。记得曾经和弟弟参加一次派对，不经意间听到有人对老爸说："你和哪个儿子长得更像？"他答道："我也不知道。可能乔舒亚和我长得更像一点儿。"我感到非常难受，好像他爱乔舒亚胜过爱我。这是一件不起眼的小事，他不是有意伤我，但这件事却使我认识到，我们是多么希望得到父母的爱，多么希望他们不拿我们进行比较。

我们每个人都有不同的外貌和身材，但都具有无限的价值，不应该被拿来与他人进行比较。我喜爱鲁思·沃恩的（*Ruth Vaughn*）一句话：

"你们每个人一辈子只活一回，以前没有，今后也不会有另一个你。这就是你们生命的意义。"

父母老是不满意

萨莉娜对我说：

我和老爸的看法总是满拧。尽管我在考试中得了6个A和2个C，可他还是认为我能取得更好成绩。他老是说："你的分数和出勤得再高一点儿。"

真是把我给气疯了。

这是一个典型的挑战，我把它叫做永不满意综合征。父母老是没完没了地责备你。你好象什么事都做错了。你希望他们为你感到骄傲，可你连让他们感到满意也做不到。

如果这正是你的感受，千万不要认为父母不爱你。就像他们爱把你和他人进行比较一样，他们往往不知道自己在干些什么，但本意是好的。也许他们从小到大接受的就是这样一种教育方式。当你为人父母之后，并不意味着你会获得一本用户手册，学到如何成为一名称职家长。

你可以尝试一件事：找出你所做好的每一件事。对萨莉娜来说，在上面的情景下，她可以这样说：

“是啊，老爸，我是能够取得更好成绩。可是，您必须承认，在上学期得了6个A确实了不起，这比去年要好多了。”

父母真让人没面子

我不知道你的情况如何，可我在小的时候，父母确实让我感到极为难堪，以至于后来我都不知道什么是难堪了。我都麻木了。

我出生在爱尔兰，我们家在那里生活过几年，母亲学会了爱尔兰人的风俗习惯。搬回美国后，每当过圣派屈克节，她都会来到我上的小学。她留着一头长发，手里端着一个盛满三叶草饼干的箱子。接着，她会用歌剧演员般的歌喉演唱一大堆爱尔兰民歌，比如《当爱尔兰的眼睛微笑时》。老师和同学感到非常过瘾，我却恨不得钻到书桌下面藏起来——真是臊死了。

不料，老爸的举止更令人难堪。我们全家经常一起逛电影院。老爸觉得自己累了，就会把上衣卷起来当作枕头，在过道里打个盹。一次，他带我和兄弟姐妹去纽约欣赏百老汇歌剧，可演出刚进行到一半，他却神不知鬼不觉地失踪了。过了半个小时，他才拿着里面装着中餐的包装袋回到剧场。

老爸是个作家，人们往往会问：

“你是史蒂芬·柯维的儿子吗？”

“是的。”

“天呐！你有这样一位大名鼎鼎的父亲，感觉怎样？”

“我也说不清楚。”

“你能不能给你父亲捎个话，就说他的书改变了我的生活？”

“好吧。说什么都行。”我说。

可我这时往往会想：“你是否知道，老爸在跑步时脚上穿的可是高可及膝的黑色西装袜？”

19岁那年，我终于有机会拜读老爸的大作，这才知道大家为什么都喜欢他，对于他所经受的变化我也感到非常欣慰。

也许，你的母亲和父亲会让你难堪，就像我的老爸让我下不了台一样。也许，他们对时装和流行音乐一窍不通。这没有关系！他们只要了解如何处理重大事情就行了，比如怎样帮助你从被恋人踹了的伤痛中恢复过来。

也许你们没有留意到，他们比你具有更丰富的经验。正如佛罗里达的学生安雅所说：“他们经历的事情数不胜数，他们是我与现实世界进行联系的第一个源泉。”

父母老是爱得过头

你的父母什么都想控制在自己手里吗？

在下面的说法中，找出适合你父母情况的描述：

□ 他们总是想弄清楚我在哪儿，和谁在一起

□ 他们规定了严格的时间让我回家

□ 每当我遇到麻烦，他们总是帮助我脱离险境

□ 他们对和我一起玩耍的朋友品头论足

☐ 他们对我约会的对象非常挑剔

☐ 他们总是问这问那，一点也不尊重我的隐私

☐ 他们过于严厉，做出了太多的规定

如果你在这些说法中打了许多钩，那么你可以从中得出两条结论。要么是父母不信任你，要么是他们爱你爱得过头。通常，所谓溺爱子女的父母对孩子关爱有加，并且通过许多规定以及试图了解一切事情来加以体现。不必为父母订下的清规戒律烦恼。毕竟，假如你能进行选择的话，你是要对你爱得过头的父母，还是要对你毫不关心的父母？

周五晚上你9：00才回家，昨天你不喝牛奶喝可乐，今天早上你忘了用牙线。我和你爸都担心你变野了。

如果你确实值得父母对你的信任，而他们又对你要求过严，怎么办？遗憾的是，我无法提出正确答案，只能说：不要辜负他们的信任。始终讲真话。不要一味为他们的严厉烦恼，这只会使你产生逆反情绪。

上中学时我有一个好朋友兰迪，他的母亲对他非常严厉。他妈妈总是能找出各种理由阻挠兰迪和朋友们一起玩，不让他们一起宿营或听音乐会。开始，兰迪并不介意。后来，他都快被折磨得精神崩溃了。当他最后实现自立时，他反叛了好几年的时间，为的就是回敬妈妈的做法。但我相信现在的他肯定为自己的做法感到悔恨。

最艰巨的挑战莫过于按点回家。你的父母喜欢规定回家时间，你却不喜欢。事实上，父母是担心晚上出没的吸毒者、酗酒司机和意外。这听起来有些可笑，但却是事实。如果你不得不摆脱令人不安的情况，把责任推给到点回家的规定好了。“对不起，我得走了。我必须按时回家。”

通常按点回家的规定可以通融，不妨试试下面三个技巧：

1. 如果你给我搔搔痒，我也给你搔痒。有时候，如果你帮助父母做些

事，他们会放宽按时回家的规定。“老妈，如果我打扫地下室，我星期五可以晚点儿回家吗？”

2. 蓄水池。通过在一段时间里严格履行按点回家的规定，显示你是有责任心的，从而修建信任的蓄水池。“老妈，如果我整个夏天都按时回家，我们可不可以从秋天起把回家时间推迟一个小时？”

3. 大事。如果你遇上大事，应该事先让父母知道。他们往往乐于破例。“老妈，劳拉将在这个星期六举办派对，庆祝放假。那天晚上我晚些回家，可以吗？”

父母老是吵个没完没了

你家里的气氛怎么样？是平静如水，还是战火纷飞？正如一名十多岁的孩子所说：“父母老是吵架，没完没了。过后他们又变得像没事人一样，可我却被吓坏了。”

当你在紧张的气氛中浇上一滴酒时，情况会立即激化。阿普里尔这样分享她的经验。“爸爸爱喝酒。老是没完没了地喝。当全家人围坐在餐桌前吃饭时，他又朝哥哥吼个不停。妈妈努力阻止两人争吵，我们家乱成一锅粥。”

在这种情况下，你唯一能左右的就是你自己。你无法改变父母，但你可以不喊，不叫，不反唇相讥。你可以保持乐观的态度，你可以担任和事佬，在家里发挥着积极的影响，担任调解员的角色；尽其所能，集中精力解决问题。

对待父母离婚

这种争吵往往会导致离婚。遗憾的是，许多桩婚姻最后都以离婚收场。林赛曾经被父母离婚一事弄得焦头烂额，但后来却调适得很好。我向她请教应该向其他青少年提供什么忠告。

首先我要说，这不是你的错。父母离婚时，他们坚持让我认识到，他们离婚与我没有任何关系。

起初，感觉非常难，因为家里失去了父母中的一方，你再也无法适应这种生活。过了一段时间，这种情况变得有些自然了，你甚至会觉得这种情况也有好处。比如，你收到的圣诞礼物和生日礼物会比以前多一倍，虽然你再也不能在父母的陪伴下享受节日。

离婚使我感觉到生活中缺少了什么。我没有意识到这种感觉是离婚带来的。在好长一段时间里，我焦虑不安，气愤，伤心，但最后还是逐渐接受了这种看法。我认识到，如果父母不幸福，我就不应该希望他们继续生活在一起。我感到非常孤独，因为别人无法理解我的痛苦。后来，我发现自己的三个兄弟姐妹却理解我的处境！我们开始谈论这件事，大家都好受了不少。

哥哥选择与爸爸住在一起，这使我非常生气。现在，我们成了最要好的朋友，我开始后悔自己对他的态度。总之，要把损失减少到最小程度，一天只面对一次，循序渐进。

肯·切恩教授也提出了以下建议，目的是帮助青少年减少父母离婚对他们的伤害：

秉持公正。许多青少年认为，父母不应该要求子女站在自己一边，这是十分重要的。

保持联系。由于住得较远，你和其中一位家长见面的机会会相对较少，保持联系不失为一个好主意。甚至只是发一封短短的“我想你”的电子邮件也能减轻双方的思念。

过自己的日子。有时候，父母会由于离婚而忙于适应新的变化，你的生活似乎陷入困境。当家里的情况发生变化时，继续从事原来的活动，比如上学和交友，会有好处。还要照顾好自己，注意饮食和经常进行健身——这是缓解压力的两大法宝。

得到他人的帮助。如果你情绪低落或怒火中烧，不妨得到朋友和家人的帮助。这种感觉不久就会过去。如果老是挥之不去，如果你还是感到消沉或打不起精神，如果你难以集中精力从事正常活动，不妨求助于心理辅导师和治疗师。还有，不妨与其他有相同经历的同龄人交流。

你或许听说过凤凰的神话。在生活了一千年之后，它会躺在柴火堆上，被烧为灰烬。一只新凤凰从灰烬中诞生，它还会活一千年。这里面的启迪在于，有时候新生命往往脱胎于挫折的灰烬，父母离异就是一个例子。父母分手后可能会更快乐。正确对待离婚能帮助你增强力量，树立同情心，走向成熟。

缩小与父母的代沟

“您不知道怎么敲门吗·”纳塔莎在母亲走进她的卧室时抱怨道。

“你该打扫自己的房间了，纳塔莎。这太荒唐了。”

“我过一会儿就打扫，老妈。没看见我现在正忙着吗？”

“不行，你现在就干。”

“这是我的房间，老妈。我会打扫的。再等几分钟。不过，别再不敲门就闯进我的房间。”

“这是我的房子，宝贝。不要教训我在自己的房间里什么该做，什么不该做。”

如果你听到我的话了，叹口气总行吧。

“当然，可这是我自己的房间。我有自己的隐私。”

“你什么时候把屋子收拾干净，什么时候才有隐私。快开始吧。”

“真烦人，老妈。请您出去。”

代沟确实存在

你是否曾经认识到，你和父母说不到一起？你肯定多多少少会有这种感觉。比方说，你关心的是朋友们会对你的新发型如何评价，可他们关心的却是怎么讨账。你和父母通过不同的眼镜观察生活。你说的是这回事，可父母却听成了另外一回事。反过来也一样。

你说的是	父母听到的却是
“我现在不想说。拜托！”	“你有时间看电视和剪指甲，可就是没有时间和我们打交道。”
“你们根本不知道我说的是什么意思。”	“我知道的比你们多多了。”
父母说的是	**你听到的却是**
“当我像你这样大的时候……”	“当恐龙在地球上游荡……”
“因为我说过了，这就是理由。”	“没有什么理由可讲，可你最好还是照我说的话做。不这样做不行。”

要想弄懂我所说的话，先做个小试验。请用一秒钟的时间看154页的图。把眼光转向别处（不许偷看），把书递给旁边的人，最好是你的父母，让他们看165页的图一秒钟。

现在，你和父母都一同观察图画，把所看到的情景描述出来。画面上是一名妇女，还是一个萨克斯演奏家？你多半会看到一个萨克斯演奏家，另一个人会看到一名妇女。继续进行交谈，直到你能看到这两个人的图像。你也可以再翻回，把图像看一遍，弄清楚你是如何先入为主，看到现在的人像的。

好好想一想。如果通过三秒钟的思考，你能用另外一种角度看图像，你难道不会认识到，常年积累起来的经验会影响你和父母用不同的眼光看这个世界吗？当你与父母进行交流的时候，他们看到的是一名少女，你看到的却是一名萨克斯演奏家，你们都是对的。每种事物都有两面性。这就是交流上的差距。

设法了解父母

克服交流差距的一个重要途径就是更彻底地了解对方。你可以与父母双方或其中一方度过很长一段时间，可你对他们又了解多少？

找来一支笔，试图回答下面15道有关父母的问题。你可以回答只与母亲有关的问题，也可以回答只与父亲有关的问题，也可以两类问题都回答。做完题后，把这本书递给父母，看他们是否能回答关于你自己的15道题目。你们全部回答完毕之后，重新坐在一起，就答案展开讨论。我敢打赌，你肯定有许多问题不会答。

你对母亲 / 父亲了解多少？

1. 母亲 / 父亲的瞳孔是什么颜色？＿＿＿＿＿＿＿＿
2. 母亲 / 父亲最爱做什么？＿＿＿＿＿＿＿＿
3. 母亲 / 父亲认为你能为她 / 他所做的最令人满意的事情是什么？
＿＿＿＿＿＿＿＿
4. 如果母亲 / 父亲是天底下最闲，也最有钱的人，他们会把时间花在哪些方面？＿＿＿＿＿＿＿＿
5. 母亲 / 父亲对待婚姻的态度是什么？＿＿＿＿＿＿＿＿
6. 母亲 / 父亲实现的最大梦想是什么？＿＿＿＿＿＿＿＿
7. 母亲 / 父亲的第一份全职工作是什么？＿＿＿＿＿＿＿＿
8. 谁是母亲 / 父亲最贴心的朋友？＿＿＿＿＿＿＿＿
9. 母亲 / 父亲头次见面是哪一年？＿＿＿＿＿＿＿＿
10. 母亲 / 父亲最喜欢哪些音乐？＿＿＿＿＿＿＿＿
11. 母亲 / 父亲最喜欢看哪些电视节目？＿＿＿＿＿＿＿＿
12. 母亲 / 父亲的生日是几月几号？＿＿＿＿＿＿＿＿
13. 母亲 / 父亲是在汽车油箱里还剩一半油的时候加油，还是等油箱快见底时才加油？＿＿＿＿＿＿＿＿
14. 母亲 / 父亲最喜欢去哪里度假？＿＿＿＿＿＿＿＿
15. 母亲 / 父亲最喜欢做哪一件事：欣赏精彩电视节目，出门看电影，与朋友一起聚餐，看书？＿＿＿＿＿＿＿＿

你对孩子了解多少？

1. 孩子最喜欢学校的哪一门课？
2. 孩子认为你为他做的最令他满意的事是什么？
3. 孩子希望长大后成为一个什么样的人？
4. 孩子最喜欢什么音乐？
5. 最令孩子生气的是什么事？
6. 孩子最爱浏览的因特网网址是什么？
7. 孩子最想改变的是自己的哪一方面？
8. 孩子最想和你讨论但又最害怕讨论的是什么话题？
9. 孩子最想养哪一种宠物：狗、猫、仓鼠、马、鸟、乌龟、蛇，还是一样都不喜欢，或者想养所有这些宠物？
10. 谁是孩子最要好的朋友？
11. 如果孩子能去世界各地旅游，他们最想去哪里？
12. 孩子最想干什么：与朋友一起看电影，看一本好书，玩电脑游戏，参加最喜欢的体育活动？
13. 孩子现在有没有男朋友或女朋友？如果有，是谁？
14. 迄今为止，孩子生活中最出彩的是什么？
15. 孩子最喜欢的职业是什么？

你对父母了解多少？他们对你又有多了解？如果你和父母在15道题中答对了11道或更多，好极了！如果答对了6至10道，你们需要在一起待一段时间。如果答对的题目只有5道或更少，你们必须展开交流，也就是进行交谈。用对方的眼睛来观察生活总是有益的。这使我想起杰克·汉迪发人深省的名句：

在批评某人之前，你首先要穿上他们的鞋走上一英里。然后，如果你确实要提出批评，你已经站在一英里以外的地方——脚上是他们的鞋。

改变关系的技巧

你是否意识到，你和母亲或父亲老是重复着内容一模一样的对话，并且你总是知道每次对话都会产生相同的结果？

“马克，你是不是觉得今天的汽水还没有喝够？”

“又来了，老爸。我又不会撑死。”

“可你的身体会受不了。”

“我从来没有告诫您什么该喝，什么不该喝，可您却老是教训我什么该做，什么不该做。”

“我不是教训你什么该做，我只是想说……”

“好了，好了。我知道了。我早就领教过了。”

如果你和父母在交流上存在差距，哪怕这种差距就像大峡谷那般宽阔，你也要满怀希望。如果你们当中有人改变做法，就能改变每次谈话的结果。你可能会想：“话是不错，可是你不了解我的老爸。他死也不会改变。他不可救药。”也许，他要么不可救药，要么不会改变。可你是可以改变的。你可以试着用一种更好更巧妙的方式进行交流。下面是三项经过时间考验的技巧，它是一切良好交流的基础。

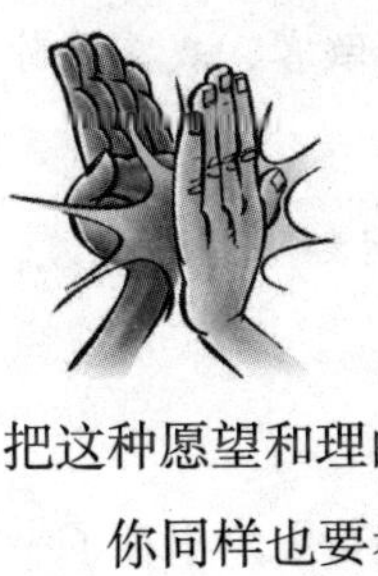

技巧一：从双赢着眼

你是否一直考虑自己的感受，从不考虑父母的感受？正如马里尔说的那样：“进入青春期以来，我一直和父母在交流上存在问题。我有什么愿望，就直截了当地把这种愿望和理由告诉他们。我从来没有考虑过他们的需要。”

你同样也要考虑他们的需要。这就是所谓的“从双赢着眼”的技巧，也是杰出青少年所具有的第四个习惯。令人啼笑皆非的是，如果你顾及父母的感受，你的需要也会得到满足。与从双赢着眼的技巧相对的是一赢一输，也就是只考虑你自己的技巧。你把对话看成是竞争，一心一意要取得胜利。听起来就像这样：

雷吉从放学回到家里。他感到十分疲倦，于是打开电视机，一屁股坐在长椅上。妈妈急匆匆闯进屋里。

“雷吉，宝贝。没有时间看电视了。我现在非常需要你帮忙。”

“我累了，妈妈。我就看几分钟。”

“对不起。可今天没时间了。格西奥一家今晚来家里做客，我需要你帮我打扫房间，现在就干。乱极了。”

“格西奥一家？他们为什么老来家里？真受不了。讨厌。”

“你不需要喜欢我的朋友，可我至少需要你有礼貌，和人家打招呼。”

“好吧。反正我不帮你打扫房间。”

雷吉只想着他自己，错过了这个机会。他赢了，母亲却输了，至少在短期内是这样。但一赢一输方式的缺点在于，它会回来折磨你。两天后，当雷吉想让父母同意他使用汽车时，他妈妈可能会这样想：“你那天拒绝帮我忙，我为什么要让你用车？”

本来，只需付出一点努力，用双赢的方法想一想，雷吉就能扭转乾坤。我们再试一下。

“雷吉，宝贝。没有时间看电视了。我现在非常需要你帮忙。”

“我累了，妈妈。我就看几分钟。”

“对不起。可今天没时间了。格西奥一家今晚来家里做客，我需要你帮我打扫房间，现在就干。乱极了。”

“唔……好吧。我就帮您打扫几分钟。可我不想整宿都陪您的朋友。我只是想跟他们打个招呼，就这样。”

“没关系。谢谢你帮我打扫房间。你不知道我现在有多忙。”

雷吉只牺牲了一点自己的要求，但却在母亲的关系银行账户里存了一大笔钱。他的要求以后还会得到更多满足。

当你和父母无法取得一致，或者当你确实打算说服他们同意你的观点，不妨画个T形图。你可以在脑子里画，也可以画在纸上。在一旁列出你“赢”得的东西。在另一旁列出父母“赢”得的东西。拿雷吉和他的妈妈为例，这张图是这样：

你会赢得	父母会赢得
我疲倦，想看电视	妈妈非常需要我现在帮她打扫房间
我不想整晚都陪妈妈的朋友	妈妈希望我和她的朋友搞好关系

试着运用这种“从双赢着眼”的方法，观察这种方法所产生的神奇效果：

◎ 你怎样看待这种方法

◎ 你怎样利用这种方法

◎ 我认为对你来说重要的事情是什么

◎ 你的经历如何

技巧二：先寻求理解他人，然后再被他人理解

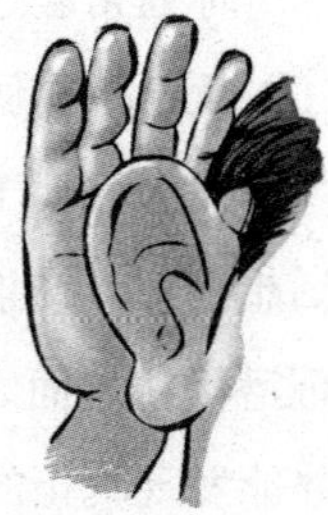

这是杰出青少年的第五个习惯，意思是先倾听，然后再说话。而我们的做法则是先说话，再倾听。

蒂龙今年16岁，晚上12点之前必须回家。今晚，他打算和朋友一起打台球，晚一些回家。他来到父亲面前。

“对不起，蒂龙。我们以前已经讨论过这件事。你知道家里的规定。我要你今晚12点之前回家，这是铁定的。”

“可是，爸爸。您不公平。我的朋友回家都比我晚。他们的父母一点儿也不干涉。史蒂夫想什么时候回家就什么时候回家。”

“我不关心你的朋友什么时候回家。在我们家，我们有自己的规定。”

“您为什么老是控制我的生活？讨厌！”蒂龙的话带有一丝敌意。

“孩子，如果你执意采取这种谈话方式，我绝不会让你呆得更晚。”

“我不明白您为什么要小题大作。我又不是10岁的小孩子。我走了。”

注意这里发生的事情。由于谁也不听对方讲话，双方没有进行真正的交流。蒂龙的父亲有些情绪激动，蒂龙也没有试图理解父亲，这对他的要求没有帮助。

那么，应该怎样倾听呢？你要像一面镜子。镜子的功能是什么？反射，而不是争辩或回嘴。要做一面镜子，就是说：用你自己的话重复其他人所说或所感觉的东西。就是像鹦鹉一样进行模仿，但与鹦鹉不同的是，你的目的不是模仿他人，而是真正理解他人。

例如，妈妈对你说："我最不喜欢你和那个叫卡拉·约翰逊的女孩在一起。我不喜欢她对你做的一切。每次和她分手后，你都变得非常无礼。"

你通常会这样回答："可惜，我们愿意。我就喜欢和她在一起。"

反射式的回答是："那么，你认为卡拉会对我产生坏影响喽。"

爸爸说："告别足球是一大错误。你从8岁起就一直踢球，可你却要把这一切都抛掉。"

你通常会这样回答："这不干你的事。"

反射式的回答是："我知道，您对我不再踢球很担心。"

我们习惯于这样做：当他人还在说话的时候，我们已经把自己想说的话想好了。结果是，我们没有认真倾听。如果你确确实实在聆听，就会发现潜伏在表面之下的深层次问题。这就好比剥洋葱。需要剥掉好几次皮，才能发现真正的症结。

让我们回到蒂龙的事例上。这一次，我们假定蒂龙试图理解父亲。

"对不起，蒂龙。可是我们以前曾经谈过这个问题。你知道自己要按时回家。我希望你今晚12点以前回家，就这样定了。"

"您的这项规定太严厉了。"

"当然了。孩子夜晚会遇到许多麻烦。晚上经常出意外。你也看报纸。后半夜没有出过一件好事。我担心你的安全。"

"您是从安全的角度看这件事的，对吗？"

“对极了。我知道你会认为我过于严厉，可我也是为你好。你要做的事实在是太多了，孩子，我可不希望你出岔子。仅此而已。”

蒂龙频频点头，一言不发。

“听着，蒂龙。今晚一家要按时回家，等有时间我们再继续探讨这件事。或许我们能把你回家的时间再推后一点，或者规定一些例外情况。我的目的不是扫你的兴，而是希望你安然无恙。能理解我的意思吗？”

把这段对话与上一段比较一下。区别太大了！蒂龙只需要做出几项反射式的回答就能取得这样的效果。爸爸第一次感到，自己的话被听懂了。而且，蒂龙对爸爸的理解也加深了。他认识到，爸爸并不令人讨厌——他只是希望自己的孩子平安无恙。虽然蒂龙现在无法实现自己的愿望，但他在按时回家的问题上有望获得更多的灵活性。

在努力理解他人的时候，有时候你所做的最佳事情就是保持沉默，就像蒂龙所做的那样。你不是对他们视而不见，而是消化他们所说的话，这使他们有机会充分表达自己，不至于被打断。

下面是表达倾听意思的繁体字“听”。注意：倾听不仅包括你的双耳，还需要你的双眼和心灵。

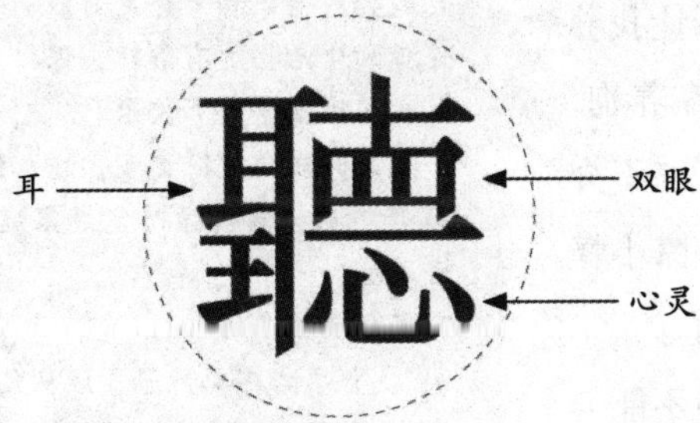

下面是一些可供采用的“寻求首先理解对方”的句子：

◎ 好吧，既然您这样说……

◎ 按我的理解，您希望……

◎ 如果我没有理解错，您是想……

◎ 你对__________感到__________。

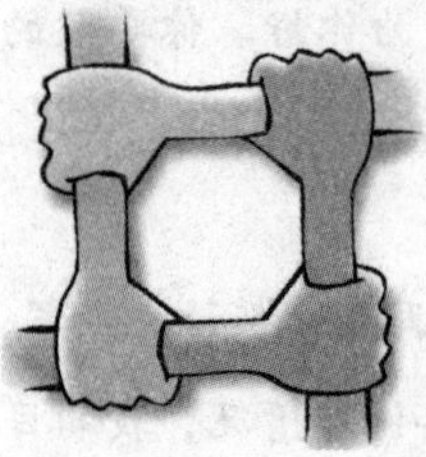

技巧三：协作增效

你在与父母相处的过程中是否遇到过障碍？你看问题是一种态度，而父母却是另外一种态度。你希望获得更多的独立性，而他们却希望更多地控制你的生活。你想申请信用卡，他们却认为你还不够资格。看起来不是你赢，就是他们赢。

事实上，似乎总是存在着第三种选择，一种新的和更好的办法。你必须非常成熟，才能把事情说清楚。我把这种方法叫做协作增效，就是“七个习惯”中的第六个习惯。

我认识一位名叫尼基的少女，她非常想养狗，可母亲拼命反对。母亲是一个“细菌狂人”，一想到一个活生生的动物在家里到处传播病菌就毛骨悚然。“你是想要狗，还是想要妈妈？”她常常这样问。

> 亲爱的妈妈：
> 如果您同意让我养狗，我保证将完成下面的工作：
> 1. 每周练五次钢琴。
> 2. 努力善待兄弟姐妹。
> 3. 当我们打扫房间或做其他家务时，我将出更多力气。
> 4. 我会对老妈和老爸更好。
> 5. 我的生活将更有条理，保持卧室和浴室整洁。
> 6. 我的生活将更加快乐。
> 7. 吃饭时我会吃得更多，增加锻炼身体的机会。
> 8. 开学后，我会按时完成家庭作业，尽最大努力取得好成绩。
> 9. 我会读更多的书。
> 10. 我会尽力不耍性子，服从您的教导，绝不顶撞。
> 11. 我会照顾好自己的狗。

她们已经为这件事成年累月争执。

“您为什么不让我养狗？我的朋友都在养狗，他们的父母一点也不介意。这有什么大惊小怪的？”尼基要哭了。

“我们家里绝不能养狗。养狗就像带小孩，最后还是要我来照顾它。我们就是不能养狗，这绝不能改变！”妈妈喊道。

到了最后，尼基觉得自己说不过妈妈，于是在一天夜里呆到很晚才睡觉，给妈妈写了一

封建议书。她认真地从妈妈的角度进行了思索，然后起草了一条协议，列出了如果妈妈同意她养狗，她必须做的所有事情。接着，她把信压在妈妈的枕头下面。

尼基的妈妈被这封信打动了。她终于同意养狗。接下来，尼基和妈妈花了几个星期的时间在因特网上查寻有关狗的信息。尼基想养一只对主人有感情的忠心耿耿的狗，可妈妈却想养一只小狗，她不喜欢狗咬人、掉毛、狂吠，甚至不喜欢狗大小便。这是母女第一次认认真真地听取对方意见，因为她们认识到，如果不在狗的问题上取得一致意见，就养不成狗。在尼基过14岁生日那天，一名狗主人从外州来到家门口，带来了一条个头娇小浑身长着白毛的马耳他犬。这是世界上最聪明、皮毛最松软的狗。

当你和父母在某件事情上出现分歧，不要拌嘴，而是要采取成熟的做法，进行协作。把问题摊开，努力寻找对你们都有利的解决办法。如果你直抒己见，就永远会找到好法子。下面五项步骤有助于帮助你做到这一点。

协作增效行动计划

- **认清问题和机会**
- **他们的方式** 先理解他们
- **我的方式** 分享你的想法寻求理解
- **头脑风暴** 创造新的机会和想法
- **一路畅通** 找出最好的解决方式

你可能已经意识到，“从双赢着眼”和“首先寻求理解对方”已经被写进这个行动计划。

设想一下，你和妈妈正在就学习问题进行争论。她老是爱缠着你，要你做作业，考出更好成绩。你对她没完没了的纠缠厌倦至极。你们的对话大多像下面这样：

“宝贝，我看你最好还是把电视关了，开始做作业。”

“放心，老妈。我等一会儿做，我发誓。”

“没有等一会儿。只有现在。”

“如果您不再烦我，我会非常感激。也许您还没有发现，您的絮叨丝毫不起作用。”

“如果你真在做作业，我绝不会提作业一个字。可你没有做。你好像一点儿也不在乎。”

“我知道。我就是不成器。走开。”

这种对话十分具有代表性。这是一种懒人的策略。吵架和争执就是一种懒人的行为。可是，你刚学过“实现协作增效的行动计划”，并且被鼓励尝试这种办法。毕竟，你还是不能承受失败的代价。

选择一个妈妈心情好的夜晚，走近她。

确定问题或机会

“老妈，我能和您说点事吗？”

“当然，宝贝。你想说什么？”

“我想说说学习上的事。我讨厌老在学习的问题上拌嘴。”

“我也是。”

他们的方式（寻求首先理解他人的观点）

“您能不能帮我弄清楚，您为什么总是絮叨个没完？我是说，您对这件事是怎么看的，老妈？”

“你把这看成是骚扰，我很遗憾。我不是这意思。我只是担心你的学习成绩。如果你再稍微努点力，还能学得更好。”

“您认为我还没有尽力？”

“当然没有。我有时候感到你对学习不怎么上心。我认为，如果我不经常提醒你做作业，你就肯定不会做。上一所好大学是非常重要的，你只有取得好成绩才能实现这一点。”

“您是说，我对学习不够专心，上好大学对您非常重要。我总结得对吗？”

“对。我就是这样看的。”

你的方式（寻求与他人分享你的观点，以便获得理解）

“我说出我的感受，您不会介意吧？”

“没问题。我也想听听。”

“我确实关心学习问题，老妈。也许不像您那样上心，但我确实在关心这件事。我想依照自己的想法做作业，而不是您要我做我就做。当您就这件事责备我的时候，我非常不安。”

“你的意思是？”

“您老是就作业问题絮叨，不仅不会起激励我的作用，反而会起完全相反的效果。这使我不想做作业，觉得自己无可救药，就像您觉得我一事无成一样。”

“真的吗？”

“当然是。如果您不再抱怨这抱怨那，并且在我需要帮助的时候出面，我的成绩会更好。”

头脑风暴（创造新办法和新观点）

“你认为我们应该怎么办？”妈妈问。

“首先，如果您不再絮叨，我会非常高兴。”

“我也不喜欢絮叨，亲爱的。可这是唯一能够促使你做作业的方法。”

“我要怎么样做才能让您不再这样做呢？”

“你需要向我证明，你是最棒的。就这些。”

“老妈，您难道不知道您随时能上网，查看我的成绩和任何一门课的作业吗？”

“我不知道。”

“你会知道的。我只要把密码给您就行。我们试试这个办法怎么样？

您只要想了解我的学习成绩，随时可以上网。如果我的作业没有公布，或者成绩非常差，您可随意絮叨。如果我的成绩拔尖，您就别再管我。”

一路畅通（寻找最佳解决办法）

“好吧。可你先要教我怎样查找这个网址。”

“没问题，老妈。怎么样？这是不是一个好主意？我们说定了。”

“这个主意是不错，亲爱的。”

事情也许并非永远像这样简单。不过有时确实是这样。如果你与父母把事情谈深谈透，就会找到解决分歧的办法。这需要耐心，也需要努力，但非常奏效。回顾前面谈到的问题，缩小交流分歧的三个技巧是：

◎ 从双赢着眼——永远这样想：不仅你要赢，父母也要赢。

◎ 寻求首先理解他人，然后再被他人理解——花些时间理解父母的观点，然后再张嘴说话。用你自己的语言重复他们的话和感觉。

◎ 协作增效——把他们之间的分歧谈深谈透。寻求首先理解他们的观点，然后再形成你自己的观点。最后，对所有的方法进行斟酌，找出最佳方案。就是这样简单。

在用这些技巧武装起来之后，你自己就是一名“危险的”与人进行交流的行家里手了。

只需一句话就能解除父母的武装

父母所说的话往往会令您勃然大怒，这些话包括：“我已经说过了。这就是理由！”还有，“你照我的话做，不然……”从某种意义上说，他们拿起了手中的利剑，公开要与你进行决斗。这时，你所做的最糟糕的事情就是拿起你的剑，参加决斗。你永远也无法赢得胜利。应该做下面三件事中的一件，以解除他们的武装。

1. 道歉。

2. 咬紧牙关，不发一语。

3. 用你自己的话重复他们所说的话和他们的感受，首先寻求理解父母。

如果你不拿起自己的剑，他们也会扔掉手中的剑。解除父母的武装通常只需要说一句话。请看。

场景一　你和母亲为你选择的衣服进行争论。对话越来越激烈，你开始生母亲的气。

妈妈说："真不敢相信你竟说出这样的话。我是你的妈妈。你怎么能用这种语气和我说话。"

这时，如果你打算"开战"，你就说："我想怎么说就怎么说。"

如果你头脑聪明，想解除母亲的武装，你就会说："对不起，老妈，我真不该这样对您说话。"

场景二　你向父亲抱怨，自己老是做大量繁重家务，妹妹却总是捡轻的活干，这太不公平了。

父亲可能会面露怒色，叹气道："我已经解释过自己的看法。我不想再听到你谈论这件事。我可是认真的。听懂了吗？"

如果你想挑起第三次世界大战，你就说："怎么着？"

如果你想解除父亲的武装，你不妨咬紧牙关，保持沉默。

场景三　父亲不喜欢你刚刚开始约会的新朋友，你们正在就这件事交换意见。

父亲说："宝贝，我对那个家伙没有好感。我真的不赞成你和他相处。我非常反对这件事。"

你第一想说的可能是："这不关你的事，老爸。"如果真这样说了，会使他大发雷霆。

不过，你也可以解除他的武装，然后进行推心置腹的对话，体现你对父亲的理解："老爸，我敢说您对这个人非常关心。"

避免常犯的两个典型错误

青少年常常爱犯两个典型错误，这会激怒他们的父母，破坏双方的信任。避免犯这样的错误，这不值得。你可能会为向父母进行回击感到一时痛快,但你以后会为此付出代价。两大错误是:说脏话和对父母说你恨他们。

说脏话 马歇尔上学马上要迟到了，他就像闯进杂货店里的乞丐一样忙碌。母亲刚从他那乱七八糟的房间里走出来，两眼含着怒火。

“马歇尔。下楼收拾屋子。我再说最后一次。”

“得了吧，老妈，我的屋子干净着呢。”

“干净？你这也叫干净。地上到处都是衣服，被子还没叠，垃圾扔得遍地都是。我怎么养了一个邋遢鬼。”

“老妈，我上学快晚了。我回来再收拾。我保证。”

“不对，你回来也不会收拾。你必须收拾好房间再上学。”

“您当真了？真不敢相信。”

“你最好相信，我说到做到。”

马歇尔立即跑进楼下自己的房间。在经过母亲身边时，他小声说：“讨厌鬼。”

“你刚才叫我什么？”

马歇尔本来不该说这个词。可他控制不住。他说这个词不要紧，挑起了一场核战争。父母就像长了顺风耳一般，你悄悄说的所有脏话都逃不过他们的耳朵，比如：“讨厌鬼”、“白痴”、“说醉话吧”和“你什么也不懂”，还有一些我无法写出来的脏话。在对话自然而然地结束之后，要克服向父母进行最后反击的冲动，因为这会引发新一轮战争。要精心选择所参与的战争。这一场战争不值得你挺剑而出。

我恨你 贾蒂娜和家人周日将去外祖父母家吃团圆饭。她和继母为自己应该穿什么衣服争执不休。贾蒂娜认为，她穿什么衣服与继母无关。

“不行！你不能穿那件衣服去看我父母。这样太不庄重。”

“冷静一下，老妈。这件外衣怎么不好？”

“看看你像什么样子。这件外衣露得太多。”

“可我没有其他衣服可穿。”

“得了。最近我带你去买过多少件衣服？你可穿的衣服太多了。我们给你买的那件嫩绿色外衣怎么样？”

“嗨，真是难看死了。您什么时候成了我的时装顾问了？我想穿什么，就穿什么。”

“在我父母面前就是不行。要么换别的衣服，要么呆在家里自己过周末。你自己选择。”

“好吧，老妈。你真可怕。我恨你。”

当我们生气、焦虑或心里想不起其他词句的时候，“我恨你”就成为抛给父母的一句信手拈来的话。我认为，在大多数情况下，我们并不拿这句话当真。记得我自己有时候也对妈妈说我恨她，这是在我确实生气的情况下说的。

当你为父母感到气恼时，最好深深吐出一口气，咬紧牙关，或者大喊“啊——”，就像海盗一般，这样会好受一些。

怎样把坏消息转达给父母

一位母亲走进女儿的卧室，看见床头摆着一封信，心头掠过一丝不祥的预兆。她双手颤抖着，读起了信。

亲爱的妈妈：

我非常欣喜地告诉你，我已经和新的男友私奔了。我找到了真爱，他如此迷人，身上穿着孔，刺着青，骑着摩托车。打动我的还不止这些，妈妈，我还怀上了孩子，比弗说我们住在森林中他的拖车上会非常快活。他想生一大堆孩子，这也是我的梦想。我了解到大麻不会对人产生坏影响。我将为我们俩和他的朋友种植大麻，他的朋友为我们提供了大量摇头丸。同时，我们也祈祷，希望科学界能够为比弗找到治疗艾滋病的良方。他应当得到这些。

别为我担心，老妈，我现在已经满16岁了，我知道怎样照顾自己。有时间我会看你的，好让您见见外孙和外孙女。

附：老妈，这不是真的。我在邻居家里。我只是想表明，生活中有比我的成绩单还要坏的事情。成绩单在抽屉里。我爱你！

女儿，朱迪

交流方面最艰巨的挑战在于，你不得不向父母转达坏消息。如果你刚刚撞坏了家里的汽车，类似上面这样的方法可能适合你。它要求以全面的眼光来看待不起眼的小事。

◆ 如果你不得不拯救父母 ◆

大多数父母都为生活付出最大心血。他们也许具有这样或那样的缺点，但他们照样爱你，希望你过得幸福美满。可是，一部分青少年却不这样幸运，他们的父母都有种种问题。一些人的父母可能完全没有进入子女的生活，因为他们吸毒，酗酒，随便和陌生人上床，动口就骂，举手就打。他们也许还爱你们，但他们无法主宰自己的命运。他们对自己上瘾的事和习惯看得比爱还重要。

我永远也无法忘怀，一位名叫特林的越南男孩给我写的一封信。

亲爱的肖恩：

我今年11岁，正上六年级。我有个问题。爸爸沾上了吸毒的坏毛病，妈妈老是不在家，还骗爸爸。我真希望能当起这个家。您能给我一些建议或启示吗，我该怎么办？

我真不知道该如何回答。最后，我给他回了信，告诉他应该为他自己、而不是为父母亲拿主意，并且要全力以赴。如果你的情况也和特林一样，不妨考虑下面的几点建议。

必要时寻求外界帮助

如果你的父母亲陷入吸毒和酗酒的泥潭不能自拔，他们显然需要帮助，比如说看医生或者接受戒毒或戒酒治疗。他们否认吸毒或喝酒成瘾的一个迹象就是极力否认。他们不承认自己有问题，也不想得到你的帮助。这时不妨考虑把事情告诉祖母、祖父、姨妈或叔叔，或者一名成年朋友，还可以和学校的顾问或你所依赖的教师谈论这件事，告诉他们所发生的一切，看他们能不能帮助你摆脱困境。如果你担心母亲或父亲在得知这件事后发火，或者担心他们会对你大打出手，不妨求助于本书结尾处附上的“帮助台”上的几条热线，给他们打电话。

如果你在家里遭到毒打或性骚扰，你需要立即求助。谁也不应该生活在这种情况下。你甚至可以和亲戚或者你所依赖的任何人联系，告诉他们出现了什么情况。你应该搬出家门，或者直接报警。如果你感到害怕，不妨翻到本书结尾的地方，根据“帮助台”上提供的其他机构的地址和他们联系。他们是处理这类问题的行家，会通过交谈帮助你解决这个问题，提供具体方法供你选择。

用爱和宽恕作为回报

如果你的父母彻底失去了做父母的能力，不要步他们的后尘。但是，你还是可以照样爱他们，并且宽恕他们，尽管这样做十分不容易。一位名叫利兹·默里的小女孩遇到的就是这种情况。我听她讲述自己的经历，被她对父母拥有的深深的爱所感动，尽管他们对她和妹妹一点儿也不管不顾。

利兹和妹妹与父母住在纽约布朗克斯区。妈妈和爸爸都是吸毒者。利兹记得，母亲无数次被好心的陌生人从酒吧背回家里，褴褛的衣服上沾满血迹和呕吐物。她给母亲洗完澡，再把她安顿到床上躺下。他们所住的公寓怪味扑鼻，肮脏不堪，家里吃了上顿没下顿，因为父母把救济金全拿来买毒品了。

“那个月的第一天正好是节日，邮差就是圣诞老人。”利兹说。这一天也正是发放救济金的日子。全家人一起外出把寄来的救济支票换成现金，利兹和妹妹将会享用一顿丰盛的饭菜。后来，父母拿钱去买毒品，两姐妹在一幢楼房外面等候。

她的生活已经是一团糟了，可是，母亲被诊断患有艾滋病，这使她的日子更加雪上加霜。全家人各奔东西。十多岁的利兹被送进福利院。在经历了无数不快的遭遇之后，利兹在15岁那年收拾好自己的东西，开始出去闯天下。她有时住在朋友家里，但更多的时间在公园的长椅上露宿，冬天睡在地铁站里。好几个星期才能洗上一次澡。

利兹同时还照顾病势日渐严重的母亲，直到她因艾滋病去世。这时，利兹已经16岁了，她觉醒了。“看到身边这些穷途末路的成年人，”她说，“我意识到，如果我不做生活的主人，我就会成为他们中的一员……我一无所有，于是开始感到害怕，这种恐惧促使我重返学校。”

利兹尽管有家难回，但她还是一心扑在学习上。无论是上午班、夜校还是周六班，她都上。她随时随地学习，门厅、楼梯间、地铁等处都不例外。两年后，她顺利从中学毕业。

她申请《纽约时报》提供的大学奖学金。评审委员会对于她的不凡身世非常感动，把6份奖学金中的一份奖给了她，她顺利进入哈佛大学就读。从那以后，她写了一本介绍自己经历的书，名为《伤心的夜晚》，并帮助导演了人生电视台的一部电影《一贫如洗上哈佛》。

利兹的经历最打动我的地方是，利兹在生活的煎熬中是如何对待她的父母的。她完全有权憎恨他们，可她却用爱来做出回报。“爱就是答案。”在被问到自己被父亲抛弃多年后却悉心对其进行照料的问题时，利兹答道。

“我不生父母的气。他们确实照料过我，我也用爱来回报。他们是在我和妹妹来到人世之前就开始吸毒的，并且很有可能无法生育。我对他们十分感激。他们教给我生活的经验，向我表明哪一条路是不能走的。我也有难忘的经历。我还记得妈妈晚上走进我的卧室，把我抱到床上。我记得她曾放声歌唱。如果我今天还能对她说话，我要说：‘别再为我担心了。我会过好的，谢谢您为我带来的一切。我爱您。’”

打破恶性循环，传递良好习惯

生活有时候并不公平。有的孩子会在一个洋溢着关爱的家庭里生长，感到自己确实具有价值，而有的孩子却在家里受尽虐待，感到自己一无是处。为什么？如果你是后者，你会问："我做了什么才会受到这样的待遇？"你没有做错任何事。这确实不对，但绝不是你的错。

不过，你也可以为此做点儿事情。怎么做呢？打破这种循环。如果你的父母行为粗暴，如果他们的父母行为粗暴，你可以通过在自己的人生中避免重复这些消极做法，以及在今后把良好习惯传给子孙来打破局面。

你或许出生在这样一个家庭，它沉溺于毒品、暴力、虐待、骚扰或无视他人中不能自拔。但是，你可以阻止这一切，防止将这些恶习传给你的子孙。你的任务是治疗家中的痼疾，发挥净化性影响，成为家里的顶梁柱，成为其他人学习的榜样。即使你受到虐待，你还是能把爱传达给他人；即使你被忽视，你还是可以付出大量关爱；即使你在一个老是吵架的家庭环境中成长，你仍旧可以创造一个平静的环境。你可以改变一切消极事物。

杰西在一个充满暴力的家庭中长大，可他现在却在努力成为一个打破恶性循环的人。

> 我还很小的时候，妈妈就开始酗酒了。她老是把我关在车里，自己在家里酩酊大醉。我记得，妈妈和爸爸唯一解决问题的方式就是动武。我记得特别清楚的是，爸爸用拳头使劲打着妈妈，她被打得双膝跪地。我叫天天不应，叫地地不灵，只能哭个不停。记得妈妈也在哭，她恳求道："千万别让杰西看到这个场面。"
>
> 在我还没有长大成人的时候，父母就离婚了。妈妈老是离不开酒，因此我由爸爸抚养，他爱管这叫"拥有"。那些年，他老是打我。
>
> 在爸爸的家里生活的最后一个夏天，他让我干繁重的家务，挖土，抬石块和砖头，一天劳动将近16个小时。一天，我把铁锹扔在地上，说我需要休息。他挥拳向我打来，我被打倒在地。他骑在我身上，打得我不省人事。当晚，我报警求助。
>
> 16岁时，我把爸爸告上法庭，从此搬回家和妈妈一起生活。她还是整

天离不开酒，可为了得到我的监护权，她隐瞒了这件事。她也曾经尝试戒酒，但最长的一次只坚持了半年。喝醉了，她就在床上躺上几天，不省人事。每当遇到这种情况，她对任何事情都不关心，我也在内。没有人说我"了不起"，我也得不到一点帮助。我对学习、工作或人生都不在乎，所以我在苦苦挣扎，一事无成。我觉得自己太可怜了，差一点寻短见。

幸运的是，爸爸重新娶了一位正经女人，她对我在生活中的痛苦遭遇非常关心，对我产生了兴趣。她还送给我一本讲述自励的著作，促使我觉醒。我的生活立即开始向好的方面转变。

我开始结交新朋友，原因是我原来认识的朋友不会对我产生积极影响。最后，我不再和他们来往，因为我发觉他们会把我引上吸毒的道路。我平生第一次迫切希望上完中学，而不是像朋友们那样中途辍学。她帮我上了查尔斯顿大学。

我开始相信，如果我一直不断努力，持之以恒，事情就变得更好。我一遍又一遍提醒自己，头一次萌生了希望。

我的新目标是，努力学习，顺利毕业，有一天找一份好工作，挣钱养活全家。我最大的心愿就是，希望我自己的孩子在家里感到安全，感到有人在帮助他们，因为他们的父母爱他们。

父母是对你影响最大的人

在青少年的问题上，存在着许多错误观点。其中一个观点是，青少年不喜欢自己的父母。这是不对的。大部分青少年都喜欢自己的父母，喜欢和他们来往，希望父母花更多的时间和自己呆在一起。事实上，你把父母看成是对你的人生影响最大的人，其影响之大，远远超过了朋友、媒体、信仰、英雄和其他人或事物。

塔比查的经历就很好地说明了我所说的这一点。"我们家并不完美，"她说，"但我们的关系都非常亲密。我把许多事告诉父母，不过还是有一些话不能说。我们晚上在一起吃晚饭。有时候，我们也会吵嘴，但最后还是会和好如初。我很少在朋友家留宿，因为在家里会感到更舒适。朋友们老爱来我们家玩，因为我的父母亲会让他们产生宾至如归的感觉。任何人来我们家都会受到款待。”

你有许多有意思的事可以与父母一起做。你们可以打篮球，看球赛，听音乐会，宿营，远足，钓鱼，下馆子，做烤饼，看星星，周日兜风，欣赏你最爱看的真人秀，或者听音乐。即使你们只有一个共同点，也要加以利用。尼科尔就是这样：

记得我有一次和妈妈大吵了一架，看起来我们再也不会和好了。可是，我们俩都爱看戏，并且都喜欢喜剧和音乐剧。妈妈一个月会买一两次票，我们一起看戏。看戏前，我们通常会先下馆子吃顿美味的晚餐，进行一对一的交谈。记得每逢这样的晚上，我的兴致都特别高，会向她敞开心扉，向她介绍学校和朋友的情况。她通常只是静静地听着。我们通过这种方式沟通感情。现在回想起来，她是有意创造这样的机会，好让我们进行交流。

现在，你可以已经认识到，父母是无法选择的。对不起，可你还是要注定和他们生活在一起。你如何对待你们之间的这种感情，这是六大决定中的一项。这种关系会向什么方向发展？你对父母是尊重还是蔑视？是建立联系还是一味逃避？是与父母一起讨论你遇到的难题，还是和他们争吵不休？

我看，你最好还是走一条阳关大道，尽管这样做会困难重重。如果你们没有建立任何关系，那就从今天开始向账户里存钱，即使一次只存一分钱也行。要不断说“**请**”、“**谢谢**”、“**我爱您**”和“**我来帮您**”。你还要经常收起自己的自尊，服从没有道理的命令。再过10年，如果你还与母亲和父亲保持亲密的关系，你就会充满感激之情。不要在父母的问题上放弃，就像他们决不放弃你一样。

后面的章节更精彩

下一章将要讨论你一直想了解的有关与异性约会和两性关系的问题。你可不想错过这个机会，不是吗?

我的训练计划

1. 在下面的空格里，填入你打算向你的父母关系银行账户里存入的三大笔存款。

巨大的父母账户存款

____

____

____

2. 打扫房间，让它比以前更整洁。然后把母亲或父亲的眼睛蒙上，告诉他们你给他们带来一个惊喜。

3. 从今天起，向母亲或父亲运用所有四大“神奇用语”，至少一次。

4. 你和父母是不是经常围绕某个问题进行争论？如果答案是肯定的，走到他们面前，对他们说：“请帮我认识你们的观点。”然后专心致志地听。用你自己的话重复他们的观点和感觉，直到他们认为你已经完全了解他们为止。

5. 你最喜欢与母亲或父亲一道干什么？看电影？星期天驾车出行？下饭馆？制订一项计划，以便在近期内再一起做这件事。

最喜欢和母亲或父亲做的事是______________________________

____

6. 邀请父母成为你生活中的一部分。选择这周的某个时刻，敞开心扉，把头脑里的想法向他们和盘托出。

7. 如果家里缺少关爱，不妨提议和家人一起共度良宵。每周抽出一个晚上，全家人一起做点有趣的事。

8. 如果你和母亲或父亲不能经常见面，不妨给他们留张字条，表达你对他们的爱。

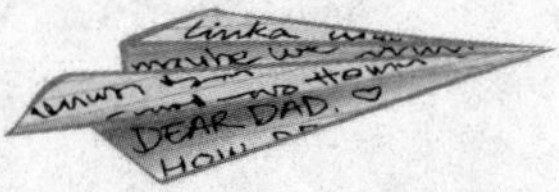

9. 用手机下载一段彩铃，好提醒你在父母给你打电话时，对他们要有礼貌。就像詹姆斯·泰勒在《用爱来回报爱你的人》(*Shower The People*)中所唱的那样。

10. 如果父母酗酒或吸毒，如果你受到他们的虐待，务必要求助！不要迟疑！仔细研究“帮助台”所提供的资源。

决定 4

我要和谁约会，在两性关系上我怎么选择

有关约会和两性关系你应该了解的10件事

1. 约会有时候处理起来很棘手。不！一直都很棘手。

——雷切尔·特纳，美国新泽西州布里尔

2. 约会并不等于发生性关系。

——乌云图亚·什内齐齐格，16岁，蒙古乌兰巴托

3. 不要因男朋友／女朋友离你而去，就丧失生活的信心。

——索菲娅·亚卡约，18岁，尼加拉瓜首都马那瓜

4. 和年龄与自己差不多的人约会。

——本·豪厄尔，18岁，美国爱达荷州博伊西

5. 对自己的行为有一个清醒的认识，因为它不仅会影响你自己，也会影响你的家人。

——和田卓，19岁，日本秋田县

6. 如果拿不准，就不要做决定。

——巴桑加夫，蒙古乌布苏省。

7. 在和某人约会之前，不一定要对他了解得十分透彻，这样你才会有新鲜感。

——珍妮弗·黑斯蒂，19岁，苏格兰加仑

8. 要始终掌握主动。

——李化永，15岁，韩国

9. 衡量爱的标准不是你们约会了多少次，这不是比赛。

——梅特，19岁，丹麦

10. 千万千万不要使用或屈服于这样的说法："如果你确实爱我，你就可以……"如果他们确实爱你，他们就不应该操纵你。

——洛根·肯德尔，19岁，美国爱达荷州波卡特洛

人际关系是很现实的。它就像一份全职工作，我们也应该像对待全职工作那样处理它。倘若你的男朋友或女朋友想离开你，他们应该提前两个星期通知你，还应该支付遣散费。

——鲍伯·艾丁格

下面是从经典老电影中摘出的最美好的爱情台词：

“爱永远不用说对不起。”

詹妮·卡维列利（阿里·麦格劳饰），《爱情故事》

“吻我。就像这是最后一次，吻我。”

伊尔莎（英格丽·褒曼饰），《卡萨布兰卡》

“是因为你太美丽我才爱上你？还是因为我爱你你才美丽？你是爱人美梦的化身，还是你本来就这样美丽？”

魅力王子对灰姑娘说道，《灰姑娘》

“别说……请不要说。你已经拥有我了。”

多萝西（勒内·泽尔韦格饰），《甜心先生》

我们都是优秀的浪漫主义者。相信你会马上翻到这一章。大家都想了解有关爱情、浪漫情调、约会和性方面的知识。欢迎来到戏剧化的世界！这里当然也包括欣喜和痛苦。准备好，坚持住。

在青少年所做出的所有决定中，这可能是最重要的一项决定。为什么？因为这些选择会产生重大影响，不仅会影响你，还会影响其他人。同样，也存在是选择阳关大道，还是选择羊肠小道的问题。你在约会问题上可以采取聪明的办法，尊重自己的身体，守候真爱和承诺。你也可以选择羊肠小道，方法是傻里傻气地约会，蔑视自己的身体，就像世界末日即将来临般消磨时光。好的一面在于，在选择每条道路之前，你随时都可以低头瞟一眼，从先行者的成功和失足中汲取经验。

约会和两性关系小测验

或许，下面的小测验可能会使你认识自己在这方面做得怎么样。把得分加在一起，看看结果如何。

盘点你的选择	才不是				没错
1. 我精心选择约会的对像，不随便和人约会。	1	2	3	4	5
2. 在赴会之前，我会做好该做什么和不该做什么的准备。	1	2	3	4	5
3. 我和异性的关系基于真正的友谊，而不仅仅建立在身体上的接触。	1	2	3	4	5
4. 每当想到约会和性，我就对自己所做的决定感到欣慰。	1	2	3	4	5
5. 我的浪漫关系是健康的。	1	2	3	4	5
6. 我对性病、怀孕和发生性关系的其他风险了解得十分透彻。	1	2	3	4	5
7. 男朋友或女朋友并不是我生活的中心。	1	2	3	4	5
8. 我有勇气对自己不愿做的事情说“不”。	1	2	3	4	5
9. 我尊重自己的身体。	1	2	3	4	5
10. 在建立一种长期的和负责任的关系之前，我将一直等待，不发生性关系。	1	2	3	4	5
总分：					

40-50 ↑ **你目前走在大路上，坚持下去！**

30-39 → **你在大路和小路之间犹豫不定，到大路上去！**

10-29 ↓ **你正走在小路上，请特别关注本章内容。**

本章分为三个部分。第一部分探讨被我们称之为约会的游戏，题目叫“明智的约会”。接下来，我们将探讨“关于两性关系的四大误区”。是不是特别想知道这些错误认识的具体内容？最后，我们将在“爱情可以等待”中审视爱情的含义。

◆ 明智的约会 ◆

明智的约会　成功的约会；挑选你要约会的对象；一起消磨时光和享受生活；共同度过爱情生活的高峰和低谷；坚持自己的原则。

没脑子的约会　毫无结果的约会；和任何一见钟情的人约会；整天围着女朋友或男朋友打转；放任感情一次又一次遭受打击；别人做什么，你也照做不误。

约会　即使这个词本身也足以使人联想起感情的酸甜苦辣，幸福和痛苦。大家总是没完没了地说话，思索，读书，祈祷，并为约会牵肠挂肚。

我所说的约会，指的是男女互相认识的整个过程。不要抓住我选择的“约会”这个字眼不放。我还有可能使用这些字眼：外出，消磨时光，或去看某人。祖父祖母把这叫谈对象。而他们的祖父母的叫法又有不同。

在约会领域，每个人都会掉进下面六个阵营中的一个。有时候他们也脚踩两个阵营。挑出你呆的时间最长的一个阵营：

“我盼望”阵营　你还没有约会，可你希望你有这样的机会。

“不在乎”阵营　你还没有约会，你一点也不在乎。

“太过瘾”阵营　你非常享受约会，可不明白为什么其他人却没有这样的感受。

“救命”阵营　你建立的约会关系非常糟，无力自拔。

“够了”阵营　你的心被伤透了，再也不想进行约会。

“消磨时光”阵营　你没有进行真正意义上的约会，只是在消磨时光。你把约会看成是一种过时的礼仪。

“好奇”阵营　你还没有到约会的年龄，可你对此抱有强烈的好奇心。

不管你分属于哪一个阵营，你都可以通过遵守以下的原则，成为一名明智的赴约人。让我们先从回答几个问题开始。

有关约会的6个普遍问题

问题1：我期待得到什么

期望饱尝酸甜苦辣 约会是复杂的，带有强烈的感情色彩，既有幸福，也有痛苦。观看身边的兄弟姐妹进行约会游戏，就像生活在现实的肥皂剧中一般。大姐辛西娅一次又一次地坠入爱河，又一次又一次浮出水面。她的男朋友数不胜数：屠夫马克、学者史蒂夫、弗吉尼亚人维克、意大利人卡斯泰拉诺、酒鬼伦农和希腊美男子杰克。辛西娅甚至把一张杰克的真人大小的照片摆在自己的卧室。真是可怕！

还有大哥斯蒂芬，他的嫉妒心就像大峡谷那样宽阔。他爱上了一位名叫维基的女孩。一天晚上，他让我和他一起，躲在女孩家附近的灌木丛里，想了解维基的约会对象会在门口干什么。我们就像两个间谍。

最后，我还没有忘了小妹科琳，她是一个货真价实的戏剧女王。在和男朋友相处的时候，她一会儿高兴得如在九霄之上，一会儿又号啕大哭。想起这些事，我就累得不行。是啊，约会确实像演戏般丰富多彩。

期望反复无常、挑肥拣瘦和优柔寡断 让我们坦然面对这个现象：恋爱中的青少年往往优柔寡断，反复无常，挑肥拣瘦，爱找碴儿，大惊小怪，不可预测。这是正常现象。你还年轻，你不知道自己需要什么，你有权利这样做。

我十多岁的时候，就像变色龙那样一会儿一变。每个星期喜欢的女孩都不一样。最不起眼的小事都会吸引我的注意力，比如女孩向后捋头发的样子。最无聊的一件小事也会使我停止对女孩的追求，有一次，只是因为一个女孩一天到晚都穿牛仔裤，我就不再喜欢她。我不希望伤害任何人，只是不成熟而已。

女孩与男孩并没有什么两样。克里斯蒂和我的感觉完全一样：

我被男人弄得精疲力竭。刚和男友交往一个月，我就想改变我们的关系。我有时候和朋友呆在一起，有时候参加派对，他非常生气。他的这种态度破坏了我们的关系，我想和他分手。最主要的是，我在倾慕一个人，谁都不知道这一点。现在，我左右为难，无法摆脱困境。我不知道怎样来处理这些问题。

你还年轻，过于看重约会和爱情并不明智，你能认识到这一点吗？应该利用眼下这个机会，结识大量不同的人，不要为改变主意而有所顾虑。

期望愚弄自己　如果你像大多数青少年一样，那么约会时，你随时随地可能会犯愚蠢的错误。

迈克尔就有这样的经历：

这是校友返校节的一天。我为自己平生第一次约会兴奋不已。朋友史蒂夫请洛里和我叫上一个名叫凯特琳的可爱女孩。我们学校有一个在约会开始前一起开展活动的惯例，于是我们几个在下午爬上峡谷，烤热狗，吃棉花糖，还玩游戏。我一直注意到，史蒂夫自始至终围着凯特琳打转，老是喋喋不休地在她耳边说这说那。显然，他对我的对象更感兴趣，对他自己的对象却不理不睬。他在凯特琳身边坐下，我坐在另一头，他的对象则一个人孤零零地坐在一旁。

我有些忿忿不平。由于这是我第一次约会，我不知道怎么办才好，于是什么也没有说。我敢说，史蒂夫的对象洛里也感到十分难堪，也不知道怎么办。大家都感到难堪。史蒂夫甚至没有觉察到这一点。

第二天，史蒂夫情绪十分低落。当我向他了解原因时，他回答说，洛里的朋友刚刚嘲笑过他，说他表现得像个精神病。洛里的感觉也很不好，她甚至不想再与他一起吃饭和跳舞。史蒂夫对自己害得洛里十分痛苦感到非常不安。更主要的是，他还在人家身上花了75美元，所得到的回报只是一个坏名声。

呜，史蒂夫把事情搞砸了，你也有可能会把事情搞坏。一些约会最后的确会给人带来痛苦。没关系，只要汲取教训就行。通过约会，你会学到与人进行交流和适应的技巧，这对于你在现实世界中立足十分重要。例如：

◎ 你是不是特别怕羞，使对象感到不安，对话全部由对方主动进行？

◎ 你是不是为了显示自己的幽默感而放声大笑，却弄得对方十分尴尬？

◎ 你是不是言语粗俗，或者爱挖苦人？

◎ 你是不是掌握了社交的技巧，好与对象的父母见面，并且回答他们提出的问题，以便让他们喜欢你？

◎ 你是否注意过父母在行为举止方面的教导，比如在如何不把牛排从盘子里取出的情况下吃牛排，在嘴里嚼东西的时候不同时说话？

◎ 你是否知道如何跳舞？如何在饭店里有礼貌地点菜？如何策划一个有意思的晚会？你是否知道，如果进展不顺利，你还有其他的选择？

◎ 如果对象遇到问题，你是控制局面，还是手足无措？

如果上面任何一个问题你都无法答对，就要保持耐心，继续练习。约会将帮助你理出头绪。

问题 2 ：我应该和谁一起外出

当你在选择和谁一起约会的时候，你首先要注意他们身上的哪一点？他们的性格？对——让我们现实一点。你首先追求的是他们的相貌，这一点是谁也无法阻挡的。对某人有吸引力是约会的开端。然而，除了外貌，还应该有更多东西。

我的朋友和同事达雷尔·普赖斯开了一个探讨怎样聪明地进行约会的讲座，她把约会和选购汽车进行了比较。人们通常会首先进行大量的研究，在头脑里把他们希望获得的东西和不需要的东西开列一个清单。

聪明的约会对象在选择对象时也会在头脑里进行相同的盘算。他们并不简单地等待约会发生。他们开列了一份自己中意的性格和兴趣的清单，还会开列一份自己并不需要的事物的清单。那么，你需要得到哪些东西呢？你是否需要姣好的容貌？你是否需要找一个脾气好的人？是否希望对方幽默风趣？是否希望对方机敏过人？对你一心一意？深得你父母的喜爱？笃信宗教？你是否希望对方将你身上最优良的品质发挥出来？如果你期望的这些都没有，你该怎么办？你能对这些不在乎吗？

花上几分钟的时间，填一下下面的这张表格。

我希望的约会愿望列表

我希望对方一定要有的	对方可以没有的
1.	1.
2.	2.
3.	3.
4.	4.
5.	5.

关键在于，要从最终结果着眼。要想成为一个明智的约会者，最关键的步骤就是，弄清楚哪些东西对你是至关重要的，哪些方面你不会妥协。不要随便和任何人约会，还是挑剔些为好。

问题3：如果没有人约我出去怎么办

如果你已经年满19岁，从来没有尝过接吻的滋味，或者，如果你是一名高中生，从未有过约会，或者约会的次数不多，这也没什么。

你是幸运的，因为你不需要处理各种感情纠葛。

如果你确实想和人约会，今后这种机会还多得是。约会并不是一场竞赛，不是谁获得的男朋友或女朋友越多，或者亲吻的次数最多就是冠军。

我认识一位女孩，上中学时曾获得学校的才智比赛冠军。她弹得一手好钢琴，舞也跳得非常棒，人长得超凡脱俗的美。直到中学毕业，她约会的次数也屈指可数。她有些害羞，喜欢与朋友和家人一起打发时光。现在，她已经上了大学，开始和更多的男孩约会。

有许多出色的男孩或女孩，他们在青少年时代并不经常约会，这种做法很好，因为今后约会的机会还多得是。因此，不要为此感到苦恼，也不要觉得自己有什么地方不对劲。

不要忘了，有许多方法可以取代约会，而且结识其他男孩或女孩的方法也千差万别。双方只做朋友，集体出行一起做事，而无需正式地称这种活动为“约会”，也不失为一个办法。

但是，如果你实在想约会，可又不具备约会的条件，你应该问自己如下几个问题：

◎ 我是否对每一个人都十分友善?

◎ 如果不是被动地等待对方邀请，我是不是能主动向某人提出要求?

◎ 我是否为不去约会找借口?

◎ 我是否尽最大努力使自己变得更有魅力?

有意思的是，右图中的所有特点都处于你的掌握之中——恐怕只有酷车除外。

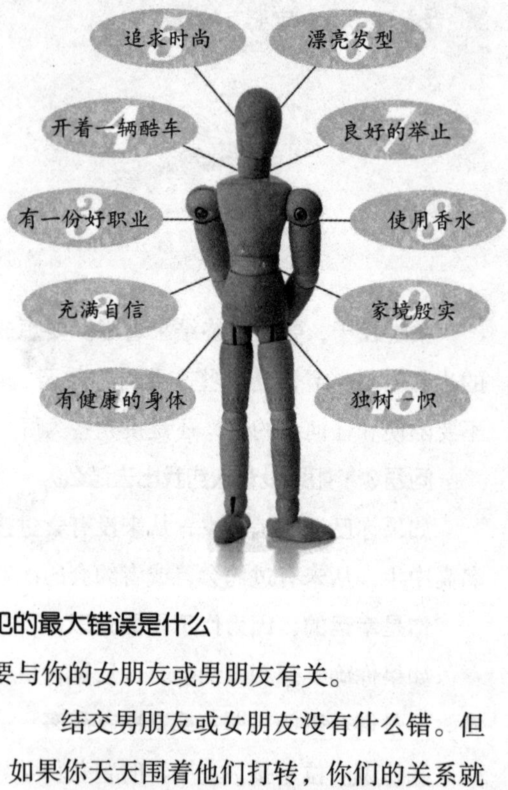

问题4：青少年在约会时所犯的最大错误是什么

这个问题很好回答。这主要与你的女朋友或男朋友有关。

结交男朋友或女朋友没有什么错。但如果你天天围着他们打转，你们的关系就会走到尽头。往往有这样的情况：开始还是友好的关系，最终成为互相占有的关系。你的男友或女友成为你生活中最重要的内容，你无法思考其他任何事情，你完全被他们给迷住了。下面是三个迹象，表明你可能以女友或男友为中心：

◎ 你每天的情绪取决于女友或男友如何对待你。

◎ 你的占有欲和嫉妒心越来越强。

◎ 你开始远离朋友和家人，所有时间都与女友或男友在一起。

在我16岁的时候，我整天想得最多的是曼迪、曼迪、曼迪。她老是爱打情骂俏，我的嫉妒心和占有欲越来越强。我想，她就喜欢控制我，就好像遥控着我的感情一样。我不喜欢这种以曼迪为中心的生活对我产生的影响。它使我切断了和朋友和家人的来往，我再也无法享受到生活的乐趣。

有些讽刺意味，但却是实实在在的，也就是说：你越把精力放在女友或男友身上，你在他们眼里就越没有魅力。你往往最终会失去你围着转的那个人。斯蒂法妮深有同感：

我的问题在于，我“围着男友打转”。我的前男友就是我的世界，我100%的中心——其他什么都不存在。我希望一周7天，一天24小时都和他在一起，而我并没有认识到这一点。我越想和他在一起，他就越不想见我。我离他越近，他就把我推得越远。

现在回想起来，我认识到，寸步不离让我变得没有丝毫的吸引力。没有追求，没有乐趣，不会对任何事抱有幻想，因为他的脸上总是写着这一点。两个人的关系只有是出人意料的、自然而然的、没有预谋和令人着迷的，才是有意义的。我总是认为，我需要进行这些有关探讨“我们之间的现状”的谈话。我们最后终于分道扬镳，他再也无法忍受我。

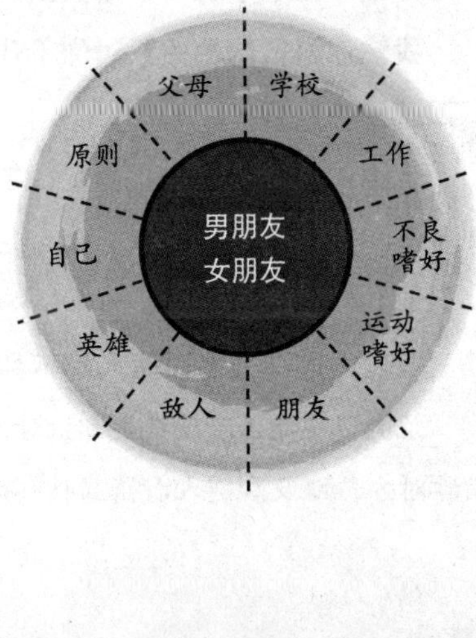

如果你把男友或女友当成生活的中心，这种生活就会成为你的规范，你会通过这副眼镜观察世界。结果是，生活中其他的重要事物，如学习、朋友和家人都变形了。

你可以喜欢和约会某人，前提是不要让他或她成为生活的中心。我们在前面几章曾经说过，唯一真正的中心是建立在自然规律即主宰宇宙的自然法则之上的中心。通过维持真正的中心，你会变得更安定，不再依赖别人对你的态度，更有自信。记住，很少有人最后会与中学时的约会对象喜结连理。因此，即使你相信现在的男友或女友是“理想的意中人”，但他们多半不是。

问题5：我如何知道何时分手

有四种关系：双赢，我赢你输，我输你赢，双输。如果你们的关系建立在除双赢之外的其他任何一种关系之上，你就需要加以修补或者分手为妙。

双赢　这种关系对你们两人都有利。享受吧！

范例　基兰和索尼亚不仅一起约会，而且也和其他人相会。他们一同度过许多欢乐时光。他们的关系是一种友情。他们都发挥出对方身上最优秀的品质。

我赢你输　这种关系对你有利，但对对方却很不利。修补这种关系，或者从中摆脱！

范例　杰斯敏从男友卡洛斯身上学到了许多社交方面的知识。卡洛斯非常有人缘，所有人都说杰斯敏十分幸运。她希望卡洛斯对自己一心一意，每天都给自己打电话。另一方面，卡洛斯感到自己被杰斯敏牢牢控制着，而他并不希望束手就擒。他只是想乐一乐，不受任何人约束。

我输你赢　这种关系对你不利，但却对对方有利。要么修补关系，要么摆脱这种关系！

范例　劳拉和昆顿已经交往了三年。起初，昆顿对她百依百顺，现在却恶语相向，有很强的占有欲。昆顿希望女友的所有东西都属于自己。劳拉感到自己被上了枷锁，不知道如何挣脱锁链。

双输　这种关系对两人都不利。尽快从中获得解脱！

范例　杰克逊和埃默里都把对方看成是自己的生活中心。他们时常争吵，指责对方，以及和别人打情骂俏。他们老是分手，然后又回到对方身边，因为他们互相依赖。他们老是在同一句话中夹杂着“我爱你”和“去你XX的”。

他们

你		输	赢
	赢	**不健康的关系。** 修补关系，或者获得解脱！	**健康的关系。** 尽情享受吧！
	输	**病态的关系。** 尽快从中获得解脱！	**不健康的关系。** 修补关系，或者获得解脱！

了解应该在何时分手的另一个方法是，观察是否亮起红灯——即显示事情不对头的警报。严肃对待这些信号。下面是需要考虑的五个红灯。

1. 最后通牒　上大学时，我交了一个女友，每当我在全国性电视台上打比赛的头一晚，她都会打电话给我，说：“你是不是还爱我？你必须在明天早晨之前拿主意，不然我就走。”

明天一到，她就自然而然地退让。可是，两个星期之后，她又重施故伎。最后，我看到了红灯，我们分了手。真希望我应该早点分手才是。

最后通牒往往比这还要严肃，比如：“你最好不要再向他献媚，否则你会为此付出代价”，“你最好和我上床，不然我就离开你”。发布最后通牒是不成熟和控制欲的一种表现，它警告你应该逃走。

2. 救世主心态　你认为自己应该改变某人，或者对他们进行拯救。看看珍妮弗是怎样陷入这种境地而不能自拔的：

我和一个男孩相处了两年。这其中的大部分时间都在痛苦中度过。他的毛病太多，我努力改变他。我最后认识到，我谁也改变不了。我常常开车四处转悠，寻找他的身影，确信他一切正常。出于某种原因，我不能让他一个人呆着。他最后还是出事了，进了监狱。可我还是全身心地爱着他，愿意为他付出一切。我希望，他在获得帮助之后，会变成一个更好的人，好让我们一起来解决彼此之间的问题。

珍妮弗，不知你是不是认识到了，你自己说过，你无法改变他人。他们只能自己改变自己。现在换个话题。

3. 撒谎 如果某人对你撒谎，你们的关系就会建立在谎言之上。朋友安妮向一个名叫安吉的女孩进行了采访，向她了解男友的为人。下面是采访对话片段。

安妮：你的男友科迪是否在这里的学校上学？

安吉：不，他在罗伊的学校上学。他说他早就毕业了，可我吃不准他是毕业了，还是辍学了。

安妮：他是做什么的？

安吉：他说他有工作。可他并不坦诚。

安妮：我要问你一个可笑的问题。你是否愿意和这样的人相伴终生？

安吉：当然。不。可他……他还是对我一心一意的。但是，他喜欢说谎，好让他自己的形象更高大。

嗨！安吉，你看到那盏大大的红灯了吗？

4. 你决不会找到另外一个如此爱你的人 如果你听到有人说这样的话，就应该意识到，一盏巨大无比的红灯正在你眼前放出夺目的光彩。一位女孩就有这样的经历。

我在那年爱上了安迪。他开着一辆红色跑车，身材高大，我敢说，他是一个条件非常好的男孩。

我们开始一起外出，一切都很正常。他是一名无懈可击的正人君子，对我非常尊重，我以为他爱我。然而，安迪的谦谦君子的做派并没有保持多长时间，他以一切可以想象到的方式虐待我。他总是说我再也找不到像他那样爱我的人，我真信了。

在遭受了将近一年的虐待之后，我终于逃了出来。

5. 如果你离开我，我就伤害我自己　这是另外一盏红灯。

19岁的本杰明开始和这个女孩约会。开始一切都很正常，但几个月过后，她开始威胁说要寻短见。本杰明开始大吃一惊，非常担忧，他希望她再也不要提这件事。但是，在接下来的几个月里，她整天都在谈这件事。不久，他就对她的威胁感到麻木，开始寻求从其他人那里获取建议。“当她发现我这样做时，”本杰明说，“她下了最后通牒，要我不再把这件事告诉他人，否则她真的要寻短见。”

“我已经受够了，我真不知道下一步该如果是好。我不敢和她分手，怕她真出意外。有一件事是肯定的，那就是：如果老是担心她会自杀，我的生活就无法继续下去。她的威胁已经占据了我的生活。”

在获得了专业人士的建议之后，本杰明认识到，她并不是真的要伤害自己，只不过是为了引起他的关注。他走到女友面前，终于和和气气地结束了这段关系。

当然，如果有人谈论自尽，你当然要认真对待，帮助他们获得专业人士的支持。不过，你不应该做的，就是继续维护这种关系，应该寻找一条体面地退出的途径。

我只不过提到了不多的几盏红灯，还有一二十盏更多的红灯。总之，倾听你的良心，相信你的本能。从那些爱你最深的人们那里获取忠告，避开危险的关系。

问题6：我怎样逃脱一种充满虐待的关系

我的朋友达雷尔·普赖斯从事着一项计划，主要目的是帮助青少年认识虐待性的关系，并获得解脱。下面提供的方法是她的研究成果，我在引用前获得了她的许可。

骂人、推搡或扇巴掌，都是虐待性关系的开始。你可能会认为这是孤立的事件，多数情况下，对方事后都会道歉。你也不希望这种事会再度发生。可是，事实是，这一孤立的事件却是冰山的一角——这是不可避免要出现的虐待行为的第一个迹象。

正如喜剧演员吉姆·卡里所说：

“你知道现实生活的问题在哪儿吗？危险事先没有预警。”

谁也不希望自己受到虐待，而且谁也不应该得到虐待。我们都希望得到对方的爱，为对方所接受，米歇尔也是这样想的。她在上中学时爱上了热情的体育明星贾斯廷。贾斯廷对她非常好。他说，她长得美极了，他非常爱她。许多女孩都想和他一起出去，但他却选择了米歇尔。认识没有多久，他们一起参加一个派对，前门的一个男孩说她长着一双美丽的眼睛。她还没有来得及表示感谢，贾斯廷就把这个男孩痛打了一顿。

米歇尔吓了一跳，可朋友们却说：“天呐，你太幸运了。他是多么爱你啊！”几年后，他们决定结婚。

在距举行婚礼还有一个星期的时候，他们发生一次小小的争执。贾斯廷从屋里的那一端跳到米歇尔面前，掐住她的喉咙不放。

这是米歇尔一生中度过的最漫长的20秒钟。真是来得快，去得也快。他双膝跪地，双手抱住她的腰，恳求她原谅自己，脸上涕泪纵横。他把原因归结为自己对婚礼感到紧张，并且发誓再也不会有这样的举动。

米歇尔不知如何是好。她一直被教导说要宽恕，不是吗？她受到羞辱，心中一片茫然。她没有把这件事告诉姐姐，更没有告诉母亲和最要好的朋友。她祈祷这件事不要再出现。一周后，他们结了婚，她掉进了陷阱。

冰山一角

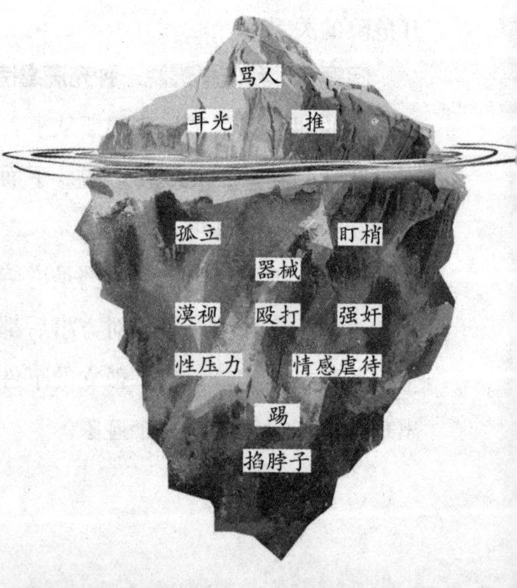

在接下来的几年中，米歇尔在身体上和精神上所受的虐待日趋严重，她最后鼓起勇气，离开了贾斯廷。几年来，贾斯廷还在暗中跟踪着米歇尔。

米歇尔的经历并非罕见。实际上，每三个少女中就有一人报告说自己在身体上遭受约会对象的暴力侵犯。如果这件事发生在你身上，别逆来顺受。切勿这样想："男孩都是这样。"相信我，许多男孩都非常正经，他们根本不会这样做。

运用下面这份"迅速脱身"清单，检查一下你是否处于一种虐待性的关系当中。

你的男朋友或女朋友会……

- □ 老惹你哭泣？
- □ 说的话或做的事让你感到难过、难为情或者没有任何意义？
- □ 阻止你与家人和朋友相处？
- □ 阻止你做自己爱做的事，比如不让你干工作或者参加球队？
- □ 所作所为表明嫉妒心和占有欲过强？
- □ 对你推搡、摇晃、扇巴掌和拳打脚踢？
- □ 威胁要伤害或杀死你或者他们自己？
- □ 向你撒谎，或者隐瞒情况？
- □ 总是想着按自己的意愿行事？

如果你有一件事对得上号，你就应该说："撤！"

与一个有虐待行为的人分手有正确和错误两种方式。下面就是错误的方式。

贾迈勒常常满口脏话，使彻里感到羞辱，一天到晚哭个不止。她知道自己必须和他断绝关系。贾迈勒一个人在祖母家里，她拿着他的毛衣和CD盒找到他。贾迈勒立即意识到彻里是来和自己分手的。他打开门，扯住她的头发，把她摁在门上，破口大骂。彻里受到伤害，吓得胆战心惊。

彻里在实施与贾迈勒分手的计划方面犯了好几个错误。

◎ 她单枪匹马去找对方。

◎ 她在一个隐秘场所与对方分手。

◎ 她低估了对方的能力。

现在，让我们看一看与有虐待行为的人分手的正确方式。

德文再也无法容忍克里斯托尔的占有欲和嫉妒心。克里斯托尔总是跟踪他，远远地监视着他。当他试图为自己的正常行为辩解时，她还会高声斥责，并扇他巴掌。

德文把这一虐待行为告诉了老师、朋友和家人。他给克里斯托尔打电话，告诉她两人的关系就此了结。他还要求她再也不要给自己打电话，也不要接近自己。这真令人难以接受。他总是一遍又一遍回想起当初认识克里斯托尔的情景，那时的她是多么小鸟依人。老师帮助他处理自己的感情问题，朋友和家人一如既往地帮助他度过这段困难的时光。

德文在与克里斯托尔分手的问题上处理得非常巧妙：

◎ 他在电话中和她分手。

◎ 他把虐待行为告诉了朋友、家人和老师。

◎ 分手后，他仍旧寻求帮助，以处理自己的感情。

明智约会的6项指导原则

今天的社会为约会制定了两大规则，我们往往不假思索就予以接受。

其结果是，往往会导致心灵受到伤害，和一个又一个短期的恋爱关系。你不一定要接受这种观点，你完全可以对我们的文化，对约会所持的愚蠢

的观点说再见。

下面是有关约会的6项指导原则，这是对从同辈人身上获得的聪明才智的概括。这些原则能够防止你以男友或女友为中心，使你们的关系不断保持健康势头，保护你不受虐待关系的伤害，同时增加乐趣。

1. 不要过早约会

如果与任何过早约会的青少年交谈，他们都会表示，希望自己再等一等再开始约会。如果过早约会，你就会陷人种种问题当中，比如被人占了便宜，过快进行身体上的接触，不知如何结束这段关系等等。等到16岁再进行约会是一个不错的经验法则。

2. 与你的同龄人约会

这是头一条指导原则的姊妹篇。这一条对于女孩尤其适用。与比你大两岁、三岁或者四岁的男孩约会，或许会让你感到受人抬举而沾沾自喜，但并不健康。类似下面这样的故事我听得太多了，这个故事是东艾伦中学的一名女孩讲述的：

我上中学时开始一本正经地恋爱。我甚至无法说清楚是什么促使我爱上他的，但我却被他吸引住了。在我还没有弄清楚之前，我就陷到里面了。他比我大几岁，我对年龄较大的人对我产生兴趣这件事非常得意。

这个人身上有许多毛病。他总是想着控制我，把我支来支去。他从来不让我与朋友呆在一起，也不让我和其他人说话。过了好长时间，我才认识到，这是不正常的，尤其在我这个年龄，这就更不正常。我非常怕他，不知道该向谁倾诉心声。我们的关系一直保持到我上完初三。

当与年龄比你大的人约会时，你非常容易被人利用。为什么还要冒这个险呢?

3. 努力结识许多人

爱情似乎在我们的血液中流淌。我们都想找到自己的心灵伴侣，从此过上幸福的生活。因此，与我们初次认识的人堕入爱河就是顺理成章的事。然而，这样做的同时，我们也制造着期望，也与其他人脱离了关系。

基普以前从未注意过霍普。毕竟，两人住邻居。然而，当热情似火的霍普在一次夏天派对上露面时，两人好像第一次相识。他提出与她交朋友，不久，他们就成为“伴侣”，一起度过了许多时光。基普刚上初一，而霍普则是初二学生，她是基普第一个真心实意喜欢的女孩。基普深爱着霍普。

那一年夏天，基普一家去外地度假，三个星期后才回来。基普发现，在他不在的时候，霍普与他的两个朋友在一起，甚至与其中一人亲吻。基普勃然大怒，感到自己被出卖了！他认为他和霍普之间有个约定，就是只与对方约会。

当基普向霍普提出质问时，霍普说:“你走了这么长时间，我也喜欢他！我们不是男朋友和女朋友那种关系。”这使基普深受打击，因为他在心里就是这样认为的。

基普发誓再也不同她说话，而且也确实一连几个月没有理霍普。霍普则感到莫名其妙。她仍旧我行我素，和其他许多人约会，基普则极为气恼。过了很长时间，他才敢信任另一个女孩，又开始了约会。

你对约会的态度极为严肃，并且开始相信你第一个爱上的人就是理想中的唯一伴侣，你能认识到这样做会有什么结果吗？当你刚刚走入中学校门，确定严肃的恋爱关系的时机并不成熟。

父亲总爱对我们这样说：

我们家的规矩是，你不能连续两次与同一个人进行约会。

他希望通过这种方法来让我们结识许多人，避免落入单一恋爱关系的陷阱。我必须坦白，我不止一次破坏了父亲定下的规矩（对不起，爸爸），不过，他的规矩还是使我没有落入只与一个人交往的陷阱。

阿什利的情况具有普遍性：

我正在上中学，我和男友交往已经有两年半了。我从来没有和其他人接触过，也不知道真正的约会应该是什么样儿。这让我非常沮丧。我不知道自己决定只和一个人约会是不是正确。他对我就像一根拐杖，这也是我和他继续来往的一个原因。

我真希望在中学毕业后再认识这个意中人，那时候的情况肯定会完全不同。由于我无法改变这一点，我真希望自己能够和其他人约会，看看中学毕业后会出现什么情况。

不要急着找女友或男友。现在是与不同的人约会和享受的时刻，而不是抱着郑重其事的态度的时刻。今后，你会缩小选择的范围，只同一个人进行真正意义上的约会。现在你还是一个十多岁的孩子，现在还不到时候！你不会希望过早跨入成年人的世界。成年人的世界远不像现在这样有趣。享受你单身的时光吧。

4. 集体约会

进行集体约会，无论是两对男女进行约会还是更多的人在一起谈情说爱，都有许多优势，通常也会带来更多乐趣。人越多，就越安全。你会结识更多的人，期望值也不会太高。高三学生阿伦就有这样的经历：

我最要好的朋友和我一起总是进行两对男女的约会。只有一次出现过矛盾。这种约会是自然而然开始的。我们挑选出女孩子，然后一起去保龄球馆。大家都十分尽兴。可是过了没多久，就出现了问题。克里斯的女伴想坐在他的膝上，并且真这样做了。我的女伴也加以效仿。

我们对她们所知甚少，并不想确定关系，因此克里斯和我都感到非常不舒服。正是在

这时，我们才认识到，了解对方的想法是多么的重要。这只要用眼神进行交流就可以达到。我们决定，每打完一轮，就坐在计分桌旁。这种方法果真见效。通过对这种情况进行巧妙处理，我们不仅使自己感到更舒适，而且也使女孩子避免了因被当面拒绝而产生的尴尬。

5. 确定你的界线

现在就确定你希望和什么样的人进行约会，而不希望约会哪些人。搞清楚你能走到哪一步，最后界线是什么，不要让任何人说服你改变主意。不要耽搁，等到你将被迫做出决定时，就太晚了。如果你现在还没有搞清楚自己的界线是什么，就会出现无法预料的情况。

防止感情受到伤害，防止产生不切实际的希望以及防止生病、怀孕或有人提出讨厌的求婚的最好保护措施，就是为自己确定个人标准。如果有些人名声不好，千万不要和他们一起外出。一个安全的经验法则是：只与尊重你的标准的人约会，他们会在你和他们相处时使你成为更完善的人。不妨研究一下影片《初恋的回忆》(*A Walk to Remember*) 传达的讯息。

兰登·卡特是一名鲁莽的中学滑冰队队长，他是凭借英俊的相貌和勇敢的气质获得这一职位的。他和在博福特中学的朋友们公开嘲笑所有不合群的学生，包括不会赶时髦的贾米·沙立文，她天天穿着同一件毛衣，免费给学习成绩不好的学生补课。

偶然发生的几件事，让兰登闯进贾米的生活圈子，发现贾米完全是另外一个样子。她并不介意自己是否会融入这些人的圈子，并对自己充满自信，这使兰登十分好奇，禁不住问道："你不介意其他人对你怎么看？"随着兰登和她在一起相处的时间越来越长，他发现她比自己有更多的自由，因为她不受其他人看法的左右，而兰登则正相反。

不久，尽管他们并不情愿，他们还是堕入爱河。兰登必须在博福特中学校队队长和贾米之间做出选择。"这个女孩改变了你，"他最要好的朋友喊道，"可你却一点也不知道。"兰登承认道："她信任我。她希望我更优秀。"

他选择了贾米。

中学毕业后，贾米向兰登透露，她患有白血病，即将不久于人世。在她最后的几个月里，兰登尽力实现她的梦想，包括在她父母结婚的教堂里和她举行婚礼。他们一起度过了一个难忘的夏季，深深地相爱着。

尽管贾米梦想着会有奇迹发生，她还是去世了。兰登心如刀割。但是，在贾米的激励下，他努力学习，考上了医学院。他向贾米的父亲感叹道，自己无法实现贾米的遗愿，让奇迹发生。但是，贾米的父亲却肯定说，贾米在去世前的确看到了奇迹，因为有一个人真正改变了主意。这个人就是他自己。

这真是一部令人难以忘怀的影片！

决不要为树立高标准、从不降低自己的标准以取悦他人而悔恨。应该提高他们的标准。下面是一些青少年为约会所制定的标准：

◎ 永远成双成对或集体进行约会。

◎ 只与有好名声的人约会。

◎ 远离可能会给自己带来危险的场合，比如去停车场停车，醉酒或吸毒成瘾，或者在父母外出时与对象一起照看婴幼儿。

◎ 永远不要脱衣服，手不要乱摸乱放。

如果你不确定自己的范围，就会有人来替你确定。

6. 制订计划

如果你想外出，就要制订计划，如果事情不顺利，还要制订第二套方案。我向一些青少年提出了这个问题：你们最成功的约会是哪一次？你们当时在做什么？他们回答道：

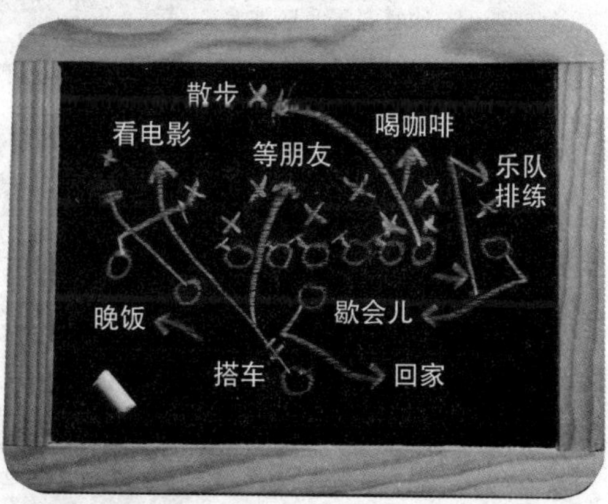

我和朋友克里斯与同龄女孩子举行网球双打比赛。——阿伦

当我的对象接我去滑冰时，全家一起出动。对

象没有半句怨言。他不仅没有感到害臊，而且还让每个人都玩得非常尽兴。——安妮

我和对象和其他一些情侣在山里玩捉迷藏游戏。——汉克

我们去玩冰块速降比赛，看电影，一起出去吃冰激淋。——凯利伊

我们在城里漫步，参观了博物馆，接着，他带我参观了他父亲所在的消防队。最主要的是，他带我去了我非常享受和非常崇敬的地方。——香侬

筹划有趣的约会，你不一定非要有大把的钱才行。下面列出了20个花费不多但非常有趣的约会计划，你可以与其他一对伴侣或集体加以实施：

20个花费不多但非常有趣的约会计划

1. 一起烤曲奇饼，然后把饼干分送给其他朋友。
2. 观看小侄女或外甥参加的足球赛或者棒球比赛。
3. 与一帮朋友或家人玩棋盘游戏。
4. 一起出席社区或教会青年活动。
5. 参加集体活动，轮流欣赏大家都喜爱的有趣的电影剪辑。
6. 爆玉米花，在家里欣赏电影。
7. 野餐。
8. 远足或攀岩。
9. 看校园戏剧，节目结束后吃冰激淋。
10. 打小型高尔夫球。
11. 参观美术、科学或历史博物馆。
12. 欣赏邻里乐队演奏。
13. 玩“更大和更好”游戏。先从一支铅笔开始，挨家挨户敲你所认识的邻居的家门，用铅笔换回更大和更好的东西。然后再聚在一起，看谁换的东西最大和最好。
14. 参加滑水或滑雪活动。
15. 参加社区免费活动（查看报纸了解都有哪些活动）。
16. 与朋友一起K歌。
17. 集体去海滨或者山区野营，一起烧烤。
18. 分成几组，每个组都用摄像机拍摄制作一段短片。然后再一起放映所有的片子。选出最佳短片予以奖励。
19. 前往高尔夫球练习场，尽情击球。
20. 借一副望远镜，观看流星。

对于那些对于约会感到不自在的人来说，只要牢记亚历克斯·“希奇”·希金斯在影片《全民情敌》（*Hitch*）中的经典对白即可：

今夜，当你正在为自己该说什么，你打扮得怎么样，她是否爱你而苦苦思索的时候，务必记住，她已经决定和你在一起。也就是说，她本来可以说不，但她却说行。她本来可以拒绝你，但她却制订了计划。你的工作不再是让她喜欢你，而是不把事情搞砸。

◆ 关于两性关系的四大误区 ◆

误区就是人们所普遍相信的观念。但是，并不是大家都一致相信的事情就是正确的。下面就是几个常见的误区。

误区　吃巧克力会生粉刺。

真相　与普遍流行的看法相反，吃巧克力和生粉刺之间没有联系。

误区　咽到肚子里的口香糖需要七年时间才能消化，经过消化系统排出体外。

真相　口香糖虽然基本上难以消化，但它与你所吃的其他食物一样，会迅速从消化系统排出体外。

有关性的误区也是这样。我先向你介绍四大误区。不过，在开始介绍之前，还是先做下面一个小测验，看你到底了解多少，后面将提供答案。

12件你希望了解，但又不敢启齿的两性关系问题

1. 对或错。大部分中学生都有性行为。

2. 对或错。青少年发生性行为的现象越来越普遍。

3. STD的意思是________。

a）把青少年吓死（Scare Teens to Death）

b）壮汉（Some Tough Dude）

c）性病（Sexually Transmitted Disease）

d）柔软、嫩滑和可口（Soft, Tender, and Delicious）

4. ______分之一经常进行性行为的青少年会有感染性病的危险。

a）一千　　b）一百　　c）五十　　d）四

5. 对或错。一个人开始性行为的年龄越小，他们患性病可能性就越大。

6. 对或错。性病是有症状和特征的，这使它容易被发现。

7. 美国每年大约有______少女怀孕，其中有80%是计划外怀孕。

a）7名　　b）30万　　c）300万　　d）无数

8. 对或错。女孩第一次发生性行为就会怀孕。

9. 使女方怀孕并且最终与其结婚的男孩的比例是多少？

a）100%　　b）50%　　c）20%　　d）10%

10.唯一能够提供100%安全的措施是

a）连续服避孕药　　b）每次都用安全套

c）禁欲　　d）每天洗两次澡

11. 对或错。在有过性行为的青少年中，有1/10的人认为他们本来可以迟些发生性行为。

12. 在发生性行为之后，许多青少年

a）感到后悔　　b）情绪低沉，自尊心不强

c）感到失望、受伤害和被出卖　　d）产生上述任何一种情绪

误区一：每个人都在做这件事
真相：并非每个人都在做这件事

问题1答案：错

绝大多数青少年并不发生性关系。大约有一半人确实有这种关系。

一部分青少年在婚前就发生性行为，因为他们认为大家都这样做，他们不想与众不同。你猜怎么样？大约有一半的青少年并没有性关系。这个数目因国家的不同而有所区别。在美国，这

个数目大约是一半，而在欧洲，这个数字还要高，而在亚洲较低。你们学校的数字可能高，也可能低。

如果你打定主意，在发生性关系的问题上再等待一段时间（或者你已经有过这种经历，但决定不再继续这种关系），但又觉得自己和其他人不一样，那么就应该鼓足勇气。因为你有许多同路人。

你可能会想："唯一不做这种事的人是那些没有能力的人。"此言差矣。有许多学者、舞蹈家、啦啦队员、运动员，受人喜爱的儿童和健全的青少年决定等待，并且选择等待的人的数量正在增长。为什么？因为他们开始认识到，青少年发生性关系并不是美好生活的全部内容，况且还有可能因发生关系而感染种种疾病。

问题2答案：错

青少年发生性关系的现象日益减少，而不是日益增加。

还记得我们介绍的γ女生吗？这些女孩子参加各种活动，充满自信，认为她们受人欢迎是对自己的抬举。如果说她们身上有什么与众不同的地方，那就是：她们决定等到结婚时再发生性关系。

另一个选择等待的是美国职业篮球联赛（NBA）球星A·C·格林，他是NBA连续参赛场数最多纪录保持者。在NBA参加了16个赛季的比赛之后，他与妻子举行了婚礼，这时他已经38岁，但还是个处男。你是否认为这令人难以置信？

A·C·格林一直信守着等到结婚再发生性关系的信条，方法是遵循下面几条重要规则：

◎ **我决定看什么和听什么**　我不看描述人们发生性关系的电视或电影，也不听鼓励我们发生关系的音乐。

◎ **我远离有压力的环境**　我不在后半夜邀请女性来家里逗留，或者看电影。

◎ **我使用朋友网络**　我往往带一名朋友与我同住，而不是与女性单独在一起。如果有人和我在一起，我就更容易控制自己，为自己的行为承担责任。

误区二：你的性冲动很强，你难以克制自己

真相：你能抑制自己的冲动

人真是个奇怪的动物！我们拼接基因，建起100层高的摩天大楼，在指甲大小的一块芯片上安装一亿只晶体管。

我有一位名叫埃里克·魏亨迈耶的朋友，他是个盲人，竟然登上了珠穆朗玛峰的峰顶！我还讲到了圣女贞德的故事，她是一名14岁的勇敢的法国少女，后来成为一名战士，为法国打退了敌人的进攻，最后在火刑柱上被烧死。记得我还看过一部电视新闻片，描述的是一架客机坠落在结冰的河里，画面上有人一次又一次把救生绳递给其他人，直到自己耗尽气力，身体被冻僵，沉到水里，把生的希望留给了与自己素不相识的人。这些都是人类精神的颂歌。

有人说："青少年之所以发生性关系，是因为他们无法控制自己的激素。"每当听到这样的话，我都想呕吐。我想说，算了吧,我们可不是一群发情的狗。青少年尤其会因为不注意控制自己的身体机能而受到强烈抨击。

任何一位负责任的成年人都会告诉你，青少年发生性关系不是什么好事。可是，许多人还是会说："你无法阻止青少年发生性关系，因此还是教育他们进行安全的性行为为好。"这就是他们为什么会教育你保护自己避免疾病和怀孕的原因。这都是基于好意。其前提是你无法控制自己的冲动。

我的观点与此不同。既然我们能分裂原子，就能控制自己的冲动。毕竟我们是人，不是动物，我们有选择的自由。欣赏一下两名少男在一个网站（greattowait.com）上与大家分享的故事：

克雷格：是否有人会拒绝性行为？我就是这样的人。我的前女友想发生性关系，被我拒绝了。她还是不断向我施加压力。我吃不准，她是不是认为如果她做那件事，我就会和她在一起。当时，我感到非常惶惑。我喜欢她，可又不想被拴住，也不想陷得更深。我猜想，她和前男友相处时实现了这一愿望，虽然他们已经不再来往。上个月，她找到我，对我说，我是她所约会的对象中，唯一尊重女孩并且不想利用她们的男孩。她说："真希望我还能和你在一起。"

雷：我和女友约会了半年。当我们第一次约会时，我对她说，我已经打定主意，不在现在发生性关系。她尊重这项决定。我必须承认，有时候这样做很难……每当我产生要把事情做到底的想法时，我便让自己退了回来，抑制住冲动。我对自己说："我能等，我能等。"我花了许多时间来对自己说这三个字——可是这种做法很见效。

怎么样？在我们所遇到的情况（刺激）和我们的做法（反应）之间，还是有空间的，这个空间就是我们进行选择的自由。这就是主动权。

克雷格和雷通过使用力量工具，信守着自己的承诺。这些力量工具是：自我意识、良心、想象力和意志力。

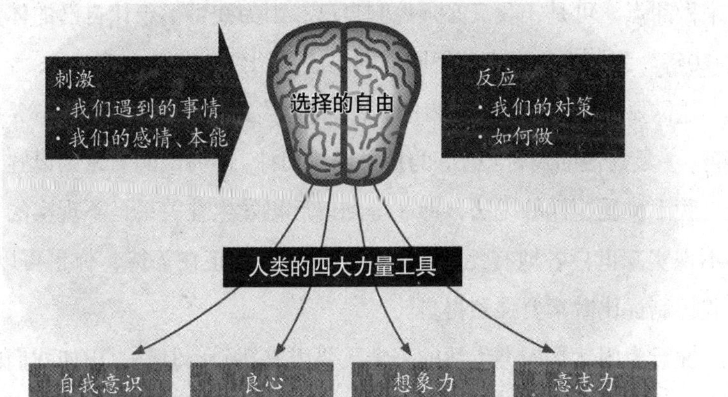

自我意识　我能在离开自己的地方对自己的思想和行动进行观察。（克雷格和雷知道，需要付出巨大的性格上的力量来等待。）

良心 我能聆听内心的声音，能分辨对与错。（克雷格和雷认为，等待是正确的事情。）

想象力 我能对未来和我的行动所产生的后果进行想象。（克雷格和雷能想象到，现在发生性关系会把两人拴住，改变关系的性质。）

意志力 我能在强大的影响之下，自由选择和行事。（克雷格和雷选择在强大的影响之下不断等待。）

控制你的冲动

关于我们的性冲动，有三个特点。第一，它是强烈的；第二，它是经常的；第三，它是正常的。如果没有性冲动，谁也不愿意确定关系和生儿育女，这个世界就会成为无人的世界。性冲动需要在恰当的时间被用在恰当的人身上，它就像其他方面的冲动一样，也需要得到控制。

我的意思是说，如果我们对每个稍纵即逝的冲动都做出反应，这个世界将变成什么样子？如果你生某人的气，你干脆打他好了；如果你想睡懒觉，你完全可以逃课，蒙头大睡。如果我放任冲动自由驰骋，我的体重将高达420磅，因为我的本能是不放过一切美食。每次看电影，我都会产生买爆米花、热狗、一瓶36盎司的汽水、甘草精和烤辣味干酪玉米片的冲动，用来做甜点。可是，我又必须控制自己，因为我可不想让自己的体重增加到420磅。我们难道不应该把同样的想法运用到性冲动上吗？

这需要磨练，但还是值得的。古话说：“人生有两大痛苦：一是磨练的痛苦，一是悔恨的痛苦。磨练的重量以盎司计，而悔恨的重量则以吨计算。”

我不接受这样的说法，即：等到以后再发生性关系是不现实的。这并非不现实。世界各地有无数青少年早已等待和正在等待，你也可以等待。自我控制远比激素要强烈得多。

性行为固然是人类生活的一个重要组成部分，但是，正如我们的文化所教育的那样，它并不是人类存在的出发点和最终归宿。还有许多事情比性行为要重要得多，比如智力、为人、希望和梦想等。正如一名少女所说：“我们的冲动只占生活的一小部分。”

误区三：安全的性行为是存在的

真相：安全的性行为根本不存在

我一生中最大的恐惧就是害怕遭到熊的袭击。小时候，家人每年夏天都要去祖父母位于黄石公园旁边的小屋小住，那里凑巧生活着许多熊。虽然我一直没有见过熊的踪迹，可是我一直预感自己会被熊袭击。我甚至还买了几本介绍如何在熊的进攻中逃生经验的书籍。家人认为我很怪，可至少我已经做好了准备。

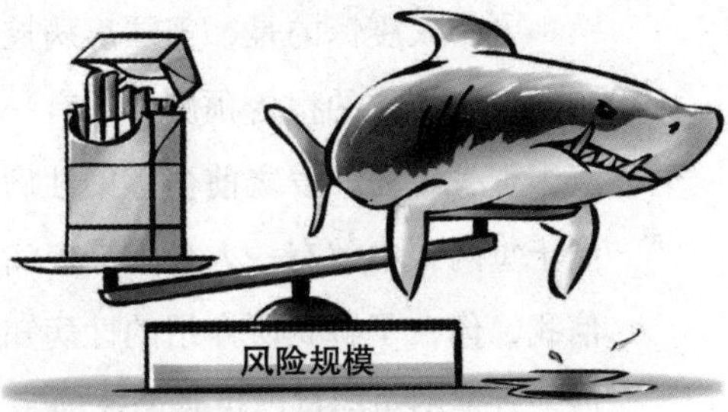

现在，我已经公开了自己的秘密，可你们最害怕的是什么？鲨鱼袭击？雷击？还是坠机？

正确认识恐惧是有帮助的，戴维·罗佩克为哈佛风险分析中心所做的正是这样一项工作。这在《避免》杂志中得到展示：

担心的事与现实世界的风险

担心	现实风险
致命的鲨鱼袭击	1/ 2.8亿
致命的炭疽袭击	1/ 5700万
致命的坠机事故	1/ 300万
被狙击手所伤	1 / 51.7万
丢掉饭碗	1/ 252
夜晚家里被盗	1/ 181
生癌症	1/ 7
年内患食物传染疾病	1/ 4
感染性病	1/ 4
得心脏病	1/ 4
如果体重过重，将少活5－10年	1/ 4
死于与烟草有关的疾病（吸烟者）	1/ 2

这个图表有两点使我感到惊讶，一是它没有把遭受熊的袭击包括在内，二是：

如果你在性行为方面十分活跃，你就会有 **1 IN 4** 的机会在20岁之前感染性病！这是不是令人难以置信？

更令人震惊的是，美国疾病控制与预防中心提供的报告预测，约有一半的美国青少年在25岁之前会感染性病，相当于每两人中就有一人会感染疾病！相信我，你在了解我所介绍的性病知识之后，肯定不希望自己也感染这种病。

问题3答案：c

STD的意思是通过性行为传染的疾病。

问题4答案：d

有1/4的性关系方面十分活跃的青少年与性病生活在一起。

不要说："这一定是哪位老先生在吓唬我，不让我有性关系。"让我把话讲完。性从其本身来说，无所谓对，也无所谓错。事实上，它还是一种十分美好的事物，前提必须在恰当的时间、恰当的地点与恰当的人进行，这种人也就是你打算与其厮守终身的人。如果在错误的时间与错误的人进行这种事，就是极其危险的。

问题5答案：对

年纪越小，你就越容易得性病。

令人震惊的传染病

1950年，普遍流行的只有两种性病。今天，其种类已经超过了50种。仅在美国一个国家，每年就有超过300万的青少年感染性病。考虑到美国青少年的总数只有2800万，这个数字实在不小！这些性病的效果与其名称一样丑陋：淋病、梅毒、湿疣、软下疳、花柳性淋巴肉芽肿、盆腔炎症性疾病、人类乳头状病毒、生殖器疱疹，真恶心！性病会引起宫颈癌、生殖器湿疣、不孕不育症以及会传给胎儿或新生儿的疾病。这些疾病是导致痛苦和抑郁的根源，最后会夺走你的生命！你的年纪越小，你的身体就越容易感染某种疾病，原因是青少年的抵抗能

问题6答案：错

性病常常会潜伏多年，不表现出任何症状或迹象。

力要比成人弱得多。

听起来有些极端，是吗？我也感到非常震惊。一些东西可能令人作呕，可是，你需要认识事实。下面是有关性病的四项小常识。这些常识大多取自可靠的公共信息系统，以及来自梅格·米克博士的杰作《传染病：青少年性行为是如何杀死我们的儿童的》。

生殖器疱疹：无法治愈的性传染病！疱疹是不可治愈的。同时也是令人恶心的！虽然令人痛苦的症状会消失，但是病毒会终生潜伏在你的体内。这种病毒尤其顽固，因为它从来不会消失，只是钻到地下，隐藏在某个神经细胞中。它可能会蛰伏数月或数年，直到某种事物，比如说压力导致其爆发。这时，病毒就会引发以溃疡和疼痛为特征的器官损害，或者在生殖器和口腔周围产生水泡。这是不是一幅令人恶心的图画？即使当疱疹处于不活跃的阶段，你也能把它传染给一名性伴侣，时间长达 8 年或更长时间。

疱疹令人非常痛苦，也非常难堪。患有这种病的母亲会生育大脑受到损害或者身体不健全的婴儿。携带这种病毒的人报告说，感到自己就像麻风病患者，或者是破损的商品。他们从未认识到，轻率地发生性关系会对他们的一生产生影响。

“我以为，她和我一见面就发生性关系的原因是她爱我，”艾伦说，“可是，她只是为了向别人吹嘘她已经和我上过床了。即使我想把她忘记，但我却永远也做不到。为什么？因为在我今后每次发生关系时，我都会向对方透露，我感染了最严重的性病——II型单纯性疱疹。这种病是没救的。我的私处长满了丘疹和水泡，到处都痒得难受。我需要经常休息——如果我过于疲劳，水泡就会出现。我不知道，如果有人知道我得了病，并且会把病传染给他人，她会不会还和我来往？我对那个女孩非常愤怒，是她让我得这种病的，而且事先从未给我警告。发生性关系本应该让我感到满足，可是我却为自己感到羞愧。不是她水性杨花，而是我水性杨花。”

人类乳头状病毒（HPV）：最常见的性病！HPV是最常见的性病。据估计大约有2000万美国人感染这种疾病。专攻治疗青少年性病课题的米克博士说，她曾问过一组青少年："性行为会不会让你们得癌症？"她马上被笑声所笼罩："得癌症？你绝不会从性关系中得癌症！"学生们起哄道。她多么希望学生的答案是正确的。

HPV是宫颈癌的主要致病因素，这种病每年大约夺去4800名妇女的生命。病毒通过侵犯体内黏膜起作用，年轻女孩尤其容易被感染。

HPV会在你不知不觉的情况下，在长达数年的时间里悄悄地对内部器官造成损害，它还是造成少男少女感染生殖器湿疣的罪魁祸首。这些湿疣会变得越来越大，会使人感到十分疼痛，必须通过药物或手术才能得到治疗。真恶心！HPV能够医治，但和疱疹一样，是无法根治的。

HIV和艾滋病：最致命的性病！马克写道："你们的耳朵里总是听到艾滋病，可是我曾认为它不会发生在我认识的人身上。姐姐最要好的朋友得了艾滋病。这个女孩是学校啦啦队长，学习非常好，很有人缘。可是，她现在却得了这种病……我问她是怎样得病的，你知道她是怎么说的？'我信任一个人。'天知道，也许这个人自己也不知道他有这种病……我们都知道，她必死无疑。"

艾滋病为什么会成为媒体报道的重要内容？因为迄今为止它是最致命的疾病。在去世的15岁到44岁非洲裔美国男人中，艾滋病是名列第一的致死原因。

如果你通过血液、精液、阴道分泌物或乳汁与艾滋病病毒接触，你就会被感染。你也可以通过异性性行为而不仅仅是同性恋感染这种病，它也会在妇女中间进行传播。如今，80%的传播途径是性行为，而不是通过毒品注射或血液污染进行传播。

与疱疹一样，你所做艾滋病病毒化验的结果可能是阴性，但仍旧携带病毒。

梅毒：幼年期的性病！梅毒继续蔓延，许多感染梅毒的青少年甚至毫无察觉。尚在母亲子宫中的胎儿也有可能感染梅毒。如果母亲不进行治疗，会有20%的婴儿要么胎死腹中，要么流产。还有25%的婴儿会在出生后不久死亡，33%的婴儿会终生伴有大脑损害和身体缺陷。

接触传染的链环

在《美国社会学杂志》最近发表的研究中，研究人员试图记录中学生在18个月的研究期间进行每一次性接触的情况，目的是搞清楚性病是怎样在青少年人群中传播的。这项研究是在中西部某座城市一所名叫杰斐逊中学进行的，该学校有大约1000名在校学生。研究结果（一张地图）令研究人员大吃一惊。它表明，在接受调查的832人中，有288人与一个庞大的性关系网络有牵连。这就是性病进行传播的具体过程。

接触传染的链环

每个点代表杰斐逊中学的一位男生或女生。

将他们连在一起的直线代表在18个月的研究过程中所发生的性关系。

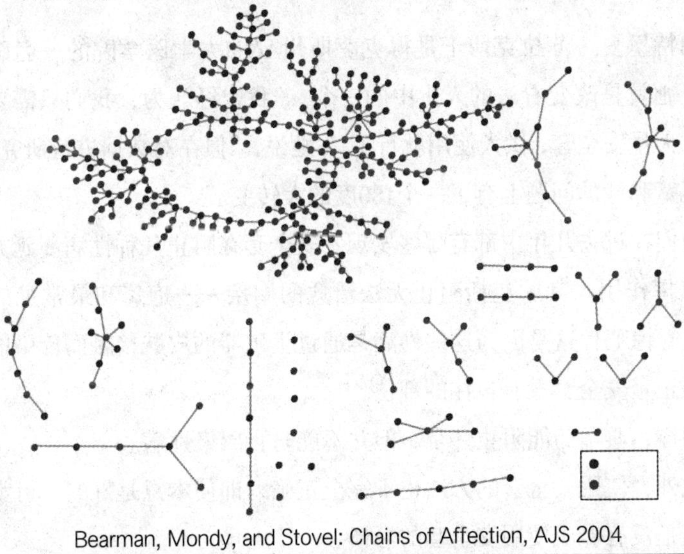

Bearman, Mondy, and Stovel: Chains of Affection, AJS 2004

这项研究得出的几项重要结论是：

◎ 我们交往的圈子越大，就越有可能接触某些东西。如果你是由288名学生组成的链条中的一环，你就会有从其他人那里感染性病的可能，即使你只有一名伴侣也无法避免。换句话说，如果你与某人发生性行为，相当于你也和其他与之发生性行为的人发生关系，而且是一对一的关系。

◎ 杰斐逊中学有好几百人没有性伴侣，没有感染性病的危险。

◎ 如果有一人选择退出，这个长长的而且是复杂的链条就有可能断裂。试想一下，如果做出明智的选择，性病就会被迅速减少，甚至被消灭。

不断变化的潮流

我们常常听到这样的说法："如果我坚持安全的性行为，并且使用安全套，就不会得性病。"对不起，扫你的兴了，问题并不像这样简单。我在年轻的时候，常常躺在阳光下晒太阳，可是专家现在却警告说，即使有几处地方被晒伤，也会在几年后导致皮肤癌。同样道理，专家曾在20世纪90年代表示，借助安全套可以使性行为保持安全；现在，其中的一些专家却提出，使用安全套不是安全的性行为，只是"不那么危险"的性行为。

帕特里夏·苏拉克博士是得克萨斯州A&M大学医学院的一名医生和教授，她就是改变看法的人士中的一个。"我曾经认为，我们只需要在学校发放大量安全套，供人使用就行了。"她说，"但在对数据进行研究之后，我在儿童和性的问题上有了一个180度的大转变。"

他们在过去几年中都有哪些发现？安全套在阻止几种性病蔓延方面并没有发挥作用，其中包括阻止无法治愈的痼疾——疱疹和最常见的疾病HPV。吃惊吧！这是因为这些性病是通过生殖器的皮肤接触而传染的，这些部位正是安全套没有包住的部位。

同样，避孕药能阻止怀孕，但并不能防止感染性病。

此外，使用安全套的方法也不完全正确，即使本意是好的，可大部分情侣还是没有养成使用安全套的习惯。

噢，不要

避孕措施会失败——这种情况常常发生。这就是造成世界上每年有成千上万的青少年意外怀孕的原因。如果你在性行为上十分活跃，你就很有可能自己怀孕，或者致使他人怀孕，不论你是否采用保护措施。

问题7答案：300万

美国每年大约有300万少女怀孕，10人中有8人是意外怀孕。

可能有一次性行为就会导致怀孕。我认识一个澳大利亚女孩。在她被一所重点大学音乐系录取的同一天，她发现自己怀孕了。她只与男友做了一次，可这就足以导致她怀孕了。结果是，她再也未能上大学，却走上了一条完全不同的人生道路。

问题8答案：对

一个女孩可能会在第一次发生性行为时就怀孕。

女孩们请注意：你和你的情侣不会一起怀孕——只有你才会。这将永远改变你的生活。

问题9答案：20%

导致女孩怀孕的男孩中，最终有20%与女孩结婚。

男孩们请注意：如果你们让女孩怀孕并且把孩子生下来，你便成为这个孩子的父亲。无论你是否和这个女孩结婚，孩子都属于你！无论你出于责任照顾孩子，还是不负责任地抛弃孩子，你一生都应当为孩子负责。你是否准备成为一名活生生的、喘着气并且需要关爱的孩子的父亲？

做健全的人

到目前为止，我们仅仅讨论了发生性关系所产生的身体方面的风险，即疾病和怀孕。发生性关系也会带来感情上的风险，比如痛苦、悔恨、负罪感和抑郁症。记住，我们由身体、心脏、精神和灵魂这四部分组成，所有四部分组成了健全的整体。正如汽车的四个轮胎一样，如果其中的一个失去平衡，所有的四个轮子都会出问题。应该认识到，发生性关系固然与身体有关，但也会对

问题10答案：c

禁欲是青少年唯一能100%地防止疾病、怀孕和感情伤害的安全手段。

心脏、精神和灵魂产生影响，无论你愿意与否。千万不要认为，你可以与某人进行身体接触，但无须担心这会影响你对自己的看法。在青少年时代发生性关系，好比拿你的未来进行俄罗斯轮盘赌。轮盘每转一次，都伴随着风险。

在我们谈论了所有相关问题之后，你们大概能了解我为什么说安全的性行为并不存在的原因了吧？

误区四：没有什么了不起的

真相：确实非同小可

你不打算在今后10年左右的时间里结婚，在不伤害任何人并且不会导致任何人怀孕的情况下享受人生，不会带来任何危害，对吗？

有人认为发生性关系并不是什么大不了的事，我不能指责持这种态度的人。毕竟，在媒体的报道中，性被描写成一种可以抛弃的娱乐方式，可以购买、出售、租借或者买卖，一周7天，一天24小时随时可以弄到，形式也是多种多样，包括现场、虚拟、移动、音频或印刷等，不一而足。你光是在青少年时代，就会在电视上看到9.8万个与性有关的镜头，听到同样的台词。我的天！这真是为数不少的淫秽东西。

当然，有人会说你在电影和电视中看到的东西不会真正对你产生影响。可是，就是这些人会在“超级碗”橄榄球比赛期间，为30秒的广告一掷千金。如果一则30秒的广告会说服你改用另外一种香波，那么9.8万个镜头也会影响你的思想。朱利叶中学的艾丽西亚说：

如果电视一天到晚都在渲染“性”，

他们如何期望人们不去尝试一下呢？

而在电影中，每个人都有性行为，并且通常发生在首次约会之际。当你看过太多的镜头之后，你就会认为，这是人之常情，没有什么了不起。我们忘记了，电影也会撒谎，实际情况远不是这么一回事。

举例来说，你是否看到过这样一部影片：一对情侣同床共枕，事后为此感到后悔，罪恶感油然而生？他们中的一人甚至还得了讨厌的性病？你是否欣赏过这样一部爱情片：女方在发现自己怀孕、男友却不愿承担责任之后，认为自己被欺骗了？你肯定不会看到这样一部影片，因为这样的情节既不风趣，也不浪漫。我们还是且慢接受好莱坞影片宣扬的性没有什么大不了的观点，这是彻头彻尾的谎言。

亲密与责任

你的体内大约有7万亿个细胞在共同发挥功能，人体真是个奇妙的事物，它应当受到尊重，而不应当是一个旋转木马，每个人都可以上来坐一圈。在你们真正向对方负起责任之前，分享你们最私密的部位并没有任何意义。什么是负责任的两性关系？婚姻就是最好的体现形式。通过结婚，你会获得一份法律文件，一个公开的庆祝仪式，一枚戒指，一桩得到承认的婚姻，一个不论健康好坏都爱着对方的深深的承诺。

如果你们是中学生，并且都深爱着对方，怎么办？这算不算是负责任的关系？还算不上。也许关系确实十分牢靠，但没有真正的承诺。没有法律协议，没有举行庆祝你们结合的仪式，没有共同分担房租。你们不会一起洗碗筷、洗衣物，或者共同负担各种费用。你们会分道扬镳，各奔东西，上大学，然后再对其他人一见钟情，等等。中学恋情能够长久保持的希望微乎其微。

一些青少年认为，如果你还没有做，你就没有经历过性行为，你还可以被算作一名“技术上的童男或童女”。还是现实些吧。性交就是性交。请原谅我这样直截了当，这就是亲密的行为，就是性行为。虽然一些形式的性行为对于身体不会产生有害影响，但是它们在感情方面却可能是有害的。

各人对于“伴侣”或者“朋友”的解释都不相同，但是，这些概念基本上都是指某种形式的不附带任何条件的性关系。实际上，这是利用对方身体获得愉悦，同时又不抱有任何期望或承担任何责任的方式——迅速、便捷而且无须兑现诺言。

抑郁症：情感上的性病

我倒是非常有兴趣了解医生是如何解释性行为对情感所产生的影响的。米克博士在两年的时间里治愈了数千名青少年，她相信，青少年的性行为会造成严重的情感问题，她甚至把抑郁症称作情感上的性病。她写道：

许多少年认为性行为是一件有趣的事，可是他们却在私下里承认，他们在进行性行为之后丧失了自尊。他们可能会吹嘘自己的性技巧，似乎变得更加自信，但在私下里，他们都承认，在开始性行为之后，自己的内心发生了变化。自尊心开始淡化，因为他们已经把在性领域的亲密行为献给了自己并不特别在乎的人。

女孩会在更大程度上丧失自尊心。这个社会鼓励她暴露身体的每一处部位，同时教导她说，她的身体不值得保护。她可能会把自己（这对她非常重要）献给热爱着的人，而对方在获得这一切时并不抱着尊重的心情，这使她很快就认识到对方对自己并没有兴趣，对她感兴趣的只有性。

保护我们的童贞，比如自我保护，应当成为头脑中根深蒂固的观念，因为我看到过无数的青少年为自己失去的童贞而痛心疾首。在我们的内心深处，我们都认识到，童贞是珍贵的和私密的，如果我们交出童贞，却体验到失望或排斥，就会感到蒙受巨大损失，这种损失是无法挽回的。

《新闻周刊》的文章介绍了卢西恩在情感上所受到的影响以及他应对这种影响的过程。

卢西恩一直希望，等结婚时再发生性关系。然而，一个激情四射的夜晚，却使他意外获得了机会。“她一心想得到。”卢西恩说，“这就好比说：‘我们试一把。’”可是，这件大事很快就结束了，没有丝毫的爱情或亲密感。“在电影里，如果人们发生性关系，都是充满浪漫色彩。”他说，“从身体上讲，确实过瘾，可是在情感方面，却很难受。

问题11答案：错

大约一半有过性经历的青少年希望自己应该再等等。

问题12答案：d

许多青少年在发生性行为后感到悔恨、抑郁，自尊心不强，或者产生沮丧、受伤和被人出卖的感觉。

这与我的想象一点儿也不一样。”

卢西恩一直遭受罪恶感的折磨。“我担心，我把自己给了别人，我们的关系比以前要严肃得多，就好像在说：‘她想从我这里得到什么东西？’”他还担心会传染疾病或者怀孕，向自己保证绝不再有第二次。

现在加拿大一所大学学习工程的卢西恩认为自己是一名“改过自新的童男”。虽然父母一直主张要保护童贞，但他在有过性行为之后，才认识到问题的重要。“这是一件十分特殊的事情，而且也是十分严肃的事。”他说，“如果你要禁欲，就应该问：‘我是不是应该尊重这个人？’”现在，每当去赴约会，他都会把自己的行为限制在亲吻上，“这倒不是因为我认为其他东西都是不好的。可是，你和一个人交往得越深，你就越难以止步……我希望与妻子建立亲密的关系，她应该是我真爱并且愿意与其共度余生的人。”卢西恩说，“这种看法有些过时，可确是真的。”

是的，性确实是件大事！

◆ 爱情可以等待 ◆

每逢夏天，我都会来到这个位于洛基山脉中的风景优美、水凉刺骨的湖中滑水。我先是在码头上学习滑水，然后才下水进行实践。我在码头上抓着滑水绳，小艇慢慢向湖中驶去。当松弛的绳子即将被拽直之际，我高喊：“我来啦！”小艇将绳子完全绷直。这时，我跨下码头，落到水面，开始滑水。

这种动作需要数十次练习才能掌握。如果你迈步过早，绳子还没有完全绷紧，你就会掉进冰冷的水里，开始大口大口地喘息。如果你迈步过晚，绳子没有一点松弛的余地，你会被猛一下拽出去，两条胳膊几乎被拽脱臼。如果时机拿捏得当，并且与对手配合默契，你就会平稳地落到水面，开始滑水，身上没有一点湿的地方。这真是世界上最有意思的一项运动。

性方面的亲密行为也与这项运动类似。如果你在错误的时间做这件事，你要么落入冰冷的水中，要么两条胳膊拽脱臼。如果你在恰当的时间与恰当的人做这件事，你就会感到极大的愉悦。这一切全在于如何掌握时机。

记得曾经读过一篇对一名21岁男孩的采访记，这个正在上大学的男孩说："我一直担心会失去童贞。我没有能守住童贞，因为我无法回答这样的问题：'在性问题上为什么要等待呢？'我付出了童贞，因为我没有找到肯定的答案。"

这是一个很有意思的问题。如果你无法为"为什么要等待"的问题找到肯定的答案，不妨思考下面这些理由。

等待——为了孩子

人生两大问题在于，人怎样走出这个世界（死去）以及人怎样来到这个世界（出生）。我们非常在意人怎样离开这个世界。我们为谋杀的罪行规定了严厉的惩罚，尽一切力量延长寿命。当有人去世之后，我们进行哀悼。可是，在人怎样来到这个世界的问题上，我们并不十分重视。全世界每年都会有无数的婴儿意外诞生，还有更多的胎儿被流产了。

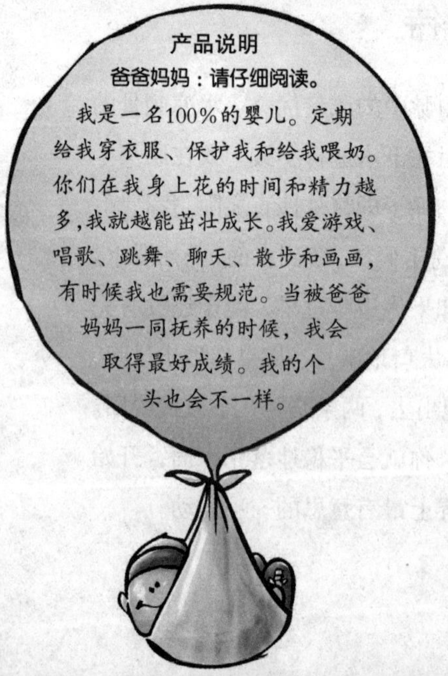

你缔造生命的能力好比一根火柴，既能带来好处，也能带来损失。火柴可以为黑屋中的人们送去光明，也能使你的家化为灰烬。

每次的性行为都好比在玩火，总会出现婴儿出生的机会。对于出生的婴儿来说，没有一个负责任的父亲的照料，母亲又在中学学习，这是十分不公平的。一些女孩之所以怀孕，仅仅是因为怀孩子会引人注目，会有人去爱。也许这样的做法并不错，可是，这对婴儿却是十分不公平的。他们需要获得一切优势，以便在这个世界立足。如果你希望自己的孩子在贫困中长大，就在青少年时代生了个孩子好了。这是十拿九稳的方法。

许多孩子在没有父亲的环境中长大。幸运的是，还是有许多母亲，她们作为孩子的单亲家长，做了大量杰出的工作。如果你在生活中缺乏父亲的关爱，你就会当一名扭转局面的人，成为你自己的孩子的父亲，就像你一直希望自己有父亲一样。你可能听说过为影片《星球大战》中的人物达思·维达尔配音的詹姆斯·厄尔·琼斯的故事。他最近被美国“全国父亲计划”授予一项奖励。他站起身说：“与我所获得的其他所有演艺奖相比，这项奖励更有意义。我从来不知道父亲是谁。我的父亲也不知道他父亲是谁。可是，我儿子却知道我。”

在你们准备成为一名称职的父亲和母亲之前，千万不要冒险，把孩子带到这个世界上来。把成功的最好的机会留给孩子。为了孩子，等待吧！

等待——为了两性关系

关系向前发展有两种途径。两种关系都是从相互吸引开始的。有许多不同的事情吸引我们或者“让我们动情”，一个眼神、一个姿式、说话的声音，等等。但是，关系今后向何处发展，完全取决于我们。

私欲的道路通常是从热恋开始的。这种感觉像是真正的爱情，然而却只是昙花一现，这种迷恋通常会迅速消退，不久，我们就开始寻找下一个火花。当你们进行身体接触就开始进入物质阶段，因为你们感到这样做非常惬意，并且也是在发展关系的赛程中迈出的自然而然的一步。你管这叫爱，但实际上却是欲望。当两性关系主要建立在身体接触之上时，分手就成为不可避免的事。

如果你想建立真正的两性关系，你就踏上一条无私的爱的道路。它建立在友谊的基础上，即不以是否能从身体接触中获得好处来认识和喜欢某人。当你开始更深地认识和关心某人的时候，当你了解他们的希望和梦想、恐惧和信仰的时候，就会形成爱情关系。这时可能会有一些拥抱和亲吻的动作，这些动作是基于感情，而不是欲望。当你们希望通过建立长期关系、通常称之为婚姻来共度人生的时候，就进入了负责任的阶段。在这一阶段，性就是好的和令人满足的事物。

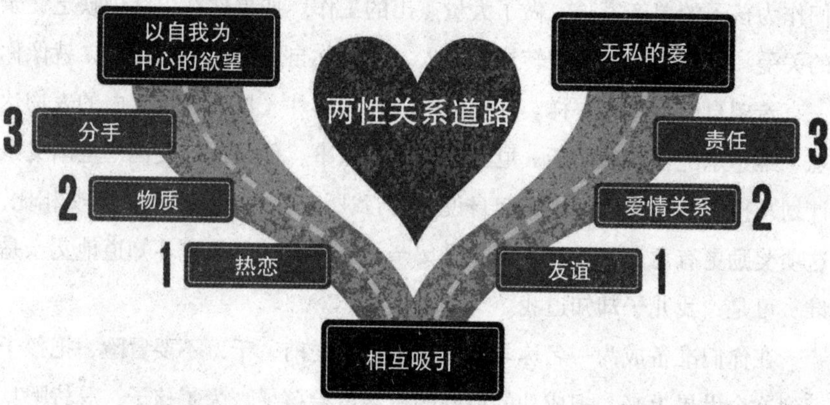

金勋是韩国首尔一名17岁的少年，他必须选择走一条什么样的两性关系道路：

我和女友约会了6个月。与大多数同龄人一样，我对性行为非常好奇，充满想象。朋友对我说这非常神奇。我自然而然地认为，当时机成熟，我就会有性行为。

一天，我和她单独呆在公寓，看完电视，我开始办事。我吻了她，注视着她的眼睛。她眼神中充满恐惧，这使我吓了一跳。我说："有什么不对头吗？"

"没有，都很正常，"她说道，"我太紧张了。我们还没有长大。"

她已经有20岁了，我还没有她大，可是我却认为我们已经长大了。她接下来对我说的话，使我彻底改变了对性的看法。她希望把第一次留给将来和自己结婚的那个人。她还担心怀孕给我们带来麻烦。她还吐露出，她可不想让匆匆发生的性行为成为我们发展关系的障碍。

她的话语使我认识到，性对于我们两人是多么的重要，我紧紧地拥抱了她，向她表明我爱她，我感到浑身上下暖洋洋的。

那么，走多远才是正确的？每个人都会告诉你，在充满激情地亲吻将情趣调动起来之后，很难熄灭爱情的火焰，事情会自然地向前推进。因此，明智的办法是仅仅进行短短的拥抱和轻轻的亲吻。如果你打算保持健康的两性关系，如果你打算避免怀孕、性病和感情伤害带来的风险，就要在这条线段的上方生活。始终在感情的旁边生活，把激情留给今后。

在线段上面生活

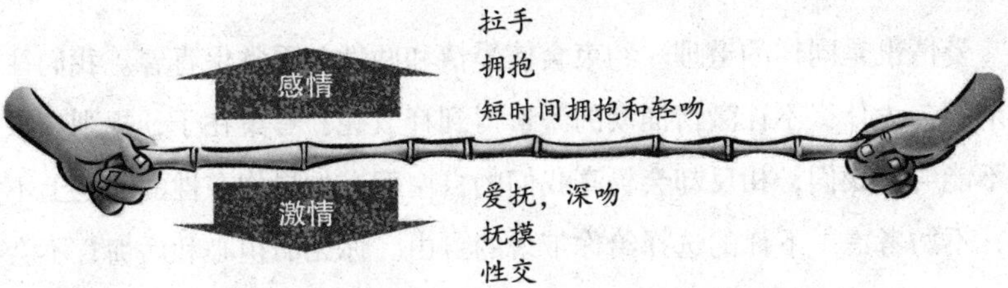

在线段上方生活并不会自然而然地做到。你需要为此创造条件。怎么办呢？方法是为自己制订规则。当我开始在大学正二八经地约会时，我为自己确定了生活在线段上方的规则，比如说，不与有水性杨花名声的女孩约会。一名十多岁的男孩说："他们把大量有关性的知识告诉你，但不教你任何规则。"下面是三条帮助你在线段上方生活的常识性规则。

◎ 确定目标，开列一份个人宗旨说明，写明自己希望实现的目标。这些目标会赋予你力量，向你不想做的事情说不。

◎ 避免出现会带来麻烦的情况，在这种情况下你会轻易被解除武装。单独留在卧室就属于这种情况。

◎ 不要让你的思想充斥着下流的音乐、电影或任何形式的色情物品，这会影响你的思想和行动。

利用一点时间，想象一下你希望与之结婚的人的样子。他们长得什么样？他们是否风趣、聪明和和善？你希望他们现在过怎样一种生活？如果他们每个周末都谈朋友，或者在过去几年里交了5个、10个或15个不同的伴侣，你会怎么想？如果你知道他们在等着你，你是否会欣然一笑？你希望他们按照你的方式生活，那么你为什么不这样生活呢？

为美好的婚姻关系守候。

等待——为了自由

你上次放风筝是什么时候？你是否注意到，当风筝高飞的时候，正是线的张力使它逗留在高空？如果把起约束作用的线剪断，风筝就会一头扎到地上。

爱情也是同样的道理。约束会使爱情和两性关系常保青春。我们往往会纳闷，为什么不让激情涌动的激素得到释放呢？答案在于，规则和限制并不能约束我们，相反却会提高我们的自由度。如果你在性的问题上不活跃，不妨考虑一下你的选择给你带来的自由。你无需担心和后悔，不会得病，不会怀孕，不会得并发症，也不会在没有准备的情况下承担责任。

就谈情说爱而言，除非你制订了计划，否则任何事都有可能发生。大约50%有过性行为的高中女生都说，事情就这样发生了。女孩子，我不得不把你们单独拎出来，因为你们多半被自己的男友极力施加压力，要你们同意与其发生关系。也许你们已经感受到这种压力，不知道如何回答。

没关系，我已经为你们准备了充足的弹药。克里斯滕·安德森在《高中女生性行为的真相》一书中，为你们提供了对付男友的典型说法的机智的答复——自从他开始努力说服你以来，他一直使用这些说法。

电话：“来吧，好不好？让我们的关系进入新的阶段吧。”

答复：“我认为性关系只会使我们目前的关系更坏，而不是更好。”

“能说明一下为什么吗？我不明白。”

“因为我不想做。”（这正是你需要给出的所有解释）

“也许我们应该分手，直到你长大为止。”

“也许我们应该分手，直到你长大为止。”

“难道你要等到结婚？我不知道我们是不是会结婚。”

“要是这样可太糟了，因为你永远不会和我有性关系了。”

“在所有喜欢我的女孩中，我选择了你。”

“我看这是因为你很有品位。”

“你已经有过性关系。可现在出了什么问题？”

“问题在于我为自己做的事情感到后悔。再也不想做这样的事了。”

“放松，随它去吧。”

（如果你感到紧张或惴惴不安，肯定是有某种原因。这是你的精神和身体正在向你传达某种信号。尊重你的直觉，放弃吧。）

“如果你爱我，你就会这样做。”

“如果你爱我，你就不会逼我。”

无论你做什么，都不要在最后时刻改变主意。真正的女士和绅士是不会迫使你去做自己不愿做的事的。

为自由而等待吧。

值得等待

下面是我归纳的在性的问题上耐心等待的好处：

◎ 我会送给同我结婚的人一份礼物，其他人都无法得到这份礼物。

◎ 朋友们由于与不同的人发生关系，甚至被对方利用而陷入感情的创伤，我却有能力从这种创伤中逃了出来。

◎ 我回避了一种不好的名声。

◎ 我充分学到了自尊和自爱。

◎ 我学会了自制。

◎ 我知道自己的决定会让上帝和家人满意。

◎ 许多朋友和同龄人为怀孕和生病忧心不已，我却没有这样的顾虑。

多米诺骨牌效应

或许你过于频繁地把自己交出去，或许你在两性关系中饱受虐待，丧失了自尊。或许你怀上了孩子，或者你让对方怀了孩子。怎么办？

不管做什么，你都会成为一副多米诺骨牌，一个错误会不断导致一个又一个错误。往往有这样的情况，当我们失足时我们会想："我已经犯错了，现在再出错会有谁计较呢？"请务必记住，一个错误并不比两个或三个错误更糟。如果你为自己做的事情感到后悔，就应该阻止多米诺骨牌继续倒下，方法是掌握主动权，不再出错。

记住，今天犯错并不代表永远都会出错。如果你着手改变今天自己所处的困境，情况就会改变。情况变了，人们原谅了你，心灵的创伤会逐渐恢复，生活会再次变得美好起来。

看看安德烈亚·斯莫尔是如何阻止生活的多米诺骨牌一个接一个倒下的。

15岁那年，我成为一名小女婴的母亲。16岁，我们住在市区的一幢小公寓里，我外出工作以养家糊口。我上中学的时间不满一年，却在巴恩斯—诺布尔书店花了大量时间，阅读各种题材的书籍。我通过了普通教育水平测验（GED），并在SAT学术能力测试中拿了高分，上了大学，时间比我继续上中学然后再上大学还提早了一年。一年后，我正式进入弗吉尼亚大学就读。

我一边在一家咖啡店打工、一边上学，用这样的方式上完大学，女儿则在日托中心入托。晚上，我给女儿朗读《诺顿英国文学文集》，而不是《晚安，月亮》，因为我必须做作业！

现在，多年过去了，那个小姑娘即将是14岁的大姑娘了。自从上学以来，她的名字在每个年级的光荣榜上都出现过！在四个美丽而聪明的孩子当中，她是最大的一个，所有孩子的学习成绩都非常优秀。

我认识到，人不能因一次成功或一次失败而生活一辈子。人永远会遇到新的挑战，人生决不会按照你所设想的方式发展。生活并不枯燥，我为此感到欣慰。

如果迄今为止，你在性的问题上仍旧十分活跃并且开始对此感到后悔，你完全可以抹去污点，重新开始。安东尼·马厄在成长过程中，父母教育他要树立良好的价值观，这一点十分重要。“我很小就知道分辨两性关系上的对与错。”安东尼说道，“我在上高中一年级时，就初步决定要在结婚前保持性关系上的纯洁。我原来以为这样做并不难。我并没有料到，身边的朋友在性关系上非常活跃，我注定会失败。就是在最后一年，由于判断错误，我失去了永远无法挽回的东西。我立刻意识到，我对自己非常失望。”正是在这一刻，安东尼做出了保持“第二童贞”的决定。这一次，他是郑重其事的。现在，他是一名22岁的职业足球运动员，一直信守诺言。

“我不再是那个认为保持第二童贞轻而易举的16岁高中生。我认为自己现在奠定了坚实的基础，这包括：确定我的承诺，把坚持相同观念的朋友聚拢在身边，时时提高警惕。我确实认为，这样做会使我获得一桩美满的婚姻，以及伴随着婚姻而到来的一切。”

守候真爱

现在，我们即将结束本章的内容。我希望我的观点和直率没有冒犯诸位。我唯一的希望是，为你们做好准备，这样你们就能踏上寻找真爱的路程。

拿我来说，我一直在如何做出重大决定的问题上苦思冥想，所以我不知道自己是否会结婚。后来，我在大学遇到一位自己非常喜爱的女孩丽贝卡。出乎意料的是，我堕入爱河，做出了决定，与丽贝卡结了婚。最美好的是，我们在婚前建立了美妙的约会关系，这是一种建立在友谊和爱情而不是激情之上的关系。这就是区别！

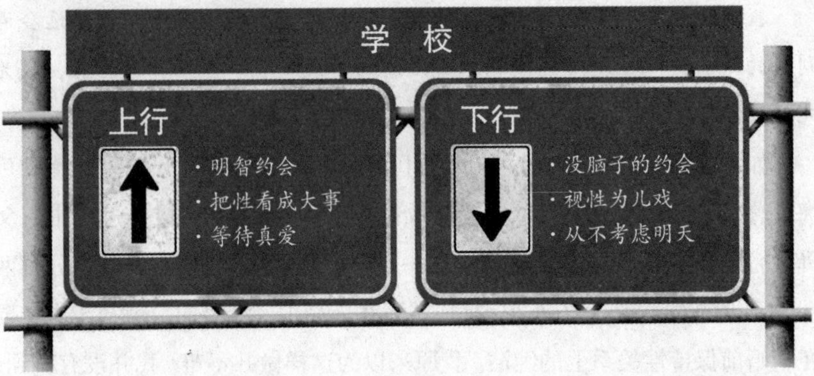

有两条路可供选择。我希望你们能选择更宽阔的大路，方法是对约会抱明智态度，尊重你的身体，为真爱和承诺而守身如玉。你绝不希望心灵受到伤害，绝不希望感到自己一钱不值，绝不希望还是孩子的你也去抚养另外一个孩子，绝不希望这样对未来的未婚妻说："对不起，我上高一时感染了这种怪里怪气的性病。唉！"

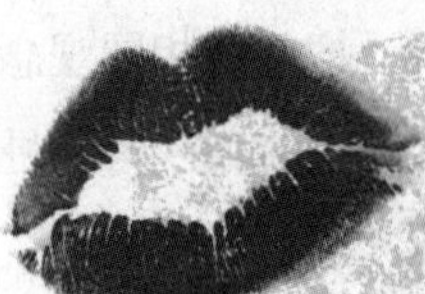

因此，要做出明智的选择。

对接吻要格外小心。

记住：爱情是值得等待的。

后面的章节更精彩

如果你不知道 Stuff、Roach、Ecstasy、Blunt 和 Porno等单词的意思，很快就能弄明白。接着读下去。

我的训练计划

1. 策划一次别具一格并且有意思的约会。上网输入“青少年美妙的约会”字眼，从网上寻找灵感。

2. 如果你认识在两性关系中遭受虐待的人，不妨与他们一起读这本书，尤其是“明智约会”部分。为你的朋友提供帮助，并且提醒他（她）：没有人应该受到虐待。

3. 观看影片《初恋的回忆》。在欣赏影片时问自己这样一个问题：我想遵循什么样的标准？

4. 与另外一个人——你的兄弟姐妹、父母或朋友——一起阅读“明智约会的六大指导原则”。

5. 写下五大理由，说明自己在性关系上主张等待的原因。

____

____

____

____

____

____

6. 张贴这样的字样：“把握时机就是把握一切。”

7. 如果有人向你提出违反你意愿发生性关系的要求时，列出你打算回答的话对着镜子练习，或者冲着有吓人表情的填充动物玩具进行练习。

8. 用口红或蜡笔在镜子上画一条直线，提醒自己要在线段之上生活。守候在爱情的身边，把激情留待今后。

9. 如果你目前的两性关系是以身体接触为基础，不妨把它改变为以友谊为基础的关系。如果你们的关系是一种健康的关系，这种关系就会持久。如果是建立在迷恋的基础上，就无法存在到永远。不管是哪一种情况，你都会成为胜者。

10.想象一下你有朝一日将要与之结婚的人的样子。你希望他们目前的生活是什么状态？特别是在约会和性关系上是什么情况？

我希望未来的爱人

____

____

____

____

____

决定 5

我如何对待吸烟、喝酒、吸毒、色情作品和其他不良嗜好

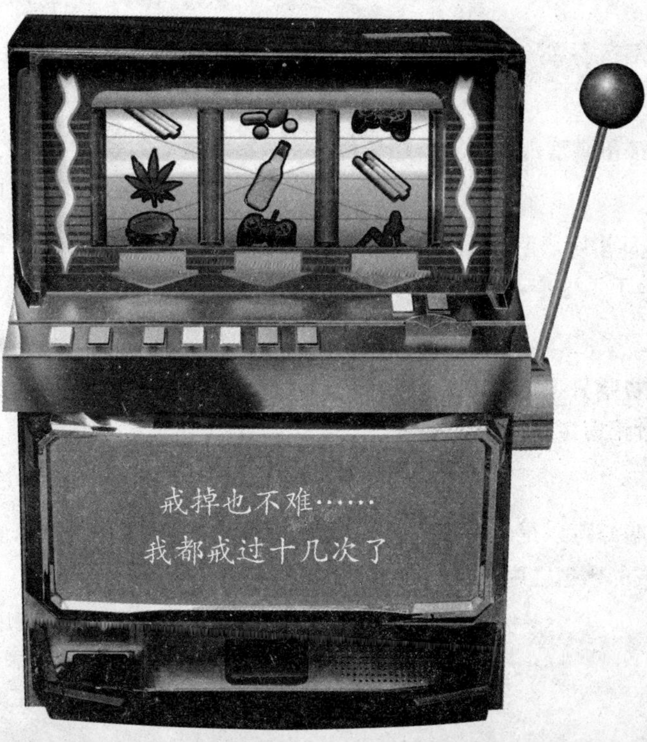

关于上瘾你应该了解的10件事

1. 生活中大多数事情的关键在于凡事适可而止，强求甚至非分之想——都会有损于你与你的人格。

——保罗·琼斯,19岁，威尔士

2. 因为共同嗜好而交的朋友只会喜欢你，因为你已经成为这种嗜好的一分。他们不是真正的朋友。

——珍妮弗·黑斯蒂,18岁，苏格兰吉伦

3. 酗酒绝非社会准则。

——穆罕默德·法伊兹·金·阿卜杜勒·拉赫马特·穆尔菲迪,18岁，埃及

4. 勇于与那些欺负你的朋友分手。

——洛根·肯德尔,19岁，美国爱达荷州波卡特洛

5. 如果一个人沉迷于某件事中而无法自拔，那他就成了这种嗜好的奴隶。

——艾哈迈德·巴克尔,16岁，巴勒斯坦拉姆安拉

6. 吸烟有害你和你的朋友健康……不要吸烟——吸烟等于慢性自杀。

——艾梅·佩顿,17岁，美国华盛顿州塔克马

7. 女孩不喜欢那些喜欢香烟和毒品超过喜欢她们的家伙（反之亦然）。

——马场爱,19岁，日本

8. 不良嗜好表明出了大问题。除非找到问题所在并解决它，否则你永远也戒除不了这个毛病。

——马丁·帕尔默,19岁，美国夏威夷檀香山

9. 不良嗜好是要付出昂贵代价的，对健康和家庭有害，会让人死于非命，而且难于自拔。

——乔伊·吴,16岁，新加坡

10. 嗜好可以是件好事，也可以是件坏事。应该沉浸于做家庭作业和按时完成的乐趣之中。

——贾森·奥蒙德,16岁，美国犹他州奥勒姆市

> 吸烟能杀人。如果你被它所毁，
> 就丧失了生活中极其重要的一部分。
>
> ——波姬·小丝，演员

以下是我越过的一些最重要的最后界限。

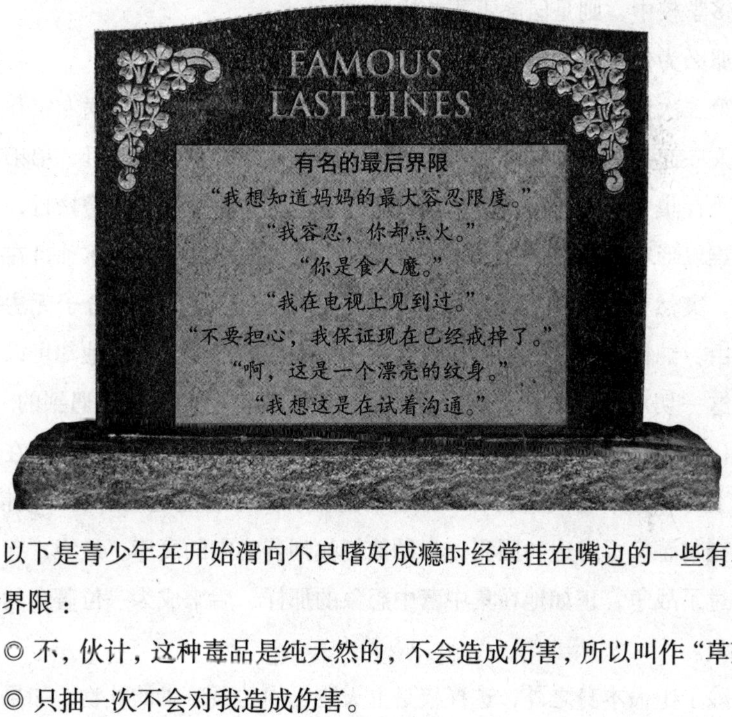

以下是青少年在开始滑向不良嗜好成瘾时经常挂在嘴边的一些有名的最后界限：

◎ 不，伙计，这种毒品是纯天然的，不会造成伤害，所以叫作“草药”。

◎ 只抽一次不会对我造成伤害。

◎ 人人都这么干。

◎ 我随时都可以戒掉。

◎ 生命对于每一个人都只有一次。

◎ 这是我的生活，我不会伤害别人。

世上有很多你可以沉迷上瘾的事，吸烟、酗酒、吸毒、处方药物、美食、嗜睡、饮食失调、超支、强制性行为习惯、强迫症、电视、电子游戏、网上冲浪、发短信、性事、色情书画、扑克牌、赌博等等。有许多嗜好并不大，不会对你造成真正的伤害，比如长时间打牌或者非常想要某种糖果。这与其说是上瘾，不如说是一种偏好。而另一些则严重了，可以完全改变你的思维，让你干蠢事，甚至会要了你的命。

我们生活在一个充满诱惑的社会之中。在我给青少年朋友们所发的调查中，吸烟、饮酒和吸毒是被经常提到青少年们面临的最大的挑战之一。在很多学校中，则是居高不下的挑战。

那么为什么嗜好会如此之重要呢？

第二次世界大战期间，一位名维克多·弗兰克尔的精神病专家和一个犹太人一起被关在纳粹德国的死亡集中营里。弗兰克尔的父母、弟弟和妻子不是在集中营中死于非命就是被送进了毒气室，他本人屡遭拷打，受的煎熬难以形容，不知道什么时候也会被送进毒气室。弗兰克尔独自在一间小屋，突然顿悟他称之为的“人最后的自由”——这是纳粹分子无法夺走的自由。纳粹分子可以杀死他的家人，折磨他的肉体，可是他却可以自己决定这一切对他意味着什么。他有自由来选择如何面对他所遇到的一切。为了让心中的希望之火不灭，弗兰克尔想象他已经被放出集中营，在给学生们上课，似乎看到自己在课堂上讲述他在集中营遭遇的一切。慢慢地，弗兰克尔感染了身边的囚犯，帮助他们找到苦难中的真谛。最终，弗兰克尔熬过了战争，正如他在集中营中想象的那样，后来成为一位著名的教师和作家。

除了生命本身之外，选择权是上天赐予你的最珍贵的礼物。如果你沉迷于某些事或习惯的话，你无疑放弃了你的选择权——你的自由。你成了奴仆，而嗜好却成了主人。当嗜好命令你“跳”时，你会问“跳多远”？这就是为什么面对嗜好的本质你所做出的选择成为你将要做出的最重要的决定之一。你可以选择一条阳关大道，珍惜自己，抵御来自同伴的压力，

将不良嗜好视为洪水猛兽。你也可以选择一座独木桥，放纵自己，随波逐流，人云亦云地沉迷上某种事或行为。

在这一章里，我们主要谈那些会造成比较严重后果的嗜好，那些会给你带来真正麻烦的嗜好。

这一章分三个部分。“三个残酷的现实”谈的是嗜好对改变你和其他人生活的影响。“事实，所有的事实，只有事实……”将告诉你有关最常见的毒品冷酷无情的事实和给你做出充满希望的答复。在“斩草除根”这部分中，将探讨如何避免上瘾和如何克服不良嗜好。

不良嗜好问题测验

请先做一个小小的测试，看看你会选择哪条路。

盘点你的选择	才不是				没错
1. 我决心永远不碰毒品。	1	2	3	4	5
2. 我对咖啡因、赌博、电子游戏以及看电视和电影没瘾。	1	2	3	4	5
3. 在遇到酗酒、吸烟和毒品的抉择时，我自己下决心，从不屈从同伴的压力。	1	2	3	4	5
4. 过去一个月中我烟酒不沾。	1	2	3	4	5
5. 我避开了成为瘾君子和酒鬼的场合。	1	2	3	4	5
6. 我远离网络上的黄色内容。	1	2	3	4	5
7. 我与那些远离毒品，与我有共同观点的朋友交往。	1	2	3	4	5
8. 我鼓励朋友远离那些有害的药物。	1	2	3	4	5
9. 我从不让朋友酒后驾车。	1	2	3	4	5
10. 我没有厌食症这类饮食失调的毛病。	1	2	3	4	5

总分：____________

40-50 ↑ **你目前在大路上，坚持下去！**

30-39 → **你在大路和小路之间犹豫不定，到大路上去！**

10-29 ↓ **你正走在小路上，请认真阅读本章内容。**

◆ 三个残酷的现实 ◆

在谈到嗜好的本质与行为时，有三个残酷的现实我们必须面对。

第一个残酷现实：它们比你更强大

过去，我一直认为那些吸食毒品上瘾的人自私而意志薄弱，等我知道得更多之后，我为我缺乏理解而汗颜。毒瘾会毁掉我们中最棒和最精明的人，但谁也不是天生就能打保票不会碰毒品的。有许多非常优秀的人同时却是酒鬼，无法自制的赌徒和瘾君子，他们与你我并没有多少不同。同样的希望，同样的梦想，唯一使他们与我们不同的就是他们所做的选择，而他们往往是在十几岁时做出的这些选择。

我有一个名叫菲尔的好朋友。他是一个非常优秀的人，聪明、真诚、正直。我一直不知道他沉溺于酒精之中已经有好几年了。

在菲尔才13岁时，为缺乏自尊而苦恼。一天，菲尔从父亲朋友的卡车中偷了一瓶酒。他把酒藏在外套里，等待合适的机会尝尝酒的滋味。一星期后，菲尔求妈妈带他参加一次当地的舞会，终于找到了机会。

“酒瓶很小，刚好可以藏在我的牛仔靴里带进舞厅。我径直来到男更衣室里，偷偷抿上几口。酒一下肚，顿时脸上发烧，觉得轻松，心旷神怡。

腼腆害羞似乎一下全没了。门在我眼前晃来晃去，好像鼓动我再喝几口，我想，这就是让我一直在找的可以增强自尊感的玩意儿。”

在整个少年时代，菲尔变得越来越离不开酒，为了能弄到酒，他常常偷窃和说谎。有好几次他喝得醉醺醺的，有一次他和朋友从悬崖上开车下来时差点送了命。但即便如此，也没有让他戒了酒。

菲尔说：“在上大学时，如果没酒我就感到心里不安。大三快结束那段时间里，我总是将威士忌藏在书包里带到课堂上，大多数空闲时间我都泡在学校附近的一间小酒馆里。”

几年后，菲尔结婚成家，可是他贪杯的毛病依然如故，这个坏毛病损害了他的婚姻、家庭和事业。菲尔非常溺爱小女儿，总是向女儿保证戒酒。小女儿写了一些便条鼓励爸爸戒酒。这是菲尔女儿写的一张便条：

> 亲爱的爸爸：
>
> 你戒了酒？戒了？没戒？几乎戒了？要说实话。我爱你！
>
> 珊迪娅

可是菲尔并没有能改了贪杯的毛病。“发誓赌咒，祈祷，善意和意志力对控制我对杯中物的渴望几乎毫无作用。酒的诱惑力比我的控制力更大，我无法戒除酒瘾——不是为了妻子、父母、事业、信仰，或是孩子——什么也不为！”

几个月后，菲尔的女儿又写道：

> 亲爱的爸爸：
>
> 看来你没能戒酒，看来你在我和酒之间还是更喜欢酒。以为你会戒酒，我真是太傻了。

最终，菲尔失去了一切，失去了妻子，失去了女儿，失去了工作，失去了健康，失去了自尊，失去了选择的自由。等会儿我会把菲尔的故事全讲出来。

以下是青少年对嗜好诱惑的一些真实描述：

◎ 过去我能在6分钟内跑完1英里。现在很幸运，我还可以在8分钟内跑完这段距离，但是一路上我呼哧呼哧喘个不停。我很想戒除不良嗜好，可是这并不容易。

◎ 想到我们无法戒除不良嗜好已经成了习惯。

◎ 我希望我没有吸过第一口烟，可是大多数烟鬼都是这么说的。

◎ 我的朋友们又吸毒又酗酒，认为这没什么大不了的。我曾经问过他们是否上瘾了，他们都说没有，随时可以戒掉。但是看来他们到现在也天天离不开这些东西。

正如我们以前谈到的那样，在你上瘾的欲望和上瘾之间存在着一定的距离，这段距离就是你的选择自由。然而一旦上了瘾，你的选择自由就让位于你的嗜好，两者之间的距离消失了。

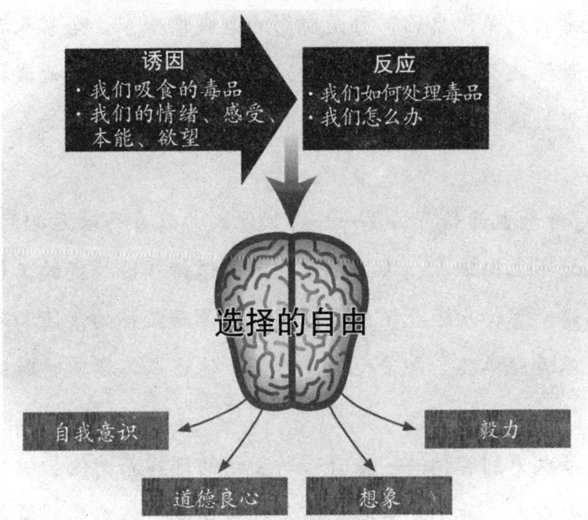

千万不要低估了嗜好的能量。它可以比你更强大。

第二个残酷现实：不仅仅是你一个人的事

有些青少年认为他们如何对待生活不关别人的事。“你干你的，我干我的，谁也不妨碍谁。”可是现实是，当你染上了烟瘾、酒瘾、毒瘾时，这就不再是你一个人的事了。无论你愿不愿意，它都会影响到你周围所有的人。

嗜好究竟对谁的影响最大？假设英格开始喝酒和吸大麻，认为只要不伤害到其他人，就与别人无关。然而，由于受她影响，朋友们也开始吸大麻。她的妈妈知道后很伤脑筋，这在家中引起了很大的矛盾。英格的弟弟基普认为，如果英格能吸大麻，那他也可以。英格的男友不喜欢她抽大麻，决定和她分手。最后，英格染上了毒瘾，被送到青少年感化中心3个月。

我的一个朋友告诉我毒品是如何对她的家庭造成影响的：

在我8岁时，哥哥开始吸毒。我记得童年时期我无时无刻不处在恐惧之中——害怕与哥哥单独在一起，害怕像他扬言的那样伤害我，害怕他自杀，害怕父母束手无策。

哥哥说这是他个人的事，不要管他，他的选择与别人无关。他错了，因为即便吸毒的只是他自己，可是却影响到我们全家，全家人都和他一起受害。当哥哥没钱买毒品的时候，全家人都感到绝望，在他戒掉毒瘾之前的那段时间里，这种痛苦始终笼罩着我们全家，哥哥最爱的人们始终都心存内疚。

几年后，哥哥也开始害怕了——害怕他因为吸毒而永远也无法上大学，害怕永远也赶不上同龄人，害怕永远也不能保持一份稳定的工作，害怕永远也不能结婚，害怕永远也不能恢复因为吸毒而毁掉的亲情和友情，害怕永远也不能不再碰毒品。即使他戒了毒瘾，他还是不得不时时同毒品做思想斗争。

我的父母也感到害怕——像哥哥所害怕的那样而为他担惊受怕。虽然哥哥已经长大成人，他们还是感到有责任帮助他，依然感到像哥哥十几岁时那段时间一样那样无助。

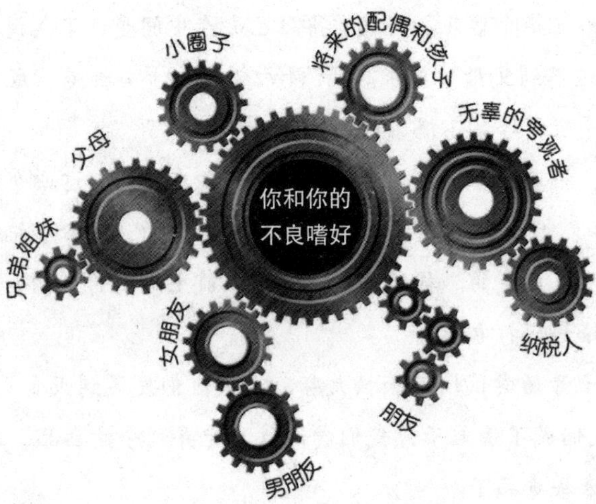

我会不会吸毒？绝对不会。可是毒品的确在伤害着我，我的家人和我周围所有的人。

第三个残酷现实：毒品毁灭梦想

一天我看到一个非常棒的广告，广告词是："想一想你在生活中能做些什么。现在再想一想，如果抽大麻就会让你一事无成。"你承受不起不良嗜好，它会让你付出得太多太多，你要付出时间、精力、金钱、亲情、友情和幸福快乐。等你长大成人后，它还会让你付出得更多。

我遇到过一个年轻女孩，名叫科瑞，是个精力充沛的高中生。她致力于教导孩子们远离毒品。她说："我希望帮助孩子们不要重蹈我的覆辙，我为我犯下的错误付出了宝贵的年华，那是不堪回首的几年。我今生今世都忘不了那噩梦般的往事。"

我问道："你都遇到了些什么？"她向我讲述了她的经历。

在11岁以前科瑞的生活一直无忧无虑，有亲爱的爸爸妈妈，哥哥和姐姐，还有一个尚在襁褓中的小弟弟。"每天晚上爸爸下班一回家，全家人坐在饭桌边，祈祷后一起吃饭。一家人其乐融融。"

过了一年，科瑞感到不快。她的哥哥长得人高马大，是大学运动队的队员，而弟弟还是个婴儿。科瑞觉得自己夹在中间受到了忽视。另外，她还认为自己达不到父母的要求。“父母希望我要十全十美，成为家中的楷模。我对这个世界非常不满，因为生活太不公平了。”

不久后，科瑞离家出走，和四个青少年住在一起。这四个人是汤姆和他的女友爱玛，两人都19岁，马克是被赶出家门的，杰伊年纪较小，同科瑞一样也是离家出走的。尽管科瑞想要同以前生活中的一切一刀两断，但她还是定期给妈妈打电话。

五个孩子开始尝试饮酒和抽大麻，很快他们发展到吸食更烈的毒品。科瑞说：“我们成了瘾君子，我们尝试所有能弄到手的毒品。我们的大部分收入都用来买毒品了。”

一天晚上，汤姆带回家一些他们从没有尝试过的毒品：海洛因。大家凑到桌前，轮流用一只注射器注射。先是马克，接着是科瑞，科瑞注射完后又把针管交给了杰伊。那天杰伊已经喝了很多酒，抽了不少大麻。

科瑞说：“我永远也忘不了当时的情景。杰伊扎紧胳膊，然后开始注射。15秒后，他一动不动，脸色青紫，当场死去。所有的人都吓得要命，我呆坐着，吓坏了，盯着已经死去的朋友……后来我拨了911。”

警察来了，科瑞和她朋友被收了监，法院判他们戒毒。几个月后，科瑞出了戒毒所，回到家里，从此洗心革面，开始了新的生活。

我问道：“你的朋友们怎么样了？”

科瑞说：“说起来伤心，一切吸毒者身上发生的悲剧也应验在我们五人身上。现在，汤姆患了脑损伤，看上去没什么，可是什么也干不了。可能他再也不能写草书了，现在他正重新学着系鞋带。他的前女友爱玛感染上了艾滋病，出不了门了，整天坐在家里，让妈妈照顾。马克已经18岁了，依然沉迷在毒品中无法自拔，他有了个5岁的女儿。杰伊那天晚上就离开了人世。”

我说：“这么说看来你是唯一一个熬过这场磨难的人。”

“哎，算是吧。我的医生告诉我，由于吸毒，虽然我才17岁，但是我的心脏和肺已经37岁了。医生说，如果我能活到50岁，那真是奇迹了。我该怎么向妈妈说她要白发人送黑发人？我做过太多愚蠢的选择，因此我把高中剩余的时间用来帮助孩子远离毒品。”

多么悲伤的一段故事！五个青少年染上了毒瘾和酒瘾，五个悲惨的结局。有谁知道他们本该有怎样的人生？也许汤姆能成为人人都喜欢的高中老师，也许爱玛能成为一个天才的音乐家，也许杰伊能成为一个称职的父亲，可是他再也不能带孩子去钓鱼，给孩子读书了。一切都是毒品惹的祸，毒品摧毁了所有梦想。

剖析不良嗜好的真相

你也许会想“不错，可是这都是一些极端的事例，肖恩。我既没有离家出走，也没有吸食高纯度毒品，只不过想找点乐子。我不可能上瘾或是怎么着。我认识一些孩子，他们饮酒，经常喝得酩酊大醉，可是现在没什么事”。

你想的不错。有很多十几岁的孩子抽烟、喝酒、吸毒，他们并没有上瘾，但是上瘾的孩子比例非常高。你知道，每个人对导致上瘾的东西反应是不同的。这个孩子饮酒，一切正常，另一个孩子喝一次就染上了酒瘾。此外，即便你从没有上瘾，可是烟、酒、毒品却会对你的身体和大脑造成极大的损害，甚至仅仅尝试一次也是如此。因此为什么你要去冒险呢？

大多数不良嗜好问题的产生都源于最初对烟、酒、毒品和大麻的尝试，这些东西本身就有危险性，会导致对更具危险性毒品的欲望，几乎在不知不觉中就染上了不良嗜好。我的朋友菲尔将这称之为“楔入式上瘾”。刚开始是很少量的尝试，一点点酒，一点点烟，

一点点大麻，随后你想要更多一点，更带劲的。于是这种楔入越来越深，越来越宽，一直到使你一分为二。

怎样判断同已经染上不良嗜好的人交谈，注意三个迹象：

◎ 他们会否认染上了不良嗜好，声称“只要愿意，我随时都可以戒掉”。

◎ 他们会编造谎言来掩盖他们的不良嗜好。

◎ 他们的生活中心就是不良嗜好，始终为了再次享受过瘾的欢愉而活着。

这是无法回避的，毒品的现实是残酷无情的。

◆ 事实，所有的事实，只有事实 ◆

我相信，如果你了解真相后会做出明智的选择。因此，下面我会将你确实应该知晓的现在最常见的毒品的关键真相和盘托出。我所告诉你的大部分信息都取自www.health.org网站，这是一个提供有关青少年和毒品问题可靠信息的网站。

关于酒的事实

你知道吗?

酒又叫作——booze，sauce，brews，brewski，hooch，hard，stuff，juice

酒使你头脑不清醒　酒精使你的动作失调，判断失误，反应迟钝，视线扭曲，记忆力下降，甚至出现眩晕。酒精与药物或者毒品混合使用尤其危险，甚至致命。

酒能致命　青少年死亡的三大主要原因是机动车事故、杀人和自杀，而酒精是这三大原因中的主要因素。事实上，因酒而丧命的青少年比所有因毒品而丧命的人数加起来还多。

75%以上的约会强奸的诱因是酒　约会和饮酒不能共存！

酒会使你干蠢事　上高中时，斯坦福大学招收我为橄榄球队队员，一个周末，我应邀来到大学在加利福尼亚州帕洛阿尔托的校园，邀请我的是一位体重240磅的大学橄榄球选手，他的任务是向我展示大学的好处，让我到大学读书和赛球。尽管他知道我不喝酒，但是我到后他的第一件事却是带我参加大学生联谊会的一个聚会，那里人人都喝得醉醺醺的，我喝了大量的七喜汽水。后来，他和朋友又带我去看臭名昭著的电影“洛基恐怖电影专场”。

看电影时，他喝空的酒瓶满地都是，醉得语无伦次，最后不省人事。在失去意识的情况下他吐得一塌糊涂，我以为他要死了。叫来救护车后，我和他的朋友将这个大块头抬到影院外的救护车上，那天夜里他是在医院里度过的。本来他是向我展示的，结果却干了傻事，让我远离斯坦福大学。

我认同snidelyworld.com网站的说法：

◎ 跳舞时动作缓慢，像个白痴，饮酒是主要原因。

◎ 饮酒会使你突然醒来时想不起身边躺的人是谁，等你酒醒时，你会对他丑陋的肉体产生厌恶心理。

◎ 饮酒可能会使你胡说八道。

常见问题

Q：啤酒和葡萄酒是否比烈性酒“更安全”？

A：不对。一杯12盎司的啤酒酒精含量大约相当于1.5盎司烈性酒，或是5盎司葡萄酒，或者一个酒冷却器大小。小心那种口味发甜的“ALCOPOPS”，这种酒里含的热量丝毫也不亚于廉价啤酒。

Q：父母喝酒，为什么孩子就不能喝酒？

A：十几岁的孩子身体正处于发育期，酒会影响他们大脑和身体的发育。15岁以前就喝酒的人酒精中毒的可能性为21岁以上人的4倍。

关于烟草的事实

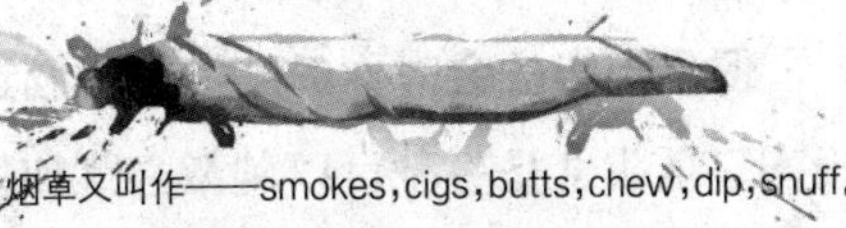

你知道吗？

烟草又叫作——smokes，cigs，butts，chew，dip，snuff。

吸烟可以成瘾　香烟中含有一种强烈的致瘾物质——尼古丁。3/4吸烟的年轻人之所以还吸是因为他们难于戒掉这种不良嗜好。

尼古丁有毒 尼古丁是烟草植物为防虫害而生成的一种天然物质，致命性为砒霜的三倍。第一口烟后8秒钟，尼古丁就开始影响大脑，开始上瘾。

吸烟致命 吸烟是诱发肺癌最常见的原因，同时也是诱发口腔癌、喉癌、膀胱癌、胰腺癌和肾癌的主要原因。无烟烟草可引起口腔癌、牙齿脱落以及其他健康问题。由于青少年的身体正在发育，因此吸烟对他们尤其有害。令人触目惊心的是，18岁前就染上烟瘾的人有1/3最终死于与烟草有关的疾病。天哪！

常见问题

Q：吸无烟烟草是不是比香烟安全？

A：不对。根本就没有所谓安全的烟草。无烟烟草也一样可以导致口腔癌、颚癌、喉癌和胃癌。吸无烟烟草的人比不吸的人得口腔癌的可能性高达50倍。

Q：吸烟是不是显得性感？

A：除非你认为口臭、头发臭、焦黄的手指和不停咳嗽是性感的象征。广告里的吸烟者看上去老练世故，可是仔细想想这些广告是谁制作的，为什么烟草行业花在广告上的钱每小时高达1200万美元，不就是为了引诱你吸烟吗？

关于俱乐部毒品的事实

你知道吗？

俱乐部毒品指的是人们经常在通宵舞会（狂欢晚会）、夜总会和音乐会上服用的毒品。

俱乐部毒品会对你的身体和大脑造成不可思议的损害 摇头丸是一种可以刺激心跳加快、血压升高的兴奋剂，可导致肾脏和心脏衰竭。俱乐部毒品损害脑

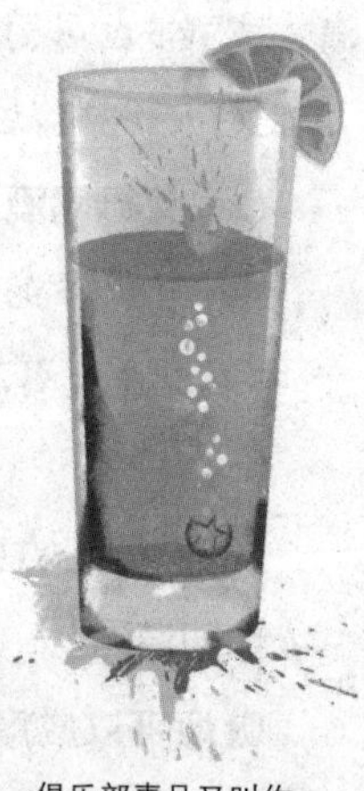

俱乐部毒品又叫作——
（Ecstasy摇头丸）：E，X，XTC
（GHB）：liquid X，grievous bodily harm，Georgia home boy
（Ketamine克他命）：K，special K，ket，vitamin K，kit kat
（Rohypnol）：Roofies，R-2

神经，使记忆力、感知力、判断力和身体的协调性下降。纯度高的毒品可导致严重的呼吸系统疾病、昏迷，甚至死亡。

俱乐部毒品与约会强奸就像是一面镜子的两面，且互为因果关系

毒品可以使人昏迷和短时间内失去行动能力，还可以导致健忘症——服用后你可能记不起你说过和干过什么，使别人更轻易地利用你。真可怕！

常见问题

Q：如果有人偷偷在你喝的饮料中放入俱乐部毒品，你能不能马上辨别出来？

A：大概不能。大多数俱乐部毒品是你不能通过嗅或尝的办法来辨别的。有些俱乐部毒品是粉末状的，更容易在神不知鬼不觉的情况下放入别人的饮料中溶解。

Q：服用摇头丸会不会造成长期的影响？

A：会。对人和动物的研究证明定期服用摇头丸会对大脑的思考能力和记忆力产生长期和永久性损害。

Q：如果你在疯狂情况下服用摇头丸，你是否会在药力消失前一直跳舞跳个不停？

A：不一定。有报道说，甚至在服用摇头丸几周之后，诸如思维混乱、睡眠不好、抑郁和偏执等影响方才显露出来。

色情作品又称——Porno，Porn，Smut，Adult Entertainment

关于色情作品的事实

你知道吗？

色情作品就像毒品一样　朱迪思·雷斯曼博士写道，色情作品像毒品一样使你的大脑产生化学反应：“观看色情作品会促使身体分泌肾上腺素、睾丸激素、催产素、多巴胺和血清素。影响你的是一种混合毒品。”

色情作品极易上瘾　韦斯说：“色情作品特别容易让人上瘾。我看它在这方面和尼古丁差不多。我第一眼看到就欲罢不能！”

“我太入迷了，生活里除了它就没别的了。我只想着这些东西。我躲开家人，就为了能看色情作品。我听任成绩下滑。在家，我把它藏在橱柜里，然后做点作业。晚饭前再看一会儿。我掉进了陷阱，越陷越深，不知道怎么出来。”

维克多·克莱恩博士是一位临床医师，25年来治疗过成百上千位沉溺于性和色情作品的男性。他说：“我发现，我那些成年患者几乎都是因为童年或青少年时期接触到色情作品而出现问题的。”

看得越多，你就越渴望，它会消耗掉你清醒的时间，消耗你的理想，你的一切，就像吃了甲安非他明一样。

常见问题

Q：看色情作品不是很正常吗?

A：任何一种瘾都不正常。色情作品最不正常的一个方面就是，它对两性关系的影响。它可能毁掉你与男朋友或女朋友的关系，因为没人能和计算机屏幕或杂志上的完美形象相比。你开始宁愿要网恋而不要真实的恋情。它会把你变成另一个人，并且像毒品一样，让你去做你在正常情况下不会做的事情。

Q：观看色情作品有什么坏处?

A：许多可靠的研究和无数执法及咨询方面的专家都会告诉你，色情作品是虐童、强奸、对妇女施暴、滥用药品、婚姻破裂和生活混乱的重要因素。克莱恩博士说到沉溺色情作品的四个阶段：沉迷、深陷、麻木和付诸行动。

◆ 斩草除根 ◆

没人一开始就想：“我等不及要当个瘾君子。”你吸毒，因为你有某种深层次的需求没有得到满足。

哲学家梭罗这样说：“每1000人在砍邪恶的叶，却只有一人在挖邪恶的根。”换句话说，我们常常只盯着滥用毒品的症状而不去研究问题的根源。

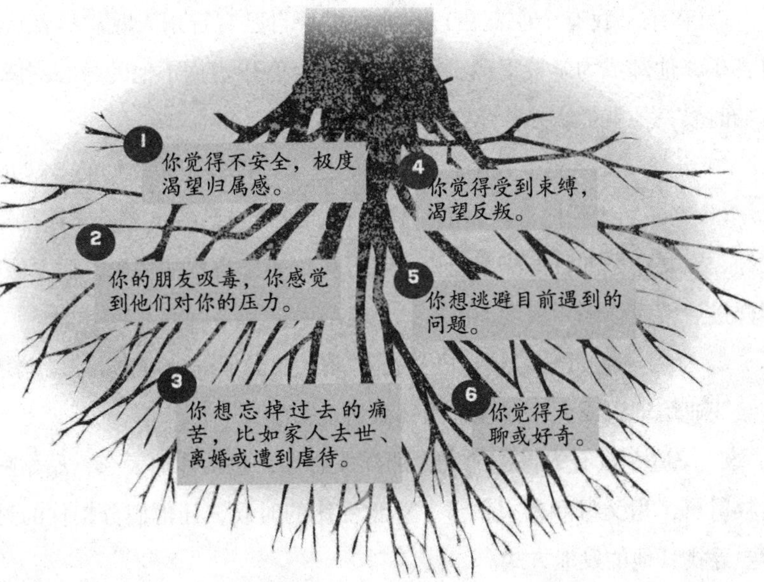

要解决吸毒成瘾，你必须斩草除根。

以阿曼达为例。阿曼达一家在她13岁那年移居，当时她刚刚读七年级。这对她的生活而言是一次重大的变化。

“这时候，我在学校交往的一帮孩子服用迷幻药（LSD）。吸毒是让我们聚在一起的纽带。我当时感到无所适从，只想融入某个群体，找到自己的位置。我没有去想自己选择的是什么东西。”

因此，如果你感到沮丧、愤怒、伤心、叛逆、害怕、不安或者生活中出现其他困境需要解决，试试那些更令人满足也更持久的方法。你可能对有害的物质或习惯产生依赖性；同样，你也可能养成积极的嗜好，自然而然地得到快感。以下是几种可能帮助你克服生活困境的积极嗜好。

◎ 锻炼：锻炼可以释放出多肽，它们是天然的止痛药和情绪改善剂。你有没有听说过“跑步快感”，也就是跑步时产生的兴奋？相信我，没有什么能比彻底锻炼一次更能让你神清气爽的了。

◎ 运动：体育竞赛健康，强度大，而且会让人上瘾。运动将帮助你结识新的朋友，让你有事可干，你就没时间去接触毒品了。

◎ 音乐：我有个朋友在13岁那年发现自己有音乐天赋。尽管从未学过音乐，他却成为学校里最出色的吉他手。音乐占据了他的身心。情绪低落的时候，他就弹吉他，不会借毒品消愁。

◎ 奉献：在奉献他人中忘却自己，这永远都是摆脱烦恼的最好办法。

◎ 嗜好：找到你喜欢做的某样事情，提高自己的技艺。无论是摄影、烹饪、天文还是即日的买卖投机，嗜好可以带来自然的快乐，而不像吸毒那样过后就使你陷入极度消沉。

◎ 学习：通过学习让自己兴奋起来。如饥似渴地读书。参加学校的高级职业培训课或大学课程，满怀激情地去学。

◎ 家庭：没有人像你的家人那样关心你，包括你的表亲，姑姑阿姨，叔叔舅舅，祖父母和外祖父母；感觉受伤的时候，让他们分担你的愁苦，不要寻找其他的发泄方式。

◎ 信仰：独自或与他人一道实践自己的宗教或信仰可以给你的生活赋予意义和目标，为你提供可以依照的标准。

◎ 朋友：在需要困难的时候，向好朋友寻求支持。向他们而不是酒瓶倾诉你的烦恼。

◎日记：你的日记可以成为你最好的朋友，你的安慰，你发泄各种情感而不会被别人评判的地方。

在少年时代的某个阶段，你可能感觉同龄人给你的巨大压力，迫使你喝酒、吸烟或服用毒品。也许你已经接触了这些东西。也许你有一两次屈服了，但希望自己更坚强些。

那么，从哪里汲取力量拒绝这些东西呢？我建议你了解三件应当了解的事情和五件应当拒绝的事情。

三　知

了解事实　有些决定可以根据事实做出。吸烟会严重损害你的身体，而烟瘾又极难戒掉。酒精会让你做出愚蠢的事情。毒品杀死脑细胞。你身边每个服用这些东西的人都在受害。你还需要知道什么？

了解自己 想有力量拒绝某样东西，你需要有更重要的东西可以去接受。比如，有朝一日，你想上大学，并且取得好成绩；那么，每个脑细胞你都需要。如果你是个运动员，你需要全神贯注。在某些学校，如果被人发现喝酒或吸毒，你就会被运动队开除。如果你想要孩子，那你可是任何毒品都不能碰。总有一天，它会抬起丑陋的脑袋，伤害那些你最爱的人。

面临一个艰难决定的时候，问问自己：这是否符合我的为人以及我对自己将来的期望？

了解形势 不要对危险掉以轻心或者把自己置于某种境地，使自己在拒绝某种东西的时候不够坚强。一位正在恢复中的酗酒者不该去做酒吧招待。同样的，如果你容易在人群中屈服让步，看在上帝的份上，千万不要去参加那种人人最后都会酩酊大醉的派对。事先计划好，否则，别人就会替你计划了。

俄罗斯军队曾有一个非常有意思的传统。一位士兵完成基本训练以后，军营就会为他举行一次盛大的派对。俄罗斯部队的营房有五六层楼高，窗户很大，足够一个人站在上面。一位士兵用这种方式证明自己够男人：喝一晚上，醉得根本忘了自己是谁，然后背对外面站在窗台上，再喝一瓶啤酒。如果他能做到这一点而不跌落，那他就是条汉子。

这个故事说明一个道理：

站在窗台上看自己能倾斜多大角度而不跌落者是白痴。

五　不

18岁那年，阿尔比因为贩卖毒品被逮捕，关在一所保卫严密的监狱。这一切始于一个夏日，在纽约杨克斯的街角。当时，阿尔比13岁。

他的一个朋友说：“你该换换脑子了。抽一支。”

阿尔比没勇气拒绝。他觉得，自己一定得抽这根“blunt”（把香烟中间掏空，塞进大麻）才能合群。他太渴望归属感了。他的父母根本就指不上，他们吸毒成瘾，不是什么好父母。于是，他抽了，并且从此以后不断地抽，最终上了瘾，成了毒品贩子。如果他当时勇敢一点，这一切大概不会发生。

事实上，少年们不拒绝毒品的一个原因只是，他们不知道怎么拒绝，他们过去从没说过“不”。面临困境，事到临头，他们就屈从了。如果有所准备，你拒绝毒品的可能性就会大大提高。以下是五种拒绝毒品的办法。选一个看来适合你的，对着镜子大声练习几次；遇到情况，你自然而然就可以用上。

直截了当　如果你足够自信，实话实说就行，而且不用道歉。过程大概类似于：

“你该换换脑子了。抽一支。”

“不了，谢谢。”

“来吧伙计，不会有什么事儿的。”

“也许吧。但我只是不想抽。我有自己的理由，这对你没问题吧？”

用幽默的语言　有时候，一点幽默就可以完成任务。

“嗨，来点这个。这可是好东西。”

“不了，谢谢。我想留着脑细胞。”

把责任推给父母　如果你很难推辞，那就把责任推给严格的父母。这是比较好的办法之一。

“该你了，试试。”

“不了，我爹妈会宰了我。”

“谁会告诉他们？”

“你不了解我爹妈。他们什么都知道。”

提议别的选择　有些青少年酗酒吸毒只因为他们觉得无聊，想不出更有趣的事情可干。所以，脑子里一定要有一些现成的选择。

“来，抽一支。”

“咱们就没有更好的事情可干了？”

“比如？”

"咱们去看那个新片吧，刚出来。我听说不错。我来开车。"

站起来离开　如果你处境凶险，感觉不大对劲，相信直觉，赶紧离开。别担心他们会怎么看你。

"嗨，你去哪儿？"

"我得走了。以后再说。拜拜。"

这么多吸毒者都说："要是我第一次能拒绝，今天，我的生活完全会是另一种样子。"第一次的时候一定要坚决。不要对自己说："一次不会有事的。"他们都这么说过。不想一直做下去的事情，你就一次也不要做。

让你的声誉代你说话

如果你不酗酒不吸毒，你的声誉最终就会不言而喻，你也就不会得到邀请加入那些圈子或派对。把这当作一种赞美。不必担心，你不会有任何损失。你有时甚至可能被人取笑，但你可以从容面对，就像高中生、杰出音乐人乔什·肯尼迪一样。

我的一个朋友问我是否想去参加这个派对。我说："好，我乐意去。"后来，他说，"不，我觉得你不想去。"于是我就没有得到邀请。我的朋友都知道我不喝酒，所以他们不会邀请我去参加那些喝酒的派对。或许我为他们树立了一个榜样，想到这一点我很开心。

我的信仰是我不喝酒的主要原因之一。人们有时会挖苦我不喝酒。有个女孩把我称作"软脚虾"，她觉得我错过了许多。但是，当我看到这些人身上发生了什么，宿醉，乱性，裹着绷带，连家也不知道怎么回的时候，我觉得我没有任何损失。此外，我根本不在乎他们说什么。

战胜毒瘾

也许你就快上瘾了，也许你已经对毒品产生了依赖。无论情况怎样，请记住，现在——也就是你才十几岁的时候——戒毒要比以后容易得多。

毒瘾是一种脑部疾病，所以很难克服。确切地说，滥用药物改变你头脑运转的方式。毒品影响你的情绪，使你的脑细胞发生变化，改变你的思维，甚至影响到你走路和说话的方式。这可不是一般的问题。

有些青少年只需下定决心就能不做“冷火鸡”。有些人在康复中心经过一个疗程或许也能戒毒。许多人则要经历几年的多方面治疗，也有些人永远无法战胜毒瘾。

我不是戒掉不良嗜好方面的专家。但是，一些关键的原则包括：

1. 承认。承认你遇到问题或者可能就要遇到问题。

2. 获得帮助。从父母、好朋友、支持团体或咨询师那里寻求帮助。由于滥用药物是一个如此普遍的问题，有多种多样的治疗办法、课程和支持机构可以为你提供帮助。如果你向他人寻求帮助，你的情况会好得多。

3. 现在就行动。如果你觉得自己可能遇到问题，你多半的确是有问题了。不要拖延，等的时间越长就越难。

转折点

最重要的是，如果你不知道该怎么做，那就听从自己的良心，听从你内心深处的直觉。

科蒂斯很小就决定自己不喝酒，不吸毒。一个星期又一个星期，他和朋友去参加那些派对。科蒂斯说：“大多数派对上都是人头攒动。即便被人群包围，那也是我生活中最孤独的时刻。

“一天晚上，我和朋友回到住处，我们的朋友们和其他一些人已经在那儿喝上了。他们给了我一瓶。我喝了一口，差点吐出来。我坐下来看着周围的人。这一刻，我的内心深处震动了。我意识到，我渴望美好的生活。我知道，那间屋子里的人不能给我带来这种生活。他们连自己都管不了，更不用说给我理解、支持和爱了。我必须戒酒。我必须远远躲开这些人。我想有所作为。”科蒂斯第二天就回了家。他害怕父亲会生气。实际上，他父亲激动地流下眼泪。如今，科蒂斯和父亲成了最好的朋友，他也走上了新的人生道路。

记住，如果什么事情都和你作对，那你大概走错了路。

打破循环

许多抽烟、喝酒或者使用毒品的青少年，他们的父母或祖父母也这么做过。在这方面，下一代常常是上一代的翻版。如果情况是这样，你就有机会打破这种循环，把好习惯传给未来的子女。这将是一个多么大的贡献！不仅仅对你后代，对你那些无法摆脱这些习惯的先人也是。

远离色情作品

还有一种使人上瘾的东西我们还没有谈到：色情作品。我把色情作品称作一种毒品，因为它像可卡因一样使人成瘾。随便找个色情迷或者治疗他们的医师问问，你就明白了。

色情作品制造业规模巨大，涉及到亿万美元，而且还在不断发展。经营这个行业的人根本不关心你的死活。他们想要的只是你的钱。他们知道这东西容易让人上瘾，并且找到种种办法引诱你，套住你。

如果你靠得太近，色情作品就会跳起来狠狠咬住你，把你拖到混沌的水里，其速度如此之快，你甚至根本不知道是怎么回事。

摆脱网瘾、手机控等不良嗜好

还有许多不良嗜好我们没有谈到，比如SAD综合征，也就是病态屏幕迷。我们所说的屏幕包括电视机屏幕、电脑屏幕、手机屏幕、电影屏幕、游戏机屏幕、iPad屏幕等等。以上每种问题都可能非常危险，消耗你的身心。我在为这章进行调查的时候才恍然大悟，它们似乎都遵从相同的模式，回回如此。以下6个步骤几乎是必定出现的：

1. 他们的生活中缺少某种东西（缺乏自尊，经历过创伤）。

2. 他们开始使用“入门”毒品，比如香烟、酒和大麻。

3. 他们年龄很小就开始使用这些东西。

4. 他们发展到使用更严重的毒品。

5. 他们上了瘾，这消耗他们的身心。

6. 他们与这些不良嗜好作战。有时候能赢，有时候，这场战斗持续终生。

我相信，如果我能消灭世界上的所有不良嗜好，世界的财富一夜之间就会翻倍。我的意思是，只要想想为处理这些嗜好的后果我们浪费了多少时间、金钱和精力。

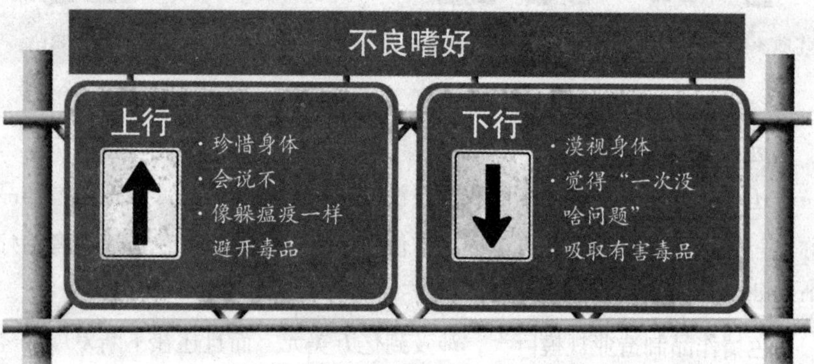

如果你没有任何不良嗜好，那就为你不必处理这些嗜好带来的负担欢欣喜悦吧。如果你还在试验，我希望鼓起勇气远离毒品。如果你已经对某些东西上了瘾，我希望你在太迟之前改变路线。这是你的天职!

后面的章节更精彩

你有芭比娃娃吗？继续读下去，看看如果芭比是真人会是什么样？

我的训练计划

1. 在下面方框里，写下那些如果你染上某种严重不良嗜好后可能受影响的人。如果你已经染上这样的嗜好，写下那些正在影响你的事物名称。

2. 画一幅画，创造一幅拼贴，或者写下一些字句，表示你希望未来的子女是什么样子。不要让任何坏习惯或不良嗜好妨碍这个梦想。

3. 想想你知道的服用毒品的人。他们的生活受到了什么影响?

4. 进入你最喜欢的因特网搜索引擎并打上："怎样避开毒品"或"如何克服不良嗜好"。那里有大量有用的信息。

5. 用以下"五不"在镜子前练习如何面对同龄人的压力，拒绝不良嗜好。

◎ 直接

◎ 用幽默

◎ 把责任推给父母

◎ 建议其他活动

◎ 站起来离开

6. 列出那些让你自然而然就能得到快感的事物。

____

____

7. 在你的橱柜、镜子、计划表或日记上贴一张字条：

每次面临困难的决定都问自己这个问题。

“这是否符合我对自己的理想？”

8. 列出那些鼓舞你、启迪你的人的名字。花时间和他们在一起。

鼓舞我的人：

____

____

____

启迪我的物：（书籍、电影、杂志、音乐和图片）：

____

____

____

____

9. 如果你有某种不健康的嗜好，现在就去寻求帮助。与你信任的成年人讨论，找个咨询师，读读有关这方面的资料，或者去学校的求助部门。一天也不要等。

10. 列出不看色情作品的三个充分理由：

____

____

____

决定 6

发现精彩的自我

关于自我价值 你应该了解的10件事

1. 昂起头走路。显出自信和自豪。

——————黛安娜·唐,16岁，美国纽约长滩

2. 接受失败，继续前进。

——阿斯特丽德·古兹曼,18岁，菲律宾马里基纳

3. 自信是恋爱成功的必要条件。

——李永华,15岁，韩国胜南溪

4. 别人怎么想根本不重要。取悦他人并不会让你自己开心。我还在领悟这一点。

——劳拉·麦卡勒姆,19岁，苏格兰吉伦

5. 渴望为自己赢得生活中最美好的东西，弄清如何才能获得这些东西。

——卡门·科,17岁，马来西亚雪兰莪州

6. 不要任人宰割。

——赵相熙,17岁，韩国首尔

7. 别管其他人怎么说你。过你自己的生活。

——康纳·多彻蒂,19岁，苏格兰爱丁堡

8. 如果某个人不喜欢你，不要灰心！这很自然，不可能所有人都是朋友。

——梅特,19岁，丹麦

9. 我认为，运动和爱好对提高自信大有好处。坚持尝试，直到你发现自己所擅长的东西。

——约翰·格林,19岁，爱尔兰都柏林

10. 不要对着镜子问：“谁是他们当中最美的？”对着镜子说：“我就是他们当中最美的！”

——香农·米尔斯,18岁，美国犹他州奥勒姆

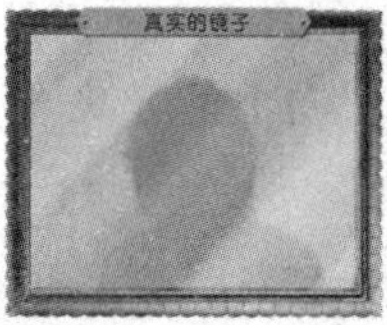

我们最担心的不是自己有所欠缺。让我们最感恐惧的不是我们的黑暗命运，而是我们的光明前途。我们自问："我是谁啊，怎么可能才华横溢，光彩照人，英俊潇洒，功成名就？"其实，你是谁啊，怎么就不可能呢？

——玛丽安娜·威廉森

年龄只差一岁的两姐妹在某个僻静的地方荡秋千。一个女孩跑过来和他们一起玩。玩了一会儿，新来的女孩指着姐姐问："为什么你这么好看，"然后又指指妹妹，"而你这么难看？"

尽管两姐妹根本不认识这个女孩，她的话却严重伤害了妹妹的自尊，使她俩在未来的日子里不断发生冲突和攀比。

"棍棒和石头会砸断我的骨头，言辞却对我毫无伤害"，说这句话的人一定是白痴！恶意的言语能让你粉身碎骨。其他许多东西也一样，比如考试失败或父母离异。建立自尊可不是一件简单的事情，这毫无疑问。

我说的自尊到底指什么？自尊就是你对自己的看法。它还有其他说法，包括自我形象或者自信心。我喜欢自我价值这个词，因为我认为它表达出其他词语没有表达出来的意思。你自己到底是怎么样的？你的价值如何？懂了吗？

尽管你对自己的看法可能有起有落，你真正的价值却从不改变。

那么，你到底价值几何？超过你能够想象的程度。正如意第绪谚语所说的："我们每个人都在这个或那个方面极其出色。"

你如何对待自我价值是20岁以前你需要做出的最后一个重要决定。如果要往高处走，你需要认识到自己最好的一面，培养自己的人格和能力，学会喜欢自己，包括缺点等等。当然，你也可以选择向低处走，那就是把注意力放在别人的看法上，不做任何努力让自己进步，对自己身上的欠缺极度挑剔。

拥有健全的自我价值观并不等于自以为是，而只是说你充满自信，能够接受自己的现状。

健全的自我价值观可以帮助你：

◎ 顶住同龄人的压力

◎ 尝试新事物，结识新朋友

◎ 正确对待失望、错误和失败

◎ 感觉到被人爱，被人需要

那么，不健全的自我价值观则可能使你：

◎ 屈服于同龄人的压力

◎ 不去尝试新事物

◎ 在艰难时刻垮掉

◎ 感觉到不被人爱，不被人需要

马克思韦尔·莫尔茨这样说：“缺乏自信就好像拉着手刹度过一生。”好在，无论你今天如何看待自己，你都可以通过略微改变想法和做法来增加自信。这很简单，不是给火箭做手术。

自我价值观小测验

那么，现在情况如何？试试以下的小测验。

盘点你的选择	才不是				没错
1. 我通常都很喜欢自己。	1	2	3	4	5
2. 我对自己有信心。	1	2	3	4	5
3. 我对自己的长相还算满意。	1	2	3	4	5
4. 我能对付粗鲁或恶意的语言。	1	2	3	4	5
5. 我有出色的技巧和天赋。	1	2	3	4	5
6. 我做事有头有尾。	1	2	3	4	5
7. 我为别人成功感到高兴，甚至包括那些与我最亲近的人。	1	2	3	4	5
8. 我经常强迫自己尝试新东西，扩大我能驾驭的范围。	1	2	3	4	5
9. 我认为自己是“成功者”。	1	2	3	4	5
10. 我在生活中取得了某些重要的成绩。	1	2	3	4	5
			总分：______		

40-50 ↑ **你目前走在大路上，坚持下去！**

30-39 → **你在大路和小路之间犹豫不定，到大路上去！**

10-29 ↓ **你正走在小路上，请特别关注本章内容。**

本章共有三个部分。在“如何看待别人的评价和真实的自我”中，我们将讨论过分注意他人对你的看法为什么不健康。“构建良好的品德与才能”将告诉你一种提高自信的实用办法。“战胜你自己”讲的是如何处理那些很容易影响我们的烦恼。

◆ 如何看待别人的评价和真实的自我 ◆

你是否去过设有“哈哈镜”的游乐园？看到你自己在镜中两只大脚，或者面部身体扭曲夸张的滑稽形象，我们会开心大笑，因为我们知道哈哈镜里照出来的并不是人们的真实形象。问题是：在如何认识自己时，你会看哪面镜子，是哈哈镜还是真正的镜子？

这里有两面镜子，一面是我称之为的社会之镜，一面是真实的镜子。社会之镜反映的是别人如何看你，真实的镜子反映的是真实的你。

社会之镜基于你如何与别人比较。这可能使你认为“我看上去要比她强”，或者“他比我机灵”。相比之下，真实的镜子基于你潜在的形象和个人的最佳形象。

社会之镜是外在的你，是从本身之外寻找真实的自己。与此形成鲜明对照的是，真实的镜子是内在的你，是从本身之内寻找自身。

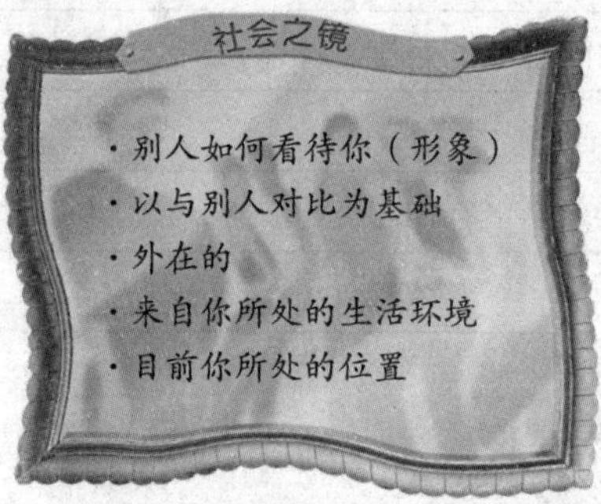

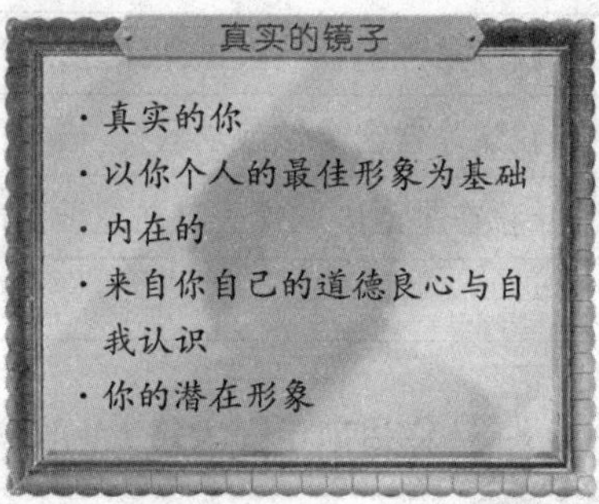

如果你自身的形象源于社会之镜中别人如何看待你的话，将会出现何种情况。你认为你所反映出的是真实的你，这成为你的标记，对此你欣然接受。你忘记了你在哈哈镜中的形象。诗人斯坦·赫尔曼是这样谈社会之镜的：

埃德如是说，

男人找到镜子

他们失去了灵魂

问题在于

他们会更多地关注自己的形象
而不是他们本身
别人的眼睛就是一面镜子
可是如果你看别人时
却更多地只会看到扭曲的形象
别人眼中的你和你眼中的别人
都是扭曲的形象

要想断定你看的是哪面镜子，不妨这样试一试。在看社会之镜时，记住别人是如何看待你的。我的意思是指包括朋友、老师、邻居等人在内，社会对你的普遍看法。而当你站在真实的镜子前时，记住你是如何看待真实的你自己的。真实的你代表着你最真实的和潜在形象。想一想那些完全相信你的人，比如你的父母是怎样回答这个问题的。

一个名叫凯利的17岁高中生是这样做的：

社会之镜

（别人如何看待我）

- 自命不凡
- 卑鄙无耻，令人厌恶
- 印象一般
- 矜持，沉默寡言
- 让人讨厌

真实的镜子

（如何看待真实的我，真实形象）

- 有幽默感
- 和蔼可亲
- 为人爽直，与人为善
- 充满自信
- 沉稳可靠，使人有安全感

试回答以下问题：

社会之镜

（别人如何看待我）

- __________
- __________
- __________
- __________
- __________

真实的镜子

（如何看待真实的我，真实形象）

- __________
- __________
- __________
- __________
- __________

看看两个表格，然后问问自己我要用哪面镜子。如果你的自我形象更多地是来自社会之镜，而不是真实的镜子的话，也就是你对自己的看法来自于别人对你的看法。

在某些情况下，别人可能总是看到你最好的一面，用社会之镜看你基本上同你在真实的镜子中看自己一样。如果是这样的话，你就太幸运了！但在大多数情况下，我们对自己的看法与别人对我们的看法相去甚远，与我们对真实的自己的看法几乎毫无共同之处。

别人的评价不一定是真实的

照社会之镜并非是件好事，原因如下：

社会之镜是虚幻的　社会舆论总是向人们兜售外貌决定一切的谎言，而我们总是相信这种谎言！我们的文化宣扬，如果你的相貌出众，身材健美，你就会拥有一切名望、男朋友、女朋友、成功和幸福快乐。俄罗斯作家列夫·托尔斯泰曾经说过：“认为美即是善，这完全是一种错觉。”问题在于，我们如何看待那些来自于电影和杂志中所刻画的虚幻完美楷模的偶像形象。作家乔治娅·比弗森说：

“电视和其他媒体的立场将青少年置于进退两难的境地，一边是岩石，一边是峭壁。何谓岩石？现实中不可能存在的肌肉猛男，完美无瑕的女人，战无不胜的运动员。锦衣美食、金钱、成功和性就是游戏的名称。何谓峭壁？一言以蔽之，就是现实！”

看来现实与向往之间的距离变得越来越小。女孩心仪的是那些十二三岁，骨瘦如柴，然而穿着打扮得像女人的模特；男孩向往的是那些有着古铜色皮肤，身材健美得不可思议，衣着光鲜的男人。然而估计只有5%的女人拥有大多数模特那样的修长身材。可是这正是每个女孩渴望的身材，而且看来也是能被认可的身材。

舆论的影响力非常强大，以至于我们现在想到我们应该像个供人观赏的芭比娃娃，可是否人人都会如此？adiosbarbie.com网站在谈到其中的含义时说：

如果芭比娃娃是真人的话，她应该身高5英尺9英寸，脖子比普通人粗一倍，体重110磅，仅为健康体重的76%。三围为38—18—32英寸，脚太小，行走困难。同样，男孩应该像美国特种兵玩偶那样肌肉发达。如果将特种兵玩偶放大成真人的尺寸，那么他的胸围为55英寸，手臂二头肌的尺寸达27英寸。换句话说，他的二头肌尺寸几乎相当于腰围，比绝大多数健美选手的腰围还粗。

太荒谬了！因此我们与杂志刊登的或者地铁里张贴的健美模特相比感到自愧不如也就不足为奇了。作家托德·赫兹问道："完美的形象，完美的头发，完美的情节，完美的结局，这些好莱坞影片中的少年郎是否时时都会出现在你身边？我想不会！"

社会之镜总是变化的　如果你的自我认识源于其他人对你的看法的话，那么你永远会感到无所适从，因为舆论和时尚总是在变，让人无从追随。你就会有爱丽丝漫游奇境的感觉。

时尚杂志似乎永远也没有主见，杂志这边登的是有关为什么你应该为你天生的躯体而快乐的文章，那边却登着通过整容外科手术让你更美丽的广告。到底谁说得对？

正如一个女孩告诉我的："大多数十几岁的孩子总是想追随潮流。自己给自己制造了许多压力，因为你又想像某个人，可是又不想失去自我。"

社会之镜并不能真实地反映事实　你并不像别人所说的那样，你也不像你表面上的那样。你有看别人所不知道的美和潜力，甚至连你自己也没认识到你的内在美和潜力。

小心社会之镜！

真实的暗示给自己力量

每天你都要选择是照社会之镜还是真实的镜子，每天你都要选择张扬你的优点还是关注你的缺点。让我们同时照照三面镜子。

准备的时候 每次你为出门或者约会做准备而照镜子时，你可以：

社会之镜	真实的镜子
将自己与那些最近成名的少年名人进行比较，对自己的外貌感到不满	对自己的外貌表示满意，注意自己容貌特点的出色之处

感到不安全的时候 当你与朋友们在一起而感到不安全（正如所有人有时产生这种感觉一样）的时候，你可以：

社会之镜	真实的镜子
回想有多少次别人取笑奚落你的胆怯	回想你与人为善的时候

鼓起勇气的时候 在你尝试新事物，比如说参加体育比赛，但是害怕因此而丧命的时候，你可以：

社会之镜	真实的镜子
想一想更有天赋的人会怎么样	只去关心自己的实力和你为准备所付出的代价

通过真实的镜子所得到的暗示将给你以力量，通过社会之镜所得到的暗示将消融你的力量，看你如何选择。请记住青少年问题顾问朱莉娅·德维莱尔的话："你无法终日为世界如何看待你而忧虑，在你让他人的看法左右你对自己的认识时，你就放弃了你的力量……让你自信的关键在于始终服从于真实的自我。"

◆ 构建良好的品德与才能 ◆

设想你得知自己患有心脏病，需要手术。有两位医生由你选，第一位是好医生，好医生的人缘很好，诚实正直，对患者无微不至。问题是他从没做过心脏手术。

另一个选择是棒医生，他在心脏手术方面享有盛誉，问题是他为人不老实，据说曾经为了钱给患者做手术，实际上患者根本不需要动手术。

你选哪个医生？好医生是好人，可是医术不行。棒医生医术高超，却是个骗子。

你想找的是德艺双馨的医生。

德与艺是一个好医生必备的两个因素，而这两个因素恰好又是一个高尚的人自我价值必不可少的基本因素。让我们对这两个因素加以说明。

德指的是你是什么样的人，你具有什么样的品质。童子军誓言对道德做了很好的解释。身为童子军者，应该令人信赖，忠诚开朗，富有爱心，助人为乐，和蔼可亲，礼貌待人，勇敢节俭。

艺指的是你擅长什么，你的天赋、技巧和能力。我们钦佩有能力的人，他们既有知识又有经验，无论是修车、拉小提琴、打高尔夫球、记忆人名还是解二次方程式，他们样样精通。

德与艺的分类

艺＼德	低	高
低	**浪费者** ·有才干 ·傲慢 ·自私	**明星** ·领导者 ·诚实 ·勇敢
高	**可鄙的人** ·懒惰 ·不诚实 ·消极	**具有潜能的人** ·沉稳可靠 ·诚实 ·缺乏勇气和主动性

研究一下以下的图表，看看你把自己归于哪一类。

浪费者（道德低下，

才能高超）是那种天赋极好，可是却没有毅力勇气或是道德素养的人。我之所以称他们为浪费者是因为他们浪费了自己的天赋，他们的天赋使他们可以做许多好事，可是他们却没有，因为他们想到的只有自己。举例来说，有很多才华出众的运动员给崇拜他们的孩子留下了很不好的榜样。

可鄙的人（既无才又无德）是真正的麻烦，他们既不关心他人，也不在乎自己。什么是可鄙的人？可鄙的人就是那种无所事事，毫无用处的人，他们就是在混日子。不说也罢。

具有很大潜能的人（道德高尚，才能低下）是诚实正直的好人，但是却没有遇到开发他们潜能的挑战。他们拥有潜在特质的基础，因此很有可能成为明星。很多孩子属于这一种类型的人。

明星（德艺双馨）拥有高超的技艺，同时也是心地善良的人，他们努力发扬自己的天赋，而且并不损害他人，他们虽然不是完人，但是他们一直在为此而努力着。

幸运的是,具有很大潜能的人和明星的数量要比可鄙的人与浪费者多。然而，每个人都能成为明星，要想成为明星，你首先要决心改变自己，然后同时逐步加强道德修炼和提高技能。

建立自尊的凯旋门

多年前我驾车进入巴黎市区时，偶然来到一个我从未见到的美丽地方凯旋门，这是一幢大约50码见方的罗马式拱形建筑,200年前由法国伟大的皇帝拿破仑所建。围绕着凯旋门的是一个巨大的环岛和辐射出的7条大道。凯旋门是交通的传奇。

我就是在这座拱形建筑中找到修炼道德和提高技能，最终建立自尊过程的，我把这称之为凯旋门的自尊。一边，你拥有品性的基石：诚实、奉献和信仰。另一边，你拥有能力的基石：天赋与技能、成就和身体健康。在最上方，你拥有最重要的拱顶石：明智的决定，这块石头将所有一切连接为一体。

养成高尚的道德品行

虽然道德的养成需要付出无数努力，可是有三样是必不可少的：诚实、奉献和信仰。

诚实　正直的另一个含义是诚实，两者密不可分。正如莎士比亚所说“做一个真实的自我”，诚实意味着你对你知道是正确的要真实，对包括你在内的所有人要诚实。你不能在考试时作弊，不能对父母撒谎，不能当面一套背后一套。诚实的人就像数学中的整数一样，是完美的人，他们有自知之明并笃行。

如何使诚实成为自尊的源泉？诚实，你就可以心态平和。心态平和，你就可以对很多事情从容应对，包括极端自私无情的女孩，令你肝肠寸断的生离死别和奇耻大辱。脱口秀节目主持人劳拉说："不要为你的自尊忧心忡忡，多关心关心你的品行，诚实就是对自尊的嘉奖。"

人无完人，你难免犯错误，还需要加强道德修养。如果你遇到了麻烦，设法解决。千万不要掩盖自己的错误，这样只能让事情更糟糕。NBA的一位教练里克·皮蒂诺说：

说谎会影响未来，而讲出真相只会影响过去。

在我大约8岁时，父母说，我曾经恶作剧地在邻居的窗户上放火，差点将邻居的整幢房子都烧了。为了帮助我挽回名声，父亲教我一种他称之为的"四倍法"。所谓"四倍法"就是说，你犯了一个错误，就要以四倍的努力来改正错误。于是我将贝克汉姆的窗户擦得干干净净，打扫了他家的院子，还帮他做了另外两件事来弥补我造成的火灾。简直无法让人相信，贝克汉姆居然喜欢上了我，我在邻居中间的名声也恢复了。这就是四倍法的作用。这就是诚实的意义所在。

奉献

威尔弗雷德·格兰福尔说过："你为他人做出的奉献就是我们为我们公共的家园付出的。"

因为我们得到，所以我们也应该付出。这并不奇怪。安德烈斯高中的乔斯写下他受一位老师之托帮助街头流浪汉的经历：

我出门到麦当劳买了一些食品，在与朋友驱车回来的路上看见一个街头流浪汉。我停下车来到他面前，给了他一些买来的食品，又坐着和流浪汉聊了会儿天才离开。我感到很快乐，因为我知道这个流浪汉晚上不会饿着肚子睡觉了。

奉献的乐趣在于奉献的方式千千万万：收养宠物，安慰害怕的孩子，在学校义务教书，给生病的孩子读书，帮助老人，参加义工活动，呼吁禁毒，或者为那些需要的人提供对你来说是举手之劳的帮助……

在帮助别人建立自尊的同时，你也建立了自尊。作家纳撒尼尔·霍索恩这样解释：

幸福好比蝴蝶，你越是追逐它，它越是躲着你。

如果你不去注意它，它却飞来轻轻落在你的肩头。

在我的侄女香侬离开舒适的家到罗马尼亚一家孤儿院做了几个月的义工后，对此有了切身体会。

当我们第一次来到孤儿院时，我感受到真正的文化冲击。我依然记得第一次看着一个名叫德尼莎的婴儿在我的怀抱中入睡的情景，我不想将她放下，因为我想这可能是她第一次被别人抱在怀中，而不是在又冷又硬的铁床上入睡。我知道上帝像我一样了解和爱她。

另一次我将几个两岁的孩子抱到床上，在我一手抱一个孩子向床前走去时，第三个孩子哭了起来，也要我抱。

……

慢慢地我喜欢上了这些孩子，孩子们伸着手向我跑来，喊我“妈妈”。我真感谢孩子们在短短的几个月里使我抛弃了以前那种自私的生活，而我给予他们的不过是片刻的满足和爱。我永远也无法报答孩子们所给予我的，无法报答他们永远改变了我的生活。

你所做的善事如同滴入池塘的一滴水，激起的涟漪久久不会平静。

信仰

信仰就是相信某种肉眼无法看到的理想。信仰分为很多种，你可以信仰自己，可以信仰别人，或者信仰依靠艰苦的努力而梦想成真。比如，你相信通过不吃垃圾食品和运动而减肥，你相信在上学、交友、毒品问题上做出明智的选择，你就会拥有更加光明的未来。信仰推动行动。没有信仰，一切都没有希望。

然而，还有一种信仰，对许许多多的青少年越来越重要的精神信仰。

你知道大脑与精神上的沟通是密切相关的吗？婴儿渴望怀抱，青少年渴望价值的体现和精神的独立。至少这是“拯救孩子委员会”的33位无党派专家得出的结论。这些专家专门研究为什么现在的孩子处于危机之中。他们在题为《沟通连接》的报告中得出的结论是，人的大脑渴望精神价值的实现，并将精神和宗教的形成列为理想社会的标志。这个结论是不是很有趣，哈！

青少年精神

无疑，每个人都有不同的信仰，这并没什么不对。但是不断有研究报告表明信仰和某种宗教的影响可以为青少年建立起自尊。原因何在？因为信仰可以：

◎ 帮助你与某种比你更为强大的精神沟通

◎ 给你提供生存的准则

◎ 帮助战胜来自同伴的消极影响

◎ 带给你认同感和归属感

我在过去几年里接待过来自全球各地数百个青少年代表团，我在与他们交谈中总是为孩子经常提到信仰、上帝、教会等诸如此类的事物而感到吃惊。实际上，研究结果表明，信仰在对你生活的影响仅次于父母，名列第二。

或者像爱因斯坦说的那样：

有两种对待生活的方式，

一种是将什么都不看成奇迹，

一种是将什么都看成奇迹。

发扬天赋才能

比建立自尊更快的是发现和发扬某种天赋和才能，这是一种无可替代的能力。才能的基石包括天赋与技能、成就与身体健康。

天赋与技能 随着年龄的增长，我越来越相信人人都拥有与生俱来的天赋与技能，但是并不是它们寻找你，而是你去寻找它们。我还记得我小时侯摔断胳膊时发生的事。当我解开胳膊的绷带时，发现胳膊萎缩得可怕。这就是生活。如果我们不去努力尝试新事物，我们就会在枯萎中凋谢。为了成长，我们必须经历风雨的考验。如何经风雨见世面？鞭策自己，抓住机会，跌倒了再爬起来，寻找人生中的一个又一个高峰。才能如同肌肉一样，只有经过磨练才越强健。

思索一下你自己的生活，你是否浪费了你的天赋？或者你是不是还在鞭策自己，学习新东西？我认识一个九年级的孩子罗克斯，她是个优秀的设计师和裁缝，可以在缝纫机上做出任何漂亮的衣服。虽然罗克斯为自己的缝纫技巧而感到骄傲，但是她说："没有人认为会裁剪衣服就很酷。"可是谁能说清什么是酷？就个人而言，我认为在某个方面，无论是裁剪衣服、写论文、组织能力、速读、教育孩子还是建立网站，只要你比别人做得更棒就是酷。

小时候我对在大家面前发言怕得要命。为了帮助自己克服这个毛病，七年级时我报名参加了一个演讲班。第一次在班上发言时，我感到很害怕。可是每发一次言，我的恐惧就减少一分。随后的四年我又参加了演讲和辩论班，提高我的演讲技巧。虽然我到现在也没有完全克服心中的恐惧感，但是作为演讲者，我有了很大的进步，同时也加强了我的自信心。

我与一个西藏的盲童很熟，这个名叫扎西巴桑的男孩童年非常不幸。

11岁时，父亲带他来到拉萨，想用他交换一个正常的孩子，因为父亲认为他是个负担。扎西经常被街头流浪儿欺负，遭到他们的抢劫和殴打，然而他还是靠乞讨和用塑料袋御寒，顽强地熬过了在拉萨街头的第一个冬天。最后一些善良的藏人向扎西伸出了援助之手，将他送到一所专门为贫穷孩子办的学校。尽管扎西双目失明，但是他自强不息，努力发挥他的天赋才能。令人惊异的是，扎西现在能使用三种语言：藏语、汉语和英语听说读写，并且通过语音合成器学会使用电脑。不久前，扎西获得中国政府颁发的正式医疗按摩师执照。

五年后的今天，扎西打算回到家乡，让父母知道他还活着，而且活得很好，他并不怨恨父母。

你还认为你的问题有什么了不得的吗？在善良的人帮助下，掌握了三门语言的扎西将命运掌握在自己手中。没有学到这些技能，扎西就没有机会。

你明白了吧，在这个世界，仅仅是个高尚的人还不够，你还应该掌握技能。

成就

能力来源于你希望实现的成就。传说骑士战胜了敌人后会吸取了敌人的力量。因此在我们克服缺点，抵御诱惑，或者实现设定的目标时，我们应该将挑战的力量转化为自己的力量，使自己变得更加强大。对一个孩子来说，成就也许意味着门门功课得5分；对另一个孩子来说，成就则意味着建立一支操练示范团队；对第三个孩子来说，成就又意味着克服缺点，比如克服说脏话的毛病。

有时，我们所取得的成就并不是我们所希望的成就。诺斯里奇高中的坦纳的目标是

像哥哥一样成为州摔跤冠军，经过几年的刻苦训练，坦纳已经被公认为是最优秀的摔跤选手。州摔跤比赛将是他证明自己的机会。

可是在预赛时，坦纳的肩部脱臼，他成为摔跤冠军的梦想破碎了。坦纳非常沮丧，直到一天他接到哥哥的来信。哥哥在信中写道：

坦纳：

固然当冠军的感觉很好，可是并不是每个人都会因为冠军而记住你，然而人们会记住你在获得州冠军之前为冠军所付出的努力，你已经尽了最大的努力，这才是最重要的。你已经将你的一切都献给了摔跤运动。

看了哥哥的信，坦纳认识到他实际上已经实现了他心中的最高目标。

我们的希望与现实之间总是存在差距，有时这种差距很小，有时很大。无论差距是小是大，保持积极进取的精神，不断缩小差距，要知道你内心对完美的追求是永无止境的，即便缩小一点点差距也是值得骄傲的成就。

身体健康

小时候我喜欢听流行歌曲、吃油炸面包圈和各种各样的油炸薯条。结果我被人叫作胖子。我问妈妈："我胖吗？"

妈妈告诉我："不，你不胖。你长得强壮。"我高兴地离开妈妈，大声喊着："我不胖，我强壮。"

在上八年级前的暑假，为了使我锻炼得更强壮，爸爸送我参加了4天的野外生存训练。在4天的野营中，参加训练的80个孩子靠吃野菜走了大约50英里的路程。领队让我们经历了各种疯狂的冒险，比如攀登悬崖、穿越激流、宰杀小羊果腹等等。

野营使我的体重减轻了大约10磅。回家后，妈妈的一个朋友对我说："咳，肖恩，看上去你很壮实。"这是我第一次听到有人这么说我。我激动万分！这是我人生飞跃的开端。

到家后我读起了妈妈的饮食指南。直到今天，这本指南依然是以营养为根本原则。指南将所有的食品分类，以一个个小格子表示每天应该吃的食品。到现在我还清楚地记得书的内容：

食品种类	每日食谱
谷物类（面包、大米、谷类食品、面食等等）	□□□□□
水果类（任何水果）	□□□
蔬菜类（任何蔬菜）	□□□□
奶制品类（牛奶、干奶酪、酸奶酪等等）	□□□
蛋白质类（鸡肉、鱼肉、牛肉、豆子等等）	□□
脂肪类（黄油、油等等）	□□□
水	□□□□□□

今日特别推荐

1. 吃早餐。
2. 不要追求时尚减肥，因为时尚随时在变化。你的体重可能会暂时减轻，但是从长远来看，不仅会反弹，还会增加。
3. 每天至少吃五种水果和蔬菜。保持食品的多样化，这样有益健康。
4. 多吃谷物类食品，比如燕麦、糙米、全麦食品，少吃经过加工的谷物类食品，比如强化面粉，商店出售的松糕和精白米。
5. 控制糖、加工食品以及油炸食品的摄入量，比如爆米花、甜点、炸薯条。
6. 每天至少吃两份用猪肉、鸡肉、鱼、鸡蛋、豆类或豆制品等烹制的蛋白质类菜肴。
7. 每天至少吃两份用干奶酪、酸奶酪、冻酸奶酪或者牛奶制作的食品。
8. 每天吃适量脂肪类食品（鱼、果仁、橄榄油、葵花子油、菜籽油）。
9. 每天服用维生素。
10. 多喝水。

除了健康的营养之外，锻炼也是必不可少的。你听说过“多肽”这个名词吗？

多肽是人脑中一种化学物质，其作用有两个：兴奋情绪和镇痛。猜猜人体是从哪里获取多肽的？锻炼，是不是很令人惊讶？如果能不花钱就获取到天然的多肽，谁还会通过药物来获取这种化学物质？

人人都认为没时间锻炼。实际是没有时间不锻炼。锻炼让人精神焕发，外貌年轻和长寿（免除你对这些的忧虑）。《时代》杂志的健康专家在制定平衡锻炼计划中提出4点建议：

净化精神　瑜珈、普拉提以及一些伸展身体、呼吸吐纳和调节放松的运动具有强身健体，防止伤害和提高血液循环的作用。每周进行3次这类锻炼可缓解精神压力。

锻炼心脏　游泳、跑步机、自行车、慢跑、跆拳道或者有氧运动都可以极大地提高心率，有益于心脏、肺和血液循环系统，同时还可以消耗热量和脂肪。每周进行5次这类运动，每次20分钟至1小时。

加强肌肉锻炼　经常进行举重、柔软体操或者任何体育运动都可以增强肌肉的柔韧性和弹性。举重能消耗大量的热量，增加骨密度。每周进行两到三次这类运动，每次20到40分钟。

多肽

间歇　体能类锻炼会造成肌肉纤维拉伤，间歇可使肌肉组织修复，避免连续两天进行相同肌肉群的举重训练。

如果你参加竞技类体育运动，通常会进行以上所建议的4类锻炼，这种锻炼将使你感到其乐无穷。

经验表明，1磅肌肉相当于3500大卡热量。因此如果你想一周内减轻1磅体重，就必须每天消耗的热量比摄入的热量多500大卡（每天500大卡，7天×500

卡＝3500大卡）。

学会营养配餐和正确的锻炼有助于促进体能。通过锻炼拥有一个健美的身材，看看锻炼改善你的精神、心理和社会状态的效果。在这里我说的不是你的外观，而是你如何更加健康。

明智的决定是自尊之门的拱顶石

14岁的利娅讲述了她刚上初中时的不愉快经历。虽然人人都看重外貌、衣饰和声望，但是利娅不理这一套，并且经常对这些加以嘲讽，因为她是个胖子。

几个月后，她发现一些朋友变得更友善，生活更轻松了。但是不久利娅的朋友的变化不像她所想象的那样，他们变得不修边幅，满口粗话，而且还染上了吸毒的嗜好。一天晚上，利娅在与朋友闲逛时，看着他们心里想："我的朋友看上去像些邋遢鬼，我看起来也像那样吗？"她给妈妈打电话，让妈妈接她回家。就在那天晚上，利娅做出了勇敢的决定，不再和这样的朋友们鬼混了。

以后的几个星期利娅的日子很不好过。她不理朋友，朋友也不理她。利娅只得经常在洗澡间里吃午饭，因为在餐厅里吃饭时没人理是很难堪的。

但是利娅毫不动摇，几个月后，她交了一些志同道合的新朋友，原来的一个朋友也开始重新和她交往。利娅有了自信，开始选择自己的路。一个明智的决定改变了她的人生。因此，哪个更重要？你由于自尊而做出正确的决定还是因为做出正确的决定而自尊？不错，两者都对。这就好像问"是先有鸡还是先有蛋"的问题一样。

明智的决定就是自尊这座凯旋门的拱顶石。只要你安放好了拱顶石，整栋建筑就大功告成了。有趣的是，建立健康的自尊第六个你要做出的最重要的决定取决于你对前五个决定所做的明智选择。以上是明智的决定是怎么促进自尊的建立的。

明智的决定	明智的决定是怎么促进自尊的建立
在学校里尽自己最大的努力 	· 你将学到更多的知识技能，并提高你的知识技能 · 父母不再总是唠叨你
选择真正的朋友，自己也做别人真正的朋友	· 朋友会使你展示出内心最完美的一面 · 更容易交上新朋友
与父母在一起 	· 家庭更加和谐 · 会从父母那里得到更多的支持
在与异性朋友交往时要明智，尊重自己	· 你将有好名声 · 你不必为患上性传播疾病、怀孕或者感情受伤而担忧
避免染上毒瘾 	· 你的身体更健康 · 你将命运掌握在自己手中

世上的社会之镜告诉你，自尊来自于姣好的容貌和名望，然而真正的镜子告诉你的却是，健康的自尊来自于道德品质、能力和明智的决定。正如《哈利·波特与密室》影片中魔法学校校长邓布利多所说的："哈利，决定真正我们自己的不是我们的能力，而是我们的选择。"

◆ 战胜你自己 ◆

有一部很好的电影《神勇三蛟龙》(*The Three Amigos*)，影片讲述了一群好人与一个名叫埃尔瓜波的疯狂恶人之间发生的一场经典之战。片中有这样一个情节，三蛟龙中的一个鼓励乡民与埃尔瓜波斗争，他说："我们终有一天要面对埃尔瓜波。对一些人来说，胆怯就是他们的埃尔瓜波。对另一些人来说，没有文化也许就是他们的埃尔瓜波。但是对我们来说，埃尔瓜波是个极其危险的家伙，他想杀死我们。”有了自尊，我们人人都可以战胜“埃尔瓜波”。

如果我认为自己相貌不佳，我如何建立自尊

这是一个名叫罗特姆的以色列孩子向我提出的问题。我想通过讲述另一个以色列人的故事来回答这个问题。这个以色列人在少年时代也有过与罗特姆同样的困惑，她的名字叫果尔达·梅厄。

我生来就不是美女。有一段时期我为此感到非常自卑，那时我开始懂得容貌的重要性，站在镜子前，我知道美貌永远也不属于我。后来我找到了我在生活中的位置，容貌对我来说不再重要。直到很久之后我才懂得，天生丽质是上天的赐福，而没有天生丽质则是上天另一种形式的赐福。长得不漂亮促使我培养自己的内在美。我终于认识到女人不能依赖她的容貌，而是需要发挥她的本身的潜力。

梅厄后来成为以色列第一位女总理，被认为是有史以来最伟大的领导人之一。梅厄是怎么建立起自尊的？她找到了生活的真谛，顿悟容貌不再重要。你也可以做到这点。一旦你找到了你生活的真正意义所在，你的目标、你的梦想、你的目的，你就会振奋精神，不再为你的容貌自怨自艾。

我知道，实际上每个青少年都希望自己长得漂亮一些，希望自己的形象能更完美一些。我听到过这样一些抱怨“我的鼻子太大”、“我的手指又短又粗”、“我的脸太胖”、“我长着一双招风耳”、“我太矮”、“我太高”。在TRU.com网站的一个调查向青少年提出这样一个问题：如

你希望改变自己的是什么？

1. 更加漂亮
2. 学习更好
3. 更加自信
4. 运动能力更加出色
5. 有个男朋友/女朋友
6. 更有人缘
7. 更加努力

果可以的话，你最想改变自己的是什么？

孩子们最希望的是更加漂亮，这毫不奇怪。不要只关注你的外貌，应当去发现你的优势，张扬你天生的优势。注意哪种颜色最适合你，讲究卫生，选择适合你的发型，懂得显示自己容貌中美的部分。

记住，你经常看的是社会之镜，你总是感到不自信。如果你照的是真正的镜子，你就会认识到一个人的内在美比外在美更重要。

在我父母那个时代，奥黛丽·赫本是好莱坞最有魅力的女演员，她因美丽的容貌和高雅的气质而著名。以下是她对美的告诫：

奥黛丽·赫本对美的告诫

要有迷人的双唇，

请有善意的谈吐。

要有美丽的眼睛，

请寻索他人的优点。

要有苗条的身材，

请与饥饿的人分享食品。

要有一头秀发，

请让孩子每日轻抚你的头发。

要有自信的态度，

请学习你不曾学过的知识。

人之所以为人，

应该充满活力、忏悔、反省、成长；

并非向人抱怨。

女人的美不在衣装、珠宝、发型，

而在于她的形象。

女人的美应该在她的眼睛中体味，

因为这才是她心之窗，爱之巢。

——Sam Levenson

作家尼尔·马克斯韦尔说："如果一个人的内心能从外貌表示出来，那是不是很有意思？这样我们就可以知道世界上真正最美的人了。"

如果我的身材不苗条，我要怎么做

在追求美的时候，请不要过犹不及。

我试图通过服用催吐药物来减肥……我认为无论我想做什么，我都能心想事成。当我吃这些难吃的东西时，我认为一定可以减肥。我以这种毫无理智的恐惧开始吃催吐药，而且一发不收拾，越吃越多。我想等减到适当的体重，我就会感到心安，能够停止服药。奇怪的是我的体重一直减不到我所希望的重量……

以上是一个患有饮食失调症的人的感受。饮食失调症的表现为你的饮食习惯对你的身体和心理造成伤害。最常见的饮食失调症有三种：神经性厌食症、神经性贪食症、暴食症。你知道死于和将要死于饮食失调症的青少年人数高达数万人之多吗？实际上，神经性厌食症是所有心理失调症中死亡率最高的病症之一。健康专家估计患有神经性厌食症的人死亡率为5%到20%。真是触目惊心！

数以百万计的青少年患有饮食失调症，或许你认识的人中就有这种患者，也许你也是这种病的患者。饮食失调症往往好几年未能引起患者本人的注意，等到最后知道的时候，患者常常拒不承认，不接受治疗。饮食失调症的诱因很多，其中包括家庭问题、心理抑郁或是痴迷于有一副苗条的身材。

作为一个前途无量的青少年，你必须有健康强壮的身体，伴随着厌食症会出现记忆力衰退、丧失方向感、便秘、肌肉萎缩，会导致心脏病发作的心率不齐，或者其他的病症，你禁不起付出这样的代价。不要让自己陷入这种不自然不健康的生活方式之中。饮食失调症难以摆脱，可能与你终生纠缠不休。如果你愿意，可以找到自然而健康的减肥方式。

如果你已经患有饮食失调症，去看医生，或者到你所在的地方支持组织寻求帮助。你也可以查阅本书最后的“帮助台”列出的可靠资料。

当我被人呼来喝去、羞辱和奚落时，我该怎么办

16岁的里斯的话匣子又打开了，至少他认为是如此。他在绘声绘色地讲述他的朋友如何在滑雪比赛中失败，最后梦断奥林匹克赛场的故事，这时布拉德打断了他的话。

布拉德大声说：“里斯，住嘴吧，我们不想听你那蠢故事。知道为什么吗？你的话太多了。”

大家哄堂大笑，虽然里斯看上去似乎不在乎布拉德的讥讽，可是从那天起他的心就死了。他觉得自己就像个傻瓜，很想知道以前他讲的故事有多少是让人难以忍受的。

从那时起，他在和这些朋友聊天时变得格外小心，由于害怕打扰朋友，甚至不敢打电话问问他们还在不在。很快，朋友们也不来电话了。里斯总是在想：“如果他们有事，会给我来电话的。”可是朋友们始终没有电话。最后，里斯与朋友们多年的友谊完结了，他的自尊受到沉重的打击。

这种事总在发生，对不对？一句粗鲁无礼的评价、一句刻薄的话语、一句闲话，都会造成伤害！我们应该非常注意我们说话的方式。

乔利特镇高中的布里奇特讲述了她是如何学会处理别人的无礼话语的。

上初中时，我不太懂得自我保护。如果有人对我说“我不喜欢你鞋子的式样”，我只会坐在那里什么也不说。但是到高中时，我开始与像米歇尔这样对我有积极影响的同学交往，米歇尔根本不在乎别人怎么说她，她就是她。如果你不喜欢她，那就坏了。我懂得了应该维护自己，对自己有自信的道理。因此如果现在有人对我说“我不喜欢你鞋子的式样”，我已经有胆量维护自己，敢于面对了。

如何摆脱消沉忧郁的心理

郁闷是个被用滥的字眼，以致于甚至我一想到这个字眼就郁闷，可是

它的含义是什么？美国传统字典对此有两种解释：一、情绪低落，心灰意懒；二、心理方面的消沉。

雷切尔经历的是第一种类型：情绪低落。

整个生活压得我喘不过气，我总是焦虑不安和情绪低落。好像我的感受使他们无法做出决定！这点使我很不安，因为有时它会影响到我周围的人。比如有时我在家里，情绪很坏，往往无端向家人发火，这样做当然不对，因为这并不是他们的错。

每个人都会有过第一种感受的经历，生活中自然会遇到喜怒哀乐，或者许多人称之为的“情绪低落”。很多事都会让我们感到消沉忧郁，如直到星期日晚上你的周末家庭作业还没做,下个星期每天你都要提前到校等。但是这种感觉常常持续不了多少天，很快你就会恢复正常。

第二种感受比心理上的消沉要严重得多。尽管有些无知的人认为这没什么大不了的，并不表示是你个人欠缺。这种消沉是由诸如亲朋好友的去世、孤独、生活的压力、性滥交、狂吸滥饮，或是家庭问题等事引起的。据美国心理疾病全国联盟认为，这种心理忧郁消沉的症状包括：

◎ 睡眠、食欲和精力出现严重变化

◎ 对以前感到非常有趣的活动不再感兴趣

◎ 感到悲伤、内疚，无足轻重，没希望和空虚

◎ 时常想到死或者自杀

如果你有以上症状的话，你要明白可以通过咨询、营养、锻炼、药物，或者复合疗法治愈。但是令人惊奇的是，只有不到一半精神消沉忧郁的患者求医问药。我们总是羞于与别人谈论自己的心理疾病，这样不好。心理健康专家谢里·威特沃做了很好的总结，他说：

不必为患上心理方面的疾病而感到不好意思，心理疾病与哮喘或者糖尿病等疾病没什么区别。

我们应该知道的是心理疾病是可以治好的，有可能康复，要有信心。

一位名叫杰克·肖特的勇敢的小伙子曾经患上了狂燥和抑郁交替症，

但是他坦诚地公开了病愈前那噩梦般的日子：

刚上学时，学习对我来说变得非常艰难，我努力学习，不与其他同学交往。在我上三年级时，一天晚上，父母帮助我练习拼写，我无论如何努力也写不出来，感到非常烦恼不安，最后哭了起来。虽然当时我只有8岁，我却逃出家门，在寒冷的雪夜里久久徘徊，冻得实在受不了才回家。妈妈哭泣着问我怎么做才能让我感到好受，我说："只有死亡。"父母知道我有了大问题。

从那时起，我就开始了接受各种各样的治疗，例如社会恐惧症、注意缺陷症（ADD）、重度焦虑症和忧郁症。看病吃药成了我生活中的主要内容。

到五六年级时我的病情变得更为严重，逃学，自残，躲避所有的人。我也知道自己的心理有问题，可是没有人能帮助我。父母简直急疯了，医生只会不断地加大药的剂量。由于害怕早上起床后要上学，我经常整夜整夜睡不着。我甚至无法做作业，急得在地上打滚，大声哭喊着："那个黑东西又到我脑袋里来了！"

最后父母将我送到医院，这次医生正确地诊断我的病因是狂躁和抑郁交替症。终于明白自己的病因，使我的精神得到解脱。医生让我停止服用所有以前的医生给我开的药，给我开了一些新的药。吃了一段时间的新药，我感到慢慢好了起来。虽然我还是有点害怕上学，但是毕竟敢去学校了，随着病情的好转，我的生活逐渐恢复正常。

我开始尝试做以前从不敢做的事，比如当着大家发言。13岁时，我甚至敢在国会大厦当着那些辩论一项心理健康法案的议员发表自己的看法。由于我的发言，这项议案获得通过。我再也不认为自己的病与糖尿病有什么不同，只不过我的问题出在心理方面，而糖尿病患者的问题出在胰腺方面。

如果你想到过自杀，或者为是否活着而感到困惑，请听我说：世界上还有爱你的人，珍惜生活，事情并不像看上去的那么糟糕。立刻与别人交流，让他们知道你的感受。我们虽不能避开磨难，**可是我们却能以不变应万变。抓住问题的关键，不要丧失希望。**

钻石就在你家后院

几年前，拉塞尔·康威尔写过一本很好的书《钻石就在你家后院》(*Acres of Diamonds*)，他在书中讲述了一个生活在古波斯时代农夫阿里·哈菲德的故事。不安于现状的阿里卖掉了田地，离开家外出寻找钻石。在巴勒斯坦和欧洲漂泊了几年后，最后他来到西班牙海边。数年的寻宝一无所获，身无分文、穷困潦倒的阿里投海自尽。然而阿里卖掉的农田后来却成了世界历史上最大的钻石矿宝藏。如果阿里留下来，在自己的田地里挖掘的话，他将成为这块宝藏的主人。

我相信如同《钻石就在你家后院》一书一样，你也有天生的宝藏，不用到处去寻宝，发掘自己的宝藏。

动画片《狮子王》(*The Lion King*)里也有类似的场面。在森林之王木法沙死后，它的儿子辛巴本该成为新的森林之王，但是辛巴为父亲的死而感到内疚，于是逃走了，与一些不三不四的朋友鬼混。很快，辛巴就忘记了自己的责任和义务。一天晚上，辛巴看见父亲木法沙出现在眼前。

木法沙：辛巴，你忘记我了吗？

辛　巴：没有，我怎么会忘记爸爸。

木法沙：你忘了你自己，就是忘了我。看看你自己，辛巴。你现变得和以前不一样了，你应该找到自己在生活中的位置。

辛　巴：我怎么才能重新变成原来的我？我已经不是从前的我了。

木法沙：记住你是谁，你是我的儿子，真正的森林之王。记住你是谁，记住，记住，记住……

我希望你也要记住你是谁，记住过去你的辉煌，如同你以前追随梦想，实现愿望，或者对人非常友善一样。我希望你记住对未来的憧憬，希望你记住你是人类的一员，也是家庭中的一员。

你的家可能是你得到自尊的最好源泉。我承认有些家庭不太和谐，可是大多数家庭却不是这样。尽管妈妈或姐姐的唠叨让你心烦，但她们是你的亲人，在生死关头她们会为你做任何事。

现在网上最热门的一个话题是追溯你的血统。在以下的图表中，你可以辨别你以上的三代。先写上你的名字，然后是父母的、爷爷奶奶的，最后是曾祖父曾祖母的。如果你不清楚，请父母或者爷爷奶奶帮忙。

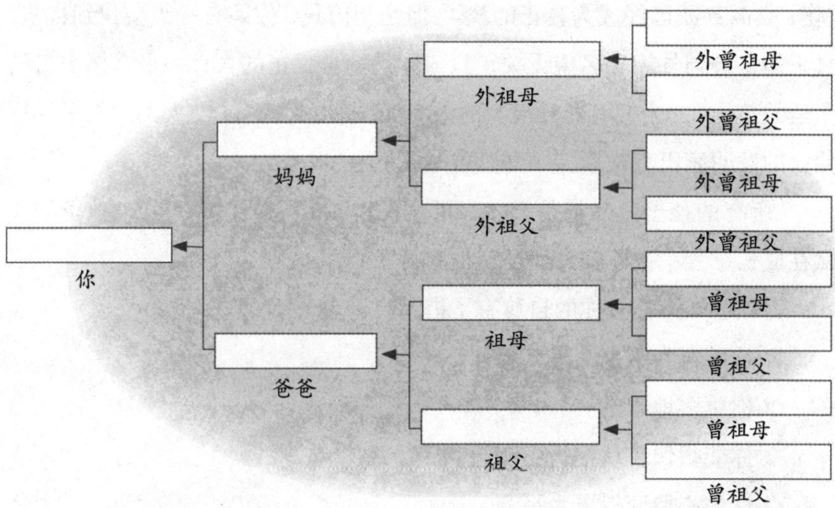

你怎样才能弄清楚你的家谱？你可以告诉我们、你爷爷奶奶或者曾祖父母的经历吗？他们是怎么度过青少年时代的？我敢打赌，人人都可以在自己的家谱中找到学习的榜样。

了解家谱会给你认同感、归属感和价值感。你好像辛巴一样，会看到你属于一个远远超出你个人的群体，你还可以看到家谱上的某个人对后代产生的或好或坏的影响。

所有的孩子生来都是天才

我将引用作家玛丽安娜·威廉森的话作为本节的开端：

你是上帝之子，你个人所做的贡献对世界而言微不足道，然而没有任何东西可以掩盖你的光亮，让别人在你周围感到不安全。我们生而注定要发出光亮，即便孩子也不例外。我们生而要证明上帝与我们同在的光荣。并非这只存在于某些人之中，人人都可以发出光亮。当我们让自己发出光亮的时候，无意之中也给了别人发出光亮的机会。

虽然似乎一些青少年天生拥有自尊，可是大多数青少年还要依靠自身的努力建立自尊，建立自尊可能需要数年的努力，不可能你一觉醒来就说："噢，真高兴我已经成为真正的我。"但是相信我，你终有一天会找到自我。真正的自尊与外貌和名望无关，只与你是一个真正的人、一个掌握了自己命运的孩子、一个拥有非凡潜力的人有关。自尊人皆有之，人人生而平等！伟大的发明家巴克敏斯特·富勒告诫我们：

"所有的孩子生来都是天才，可是在10000个孩子里，9999个孩子的天赋在成长过程中被不经意间迅速消磨掉了。"

因此你知道是否你的自尊有了提高？

◎ 你不再在乎别人怎么看你。

◎ 你更多地奉献。

◎ 你能很快就从挫折中奋起。

◎ 你的心境变得更为平和。

◎ 就像这个故事中的科迪一样，你为别人的成功而高兴。

基弗急不可耐地要告诉朋友们！三年来他非常努力，现在获得"全州明星"的称号！他简直不敢相信这是真的！他拿着登有他名字的报纸一遍又一遍地读着，想看看这是不是真的。

他的朋友布雷特猛然从他手中夺过报纸说："嘿，这就是全州明星队吗？我们学校有谁在这个队里？"基弗不好意思地笑着，等着布雷特看到他的名字。

"什么！你成了全州明星队的队员，基弗？他们当真？为什么他们会选上你？"布雷特问道，脸上显出一副不相信的神情。

基弗只能说"我不知道"，脸上的笑容消失了。

然而几分钟后，科迪听到了这个消息，突然发出响彻大厅的欢呼："哈！全州明星队，基弗！太棒了！哥们！"科迪抱起基弗一阵猛摇，两个人脸上现出开心的笑容。他们像真正的朋友那样相互祝贺着，由衷地为对方高兴。

拥有健康自尊是你每天的选择

请记住，拥有自尊是你每天的选择。我是从犹他州《德瑟雷特晨报》"亲爱的哈伦"专栏中看到这句话的：

亲爱的哈伦：

我是个刚刚走进大学校园的新生，我需要有人为我指点迷津，告诉我如何才能让别人注意我。我是个胖子，一直在努力减肥，并且已经取得了一定的效果。肥胖和粉刺（我正在接受一位皮肤专家的治疗）让我皮肤上出现了很多褶皱，粉刺给我的脸和胸部留下了疤痕。

我还从没有交过女朋友，如果能被哪个女孩当作男朋友那就太好了。我怎么解决这些想法呢？"

签名：马斯克·韦尔雷尔

亲爱的马斯克·韦尔雷尔：

这个周末我（在购物中心）做了一些观察，看到有好几十个人的皮肤都不好，还有"游泳圈"或者妊娠纹。我认为，由于肥胖而产生的皮肤褶皱不会改变你，你还是你！你已经习惯于看不起自己，因此你并没有给别人机会。

我给你一些忠告：努力增加自己的优势，做到每个月增加一个优点（锻炼、参与、主动去做、学会倾听等等）。一年你就可以给自己增加12个优点，坚持不懈。你增加的优点越多，你就越开心。

你会引起别人的注意的。你无愧于最棒的人。今天珍惜自己，明天乃至永远别人将知道怎么去爱你、珍惜你。

建立健康的自尊并不意味着你不会受到伤害或是感到不安全，这只不过意味着你拥有了坚强的免疫系统，可以抵御细菌的侵袭。就好像一只桃子，桃子的果肉味美可口，但是里面却有坚硬的核。我们不应该害怕付出和接受爱，要敢于接受爱，乐于接受爱。我可能经常会受伤，但是我们可以应付这种挑战，因为我们有一颗坚强的心，有一颗不会破碎的心。

希望看到你很快走向光明。

后面的章节更精彩

祝贺你看完了这本书！

我的训练计划

1. 找一张奥黛丽·赫本的照片，将照片贴在镜子上。

2. 下次有人对你指手画脚时，用艺人皮威·赫尔曼（Pee Wee Henrman）的话回答他："我知道你是谁，可是我是谁？"说这话时要做好挨揍的准备。

3. 列出你最优秀的才能或者技巧，然后在名单上再加上你希望培养的才能或技巧。

我希望培养的才能或技巧

____

____

____

____

____

4. 下次你遇到麻烦的时候，尝试运用"四倍法"，以四倍的努力弥补你的过错。

5. 连续5天为那些需要的人服务。5天后检查以下这些方格，看看你感觉如何？

□1天　□2天　□3天　□4天　□5天

6. 你生活中最重要的才能是什么？当你掌握一门才能时，记录下你的感受。

____

____

____

____

____

7. 抽出一整天的时间，在这一天中你要做一个非常诚实的人，不要说谎、不要欺骗、不要夸大其辞、不要乱传闲话。信守你的诺言。看看你的感觉如何？

8. 列出5件你相信或者信仰的事。

1.________________________________

2.________________________________

3.________________________________

4.________________________________

5.________________________________

9. 连续3天记下你吃了多少水果和蔬菜，如果不到5种以上，调整你的食谱。

摄取的水果和蔬菜

第一天________________________

第二天________________________

第三天________________________

10. 思考你所做过的5个最重要的决定：教育、朋友、父母、约会和两性关系、嗜好，确定哪一个决定最为重要？哪个是你最想得到的？确定现在你在这个问题上开始做出更明智的决定。

____

____

____

____

结语　坚守信念，它值得你为之奋斗

影片《加勒比海盗》(Pirates of the Caribbean)中有一段让人无法忘怀的情节：当船即将在暴风雨中解体时，一个海盗问船长杰克·斯帕罗怎么办，船长(虽然不那么让令人佩服，但是依然有可贵之处)只回答了四个字：**坚守信念**!

那个海盗马上明白：
“是，坚守信念！”

虽然我清楚斯帕罗船长的信念另有含义，但是本书的信念指的是你在人生的每一个关头做出的明智决定，坚持你认为是正确的方向，即便这条路崎岖不平，人迹罕至，你也一往无前。即便你走错了路，也可以迅速返回。

真希望我能告诉你，生活是美好的，然而对这点你我都知道得更清楚。你在生活的道路上会遇到艰难挫折，似乎一切都陷入绝望。这时就要“坚守信念”，依靠你的道德信念，在你背叛朋友时，良知会使你感到内疚。在你善待父母时，良知会使你感到温暖。信念会引导你做出正确的选择。你懂我的意思，信念!

几年来人们一直在争论“是否基因塑造了你”还是“环境与教养塑造了你”。我的答案非此也非彼，而是“**选择塑造了你**”。固然基因和教养对你有着很大的影响，可是你之所以是你的根本仍然是选择。选择的法则!因此你要记住，在你青少年时代有六个最重要的决定可以成就或是毁灭你的未来。你有选择自己道路的自由。我希望，在你读完这本书后，你会比以前更好地回答以下这几个问题：

1. 我将如何对待学习?

2. 我将选择什么样的朋友，而我自己又将是个什么样的朋友？

3. 我与父母将形成什么样的关系？

4. 我将与什么样的异性约会，在性这个问题上我将做何选择？

5. 我将如何对待吸烟、饮酒、吸毒、色情书画电影以及其他会导致不良嗜好的恶习？

6. 我如何建立自尊？

请慎重选择！

这与你的生活紧密攸关。选择正确将有助于你拥有快乐健康的今天。要为你20岁、30岁，乃至更长远的未来打算。我所说的打算是指要做好充分的准备。又有谁不愿意想到未来呢？

有些人可能这样想："我要是在一年前就看到这本书就好了，我已经做过某些选择了。"不要紧，从错误中吸取教训，改正错误是永远也不晚的。如果你做到了这点，你走过的弯路将成为你和别人的借鉴。

当然，最好你从一开始就不要走弯路。毕竟聪明人是从自己的错误中吸取教训，而真正的聪明人却是从别人的错误中吸取教训。如果你已经做出正确的选择，请帮助别人做出正确的选择，而不是评判别人的选择。要给那些可能会退学或者染上毒瘾的朋友以好的影响。也许你可以成为那些需要的人的拯救者。坚守信念！

在我们现在所处的世界里，有着太多的仇恨、暴力和让人压抑的现象，很容易使你沉沦。振作起来，这个世界上还是有善和美的，我记得《指环王》(The Lord of the Rings)中的一个情节：当弗拉多和萨姆两人筋疲力竭，几乎失去希望时，他们之间有这样一段对话：

萨姆：弗拉多，这很像是一些故事，置身于一个充满黑暗和危险，有时你不知道也不想知道结果的故事里，这些已经到来的黑暗和危险才是至

关重要的。因为结果究竟如何发生？世界如何会回到发生过如此多邪恶的从前？但是，阴影终将散去，新的一天终将到来。阳光照耀时，所有一切都已是发生在你身边的往事，即便你太渺小，还不能理解这些已经发生和即将发生的事情。

弗拉多，但是我认为我理解，我现在就知道。在这些故事中的人不是没有机会退缩，可是他们没有，他们还在继续前进。因为他们在坚守。

弗拉多：他们在坚守着什么呢？

萨姆：这个世界上毕竟是有些美好的东西的，它们值得我们为之奋斗。

我同意这种说法。这个世界有些美好的东西值得我们为之奋斗，我坚信你们就是好人，值得我们为你奋斗。我认为你们是有史以来最出色的一代青少年。这就是我写这本书的原因所在。

在我们结束本书的时候，最衷心地祝你们在生活中取得成功！坚持读书吧，书是你的精神食粮。

永远记住P·J·奥罗克的话：

常读一些能使你变得美好的书，

即便你在这些书中耗尽生命

也不后悔。

柯维家经典电影

柯维家经典电影都是柯维家的人看过很多次的，许多电影中的对白也经常在柯维家的对话中出现，似乎有点怪里怪气，也不都是获奖影片，但无伤大雅，从骨子里吸引你，必看的经典影片：

回到未来（系列）
美女与野兽（迪斯尼）
宾虚传
圣诞故事
圣诞假期
与狼共舞
偷心大少
死亡诗社
情话童真
剑侠风流
古灵侦探
土拨鼠日
天堂可待
小鬼当家
超人特工队
印第安那·琼斯（系列）
特务亲家（1979）
骑士传说
美丽人生
狮子王
小公主
指环王（系列）
雪河男子汉
拜见岳父大人
窈窕淑女

疯狂的神父
拿破仑炸药
瞧这小伙子
别
落水
加勒比海盗
公主新娘
捍卫游侠
冲锋陷阵
洛基（系列）
昨日重现
月上海
天兆
光棍出差
星球大战（系列）
十诫
神勇三蛟龙
快枪手奇尼提
乌龙兄弟
初恋的回忆
天生一对宝
爱的大追踪

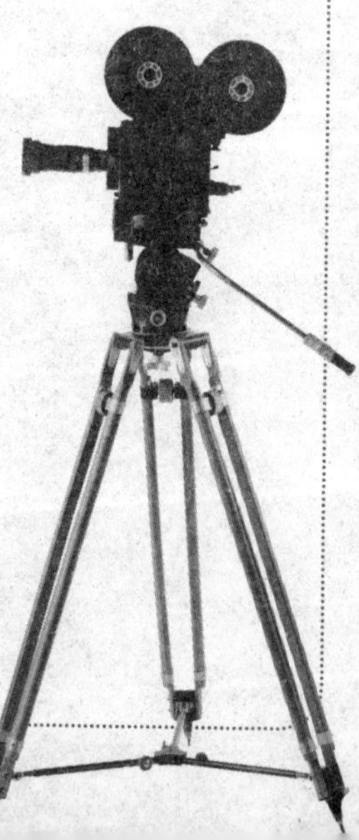

帮助台

学校 （中国网址推荐：http://gaokao.eol.cn, http://campus.chinaren.com）

- 如果你想上大学：www.scholarshipcoach.com, Ben Kaplan 的书 *How to Go to College Almost for Free*
- 担心大学入学考试：www.saab.org
- 寻找优秀的学习方法：www.academictips.org
- 测试你的学习状态：www.homeworktips.about.com/od/homeworkhelp/a/lstyleqz.htm, www.engr.ncsu.edu/learningstyles/ilsweb.htm
- 决定学什么专业：www.lifebound.com

朋友 （中国网址推荐：http://alumni.chinaren.com）

- 如果你想和朋友找乐子：http://kidshealth.org/teen, www.bored.com
- 想办法帮助困境中的朋友：www.health.org/govpubs/bhd688
- 正在与抵抗同伴压力做斗争：www.abovetheinfluence.com
- 找一本关于朋友的影响力的书

父母 （中国网址推荐：http://www.niask.com）

- 如果你正苦于被家长责骂：1-800-25-ABUSE, www.ChildHelpUSA.com
- 想帮助一个酗酒或上瘾的家长：www.al-anon.alateen.888-4 AL-ANON
- 需要一些帮助你和家长打成一片的小招数：http://teenadvice.about.com/cs/parentstalkto/ht/parentrelateht.htm
- 想知道你的家族历史：www.usgenweb.org, www.familysearch.org

约会和性爱 （中国网址推荐：http://vweb.cycnet.com/cms/2004/xlslnet）

- 不知道怎样摆脱恶性关系：1-800-999-9999, www.ndvh.org
- 寻找约会金点子：www.bygpub.com./books/tg2rw/dating-ideas.htm
- 想知道关于性病的事：www.cfoc.org, www.familydoctor.org.children.xml

不良嗜好 （中国网址推荐：http://www.sfy.cn）

- 如果你已经对吸烟、毒品或者酒精上瘾，并需要帮助：1-800-662-HELP (4357), www.health.org/govpubs/rpo884
  1-888-425-2666, www.al-anon.alateen.org
  www.freevibe.com/drug_facts, www.teens.drugabuse.gov.facts

自我价值 （中国网址推荐：http://www.youth.cn）

- 如果你想知道关于摆脱酒精和毒品更多的信息：www.health.org
- 如果你对色情作品上瘾，并想摆脱：www.porn-free.org
- 如果你不能从畏缩中逃脱：www.copecaredeal.org, 1-800-662-4357
  www.familydoctor.org/children.xml
- 如果想知道关于保持青少年健康的方法：www.familydoctor.org/children.xml
- 如果你认为你可能饮食失调：www.edap.org, www.familydoctor.org/children
- 如果你对健康减肥有兴趣：www.mypyramid.gov, www.familydoctor.org/children
- 如果你想成为一个活动的志愿者：www.pointsoflight.org, www.dosomething.org
- 想避免做出毁灭性的决定：www.sadd.org, www.abovetheinfluence.com
- 测试自己的ＩＱ、ＥＱ、个性和一切你想知道的潜在秘密：www.2h.com/index

致谢

这本书全部10余万字都是我在我的IBM笔记本计算机上敲出来的。不过，除了感谢我的IBM笔记本电脑之外，也要在此感谢所有为本书尽力的人：

感谢安妮·奥斯瓦尔德全程领导这一项目，她是最敬业、最值得称赞的人。

感谢我的姐姐辛西娅·哈勒。她的特性和影响贯穿全书，故事最多。

特别感谢创作指导雷·库伊克、艺术指导鲍勃·盖尔、项目经理贾斯珀·琼克、插图画家埃里克·奥尔森。工作出色极了！感谢马克·皮特为本书创作了大部分的漫画、部分插图画和连环漫画。

感谢我亲爱的妻子丽贝卡对我始终如一的支持，三年来从无怨言。

感谢我的妈妈和我的姐姐，在成人的角度提供反馈、编辑协助和更多帮助。

感谢琼·克劳利为本书在最后阶段做出的杰出编辑工作。

感谢我的妹妹玛丽娅对除了“约会与性爱”（因为这让她感到不好意思）之外的每个章节进行校对录入。

感谢德博拉·伯克特、德布·伦德和格雷格·林克帮助对本书的营销策划。

感谢多米尼克·安富索、威利·奥沙利文及西蒙－舒斯特出版公司人员。

感谢杜普雷－米勒公司的简·米勒和香农·迈泽－马文建议我撰写这本书。

诚挚感谢众多学校的主管、教师以及学生参加这个项目的焦点小组调查。

感谢富兰克林·柯维国际公司人员，通过各种渠道收集全球青少年的资讯。

感谢全球各地的青少年朋友，为了这本书献出自己的建议、面访、故事资料和生活经历！

“常青藤”书系—中青文教师用书总目录

书名	书号	定价
特别推荐——从优秀到卓越系列		
从优秀教师到卓越教师：极具影响力的日常教学策略（入选浙江省教师节用书）	9787515312378	33.80
从优秀教学到卓越教学：让学生专注学习的最实用教学指南	9787515324227	39.90
从优秀学校到卓越学校：他们的校长在哪些方面做得更好	9787515325637	33.80
卓越课堂管理（中国教育新闻网2015年度“影响教师的100本书”）	9787515331362	88.00
名师新经典/教育名著		
马文·柯林斯的教育之道：通往卓越教育的路径（《中国教育报》2019年度“教师喜爱的100本书”，中国教育新闻网“影响教师的100本书”。朱永新作序，李希贵力荐）	9787515355122	49.80
如何当好一名学校中层：快速提升中层能力、成就优秀学校的31个高效策略	9787515346519	29.00
像冠军一样教学：引领学生走向卓越的62个教学诀窍	9787515343488	49.00
像冠军一样教学 2：引领教师掌握62个教学诀窍的实操手册与教学资源	9787515352022	68.00
如何成为高效能教师（美国最畅销教师用书，销量超过350万册，教师培训第一书）	9787515301747	89.00
给教师的101条建议（第三版）（《中国教育报》“最佳图书”奖）	9787515342665	33.00
改善学生课堂表现的50个方法（入选《中国教育报》“影响教师的100本书”）	9787500693536	33.00
改善学生课堂表现的50个方法操作指南：小技巧获得大改变	9787515334783	29.00
优秀教师一定要知道的17件事（美国当前最有影响教育畅销书作者全新力作）	9787515342726	23.00
美国中小学世界历史读本 / 世界地理读本 / 艺术史读本	9787515317397等	106.00
美国语文读本1-6	9787515314624等	252.70
和优秀教师一起读苏霍姆林斯基	9787500698401	27.00
快速破解60个日常教学难题	9787515339320	33.00
美国最好的中学是怎样的——让孩子成为学习高手的乐园	9787515344713	28.00
建立以学习共同体为导向的师生关系：让教育的复杂问题变得简单	9787515353449	33.80
教师成长/专业素养		
从实习教师到优秀教师	9787515358673	39.90
像领袖一样教学：改变学生命运，使学生变得更好（中国教育新闻网2015年度“影响教师的100本书”）	9787515355375	49.00
你的第一年：新教师如何生存和发展	9787515351599	33.80
教师精力管理：让教师高效教学，学生自主学习	9787515349169	28.00
如何使学生成为优秀的思考者和学习者：哈佛大学教育学院课堂思考解决方案	9787515348155	39.80
反思性教学：一个已被证明能让所有教师做到最好的培训项目（30周年纪念版）	9787515347837	49.00
凭什么让学生服你：极具影响力的日常教育策略（中国教育新闻网2017年度“影响教师的100本书”）	9787515347554	28.00
运用积极心理学提高学生成绩（中国教育新闻网2017年度“影响教师的100本书”）	9787515345680	39.80
可见的学习与思维教学：让教学对学生可见，让学习对教师可见（中国教育报2017年度“教师最喜爱的100本书”）	9787515345000	29.80
可见的学习与思维教学：成长型思维教学的54个教学资源：教学资源版	9787515354743	36.00

	书名	书号	定价
	教学是一段旅程：成长为卓越教师你一定要知道的事	9787515344478	39.00
	安奈特·布鲁肖写给教师的101首诗	9787515340982	35.00
	万人迷老师养成宝典学习指南	9787515340784	28.00
	中小学教师职业道德培训手册：师德的定义、养成与评估	9787515340777	32.00
	成为顶尖教师的10项修炼（中国教育新闻网2015年度“影响教师的100本书”）	9787515334066	35.00
★	T. E. T. 教师效能训练：一个已被证明能让所有年龄学生做到最好的培训项目（30周年纪念版）（中国教育新闻网2015年度“影响教师的100本书”）	9787515332284	49.00
	教学需要打破常规：全世界最受欢迎的创意教学法（中国教育新闻网2015年度“影响教师的100本书”）	9787515331591	33.00
	10天卓越教师自我培训（教育家安奈特·布鲁肖顶尖卓越教师培训教材）	9787515329925	29.00
	给幼儿教师的100个创意：幼儿园班级设计与管理 / 为幼升小做准备	9787515330310等	58.00
	给小学教师的100个创意：发展思维能力	9787515327402	29.00
	给中学教师的100个创意： 如何激发学生的天赋和特长 / 杰出的教学 / 快速改善学生课堂表现	9787515330723等	87.90
	以学生为中心的翻转教学11法	9787515328386	29.00
	如何使教师保持职业激情	9787515305868	29.00
★	如何培训高效能教师：来自全美权威教师培训项目的建议	9787515324685	32.00
	良好教学效果的12试金石：每天都需要专注的事情清单	9787515326283	29.90
★	让每个学生主动参与学习的37个技巧	9787515320526	28.00
	给教师的40堂培训课：教师学习与发展的最佳实操手册	9787515352787	39.90
	提高学生学习效率的9种教学方法	9787515310954	27.80
★	优秀教师的课堂艺术：唤醒快乐积极的教学技能手册	9787515342719	26.00
★	万人迷老师养成宝典（第2版）（入选《中国教育报》“2010年影响教师的100本书”）	9787515342702	29.00
	高效能教师的9个习惯	9787500699316	23.00
★	好老师可以避免的20个课堂错误（入选《中国教育报》“2010年影响教师的100本书”）	9787500688785	21.50
	课堂教学/课堂管理		
	跨学科项目式教学：通过“+1”教学法进行计划、管理和评估	9787515361086	49.90
	课堂上最重要的56件事	9787515360775	35.00
	全脑教学与游戏教学法	9787515360690	39.00
	深度教学：运用苏格拉底式提问法有效开展备课设计和课堂教学	9787515360591	49.90
	一看就会的课堂设计：三个步骤快速构建完整的课堂管理体系	9787515360584	39.90
	如何有效激发学生学习兴趣	9787515360577	38.00
	如何解决课堂上最关键的9个问题	9787515360195	49.00
	多元智能教学法：挖掘每一个学生的最大潜能	9787515359885	39.90
	探究式教学：让学生学会思考的四个步骤	9787515359496	39.00
	课堂提问的技术与艺术	9787515358925	49.00
	如何在课堂上实现卓越的教与学	9787515358321	49.00
	基于学习风格的差异化教学	9787515358437	39.90

书名	书号	定价
如何在课堂上提问：好问题胜过好答案	9787515358253	39.00
高度参与的课堂：提高学生专注力的沉浸式教学	9787515357522	39.90
让学习变得有趣	9787515357782	39.00
如何利用学校网络进行项目式学习和个性化学习	9787515357591	39.90
基于问题导向的互动式、启发式与探究式课堂教学法	9787515356792	49.00
如何在课堂中使用讨论：引导学生讨论式学习的60种课堂活动	9787515357027	38.00
如何在课堂中使用差异化教学	9787515357010	39.90
如何在课堂中培养成长型思维	9787515356754	39.90
每一位教师都是领导者：重新定义教学领导力	9787515356518	39.90
教室里的1-2-3魔法教学：美国广泛使用的从学前到八年级的有效课堂纪律管理	9787515355986	39.90
如何在课堂中使用布卢姆教育目标分类法	9787515355658	39.00
如何在课堂上使用学习评估	9787515355597	39.00
7天建立行之有效的课堂管理系统：以学生为中心的分层式正面管教	9787515355269	29.90
积极课堂：如何更好地解决课堂纪律与学生的冲突	9787515354590	38.00
设计智慧课堂：培养学生一生受用的学习习惯与思维方式	9787515352770	39.00
追求学习结果的88个经典教学设计：轻松打造学生积极参与的互动课堂	9787515353524	39.00
从备课开始的100个课堂活动设计：创造积极课堂环境和学习乐趣的教师工具包	9787515353432	33.80
老师怎么教，学生才能记得住	9787515353067	48.00
多维互动式课堂管理：50个行之有效的方法助你事半功倍	9787515353395	39.80
智能课堂设计清单：帮助教师建立一套规范程序和做事方法	9787515352985	49.90
提升学生小组合作学习的56个策略：让学生变得专注、自信、会学习	9787515352954	29.90
快速处理学生行为问题的52个方法：让学生变得自律、专注、爱学习	9787515352428	39.00
王牌教学法：罗恩·克拉克学校的创意课堂	9787515352145	39.80
让学生快速融入课堂的88个趣味游戏：让上课变得新颖、紧凑、有成效	9787515351889	39.00
如何调动与激励学生：唤醒每个内在学习者（李希贵校长推荐全校教师研读）	9787515350448	39.80
合作学习技能35课：培养学生的协作能力和未来竞争力	9787515340524	45.00
基于课程标准的STEM教学设计：有趣有料有效的STEM跨学科培养教学方案	9787515349879	68.00
如何设计教学细节：好课堂是设计出来的	9787515349152	39.00
15秒课堂管理法：让上课变得有料、有趣、有秩序	9787515348490	33.80
混合式教学：技术工具辅助教学实操手册	9787515347073	39.80
从备课开始的50个创意教学法	9787515346618	29.00
中学生实现成绩突破的40个引导方法	9787515345192	33.00
给小学教师的100个简单的科学实验创意	9787515342481	39.00
老师如何提问，学生才会思考	9787515341217	33.80
教师如何提高学生小组合作学习效率	9787515340340	29.00
卓越教师的200条教学策略	9787515340401	35.00
中小学生执行力训练手册：教出高效、专注、有自信的学生	9787515335384	33.80
从课堂开始的创客教育：培养每一位学生的创造能力	9787515342047	33.00

	书名	书号	定价
	提高学生学习专注力的8个方法：打造深度学习课堂	9787515333557	35.00
	改善学生学习态度的58个建议	9787515324067	25.00
★	全脑教学（中国教育新闻网2015年度“影响教师的100本书”）	9787515323169	38.00
★	全脑教学与成长型思维教学：提高学生学习力的92个课堂游戏	9787515349466	39.00
★	哈佛大学教育学院思维训练课	9787515325101	36.00
	完美结束一堂课的35个好创意	9787515325163	28.00
	如何更好地教学：优秀教师一定要知道的事（被英国教育界奉为圣经的教学用书）	9787515324609	36.00
	带着目的教与学	9787515323978	28.00
★	美国中小学生社会技能课程与活动（学前阶段/1-3年级/4-6年级/7-12年级）	9787515322537等	153.80
	彻底走出教学误区：开启轻松智能课堂管理的45个方法	9787515322285	28.00
	破解问题学生的行为密码：如何教好焦虑、逆反、孤僻、暴躁、早熟的学生	9787515322292	36.00
	13个教学难题解决手册	9787515320502	28.00
★	让学生爱上学习的165个课堂游戏	9787515319032	39.00
	美国学生游戏与素质训练手册：培养孩子合作、自尊、沟通、情商的103种教育游戏	9787515325156	36.00
	老师怎么说，学生才会听	9787515312057	28.00
	快乐教学：如何让学生积极与你互动（入选《中国教育报》“影响教师的100本书”）	9787500696087	29.00
★	老师怎么教，学生才会提问	9787515317410	29.00
★	快速改善课堂纪律的75个方法	9787515313665	28.00
★	教学可以很简单：高效能教师轻松教学7法	9787515314457	39.00
★	好老师应对课堂挑战的25个方法（《给教师的101条建议》作者新书）	9787500699378	25.00
★	好老师激励后进生的21个课堂技巧	9787515311838	23.80
★	开始和结束一堂课的50个好创意	9787515312071	29.80
	好老师因材施教的12个方法（美国著名教师伊莉莎白“好老师”三部曲）	9787500694847	22.00
★	如何打造高效能课堂（美国《学习》杂志“教师必选”奖，“激励教师组织”推荐书目）	9787500680666	29.00
	合理有据的教师评价：课堂评估衡量学生进步	9787515330815	29.00
	班主任工作/德育		
★	北京四中8班的教育奇迹	9787515321608	36.00
★	师德教育培训手册	9787515326627	29.80
	中小学教师职业道德培训手册：师德的定义、养成与评估	9787515340777	32.00
★	好老师征服后进生的14堂课（美国著名教师伊莉莎白“好老师”三部曲）	9787500693819	25.00
	优秀班主任的50条建议：师德教育感动读本（《中国教育报》专题推荐）	9787515305752	23.00
	学校管理/校长领导力		
	重新设计学习和教学空间：设计利于活动、游戏、学习、创造的学习环境	9787515360447	49.90
	重新设计一所好学校：简单、合理、多样化地解构和重塑现有学习空间和学校环境	9787515356129	49.00
	让樱花绽放英华	9787515355603	79.00
	学校管理者平衡时间和精力的21个方法	9787515349886	29.90
	校长引导中层和教师思考的50个问题	9787515349176	29.00

书名	书号	定价
如何定义、评估和改变学校文化	9787515340371	29.80
优秀校长一定要做的18件事（入选《中国教育报》“2009年影响教师的100本书”）	9787515342733	26.00
学科教学/教科研		
北京四中语文课．千古文章	9787515360973	59.00
北京四中语文课．亲近经典	9787515360980	59.00
从备课开始的56个英语创意教学：快速从小白老师到名师高手	9787515359878	49.90
美国学生写作技能训练	9787515355979	39.90
《道德经》妙解、导读与分享（诵读版）	9787515351407	49.00
京沪穗江浙名校名师联手教你：如何写好中考作文	9787515356570	49.90
京沪穗江浙名校名师联手授课：如何写好高考作文	9787515356686	49.80
人大附中中考作文取胜之道	9787515345567	39.80
人大附中高考作文取胜之道	9787515320694	33.80
人大附中学生这样学语文：走近经典名著	9787515328959	33.80
四界语文（中国教育报2017年度“教师喜爱的100本书”）	9787515348483	49.00
让小学一年级孩子爱上阅读的40个方法	9787515307589	39.90
让学生爱上数学的48个游戏	9787515326207	26.00
轻松100 课教会孩子阅读英文	9787515338781	88.00
情商教育/心理咨询		
9节课，教你读懂孩子：妙解亲子教育、青春期教育、隔代教育难题	9787515351056	39.80
学生版盖洛普优势识别器（独一无二的优势测量工具）	9787515350387	169.00
与孩子好好说话（获“美国国家育儿出版物（NAPPA）金奖”，沟通圣经）	9787515350370	39.80
中小学心理教师的10项修炼	9787515309347	36.00
别和青春期的孩子较劲（增订版）（入选《中国教育报》“2009年影响教师的100本书”）	9787515343075	28.00
100条让孩子胜出的社交规则	9787515327648	28.00
守护孩子安全一定要知道的17个方法	9787515326405	32.00
幼儿园/学前教育		
德国幼儿的自我表达课：不是孩子爱闹情绪，是她/他想说却不会说！	9787515359458	59.00
德国幼儿教育成功的秘密：近距离体验德国学前教育理念与幼儿园日常活动安排	9787515359465	49.80
美国儿童自然拼读启蒙课：至关重要的早期阅读训练系统	9787515351933	49.80
幼儿园30个大主题活动精选：让工作更轻松的整合技巧	9787515339627	39.80
美国幼儿教育活动大百科：3-6岁儿童学习与发展指南用书 科学 / 艺术 / 健康与语言 / 社会	9787515324265等	600.00
蒙台梭利早期教育法：3-6岁儿童发展指南（理论版）	9787515322544	29.80
蒙台梭利儿童教育手册：3-6岁儿童发展指南（实践版）	9787515307664	25.00
自由地学习：华德福的幼儿园教育	9787515328300	29.90
赞美你：奥巴马给女儿的信	9787515303222	19.90
史上最接地气的幼儿书单	9787515329185	39.80

	书名	书号	定价
	教育主张/教育视野		
	终身学习：让学生在未来拥有不可替代的决胜力	9787515360560	49.90
	颠覆性思维：为什么我们的阅读方式很重要	9787515360393	39.90
	如何教学生阅读与思考：每位教师都需要的阅读训练手册	9787515359472	39.00
	"互联网+"时代，如何做一名成长型教师	9787515340302	29.90
	培养改变世界的学习者：美国最好的教育给我们的启示	9787515356877	39.90
	教出阅读力	9787515352800	39.90
	为学生赋能：当学生自己掌控学习时，会发生什么	9787515352848	33.00
	如何用设计思维创意教学：风靡全球的创造力培养方法	9787515352367	39.80
	如何发现孩子：实践蒙台梭利解放天性的趣味游戏	9787515325750	32.00
	如何学习：用更短的时间达到更佳效果和更好成绩	9787515349084	49.00
	教师和家长共同培养卓越学生的10个策略	9787515331355	27.00
★	如何阅读：一个已被证实的低投入高回报的学习方法	9787515346847	39.00
★	芬兰教育全球第一的秘密（钻石版）(《中国教育报》等主流媒体专题推荐，台湾地区教育类畅销书榜第一名)	9787515359922	59.00
	世界最好的教育给父母和教师的45堂必修课(《芬兰教育全球第一的秘密》2)	9787515342696	28.00
★	杰出青少年的7个习惯（精英版）(中小学图书馆推荐书目、中国青少年必读书目)	9787515342672	39.00
	杰出青少年的7个习惯（成长版）	9787515335155	29.00
★	杰出青少年的6个决定（领袖版）(中小学图书馆推荐书目、中国青少年必读书目、全国优秀出版物奖)	9787515342658	28.00
★	7个习惯教出优秀学生（第2版）(全球第一畅销书《高效能人士的七个习惯》教师版)	9787515342573	39.90
	学习的科学：如何学习得更好更快（入选中国教育网2016年度"影响教师的100本书")	9787515341767	39.80
	杰出青少年构建内心世界的5个坐标（中国青少年成长公开课）	9787515314952	59.00
★	跳出教育的盒子（第2版）(美国中小学教学经典畅销书)	9787515344676	35.00
	夏烈教授给高中生的19场讲座（入选《中国教育报》"2013年最受教师欢迎的100本书")	9787515318813	29.90
★	学习之道：美国公认经典学习书	9787515342641	39.00
★	翻转学习：如何更好地实践翻转课堂与慕课教学（中国教育新闻网2015年度"影响教师的100本书")	9787515334837	32.00
★	翻转课堂与慕课教学：一场正在到来的教育变革	9787515328232	26.00
	翻转课堂与混合式教学：互联网+时代，教育变革的最佳解决方案	9787515349022	29.80
	翻转课堂与深度学习：人工智能时代，以学生为中心的智慧教学	9787515351582	29.80
★	奇迹学校：震撼美国教育界的教学传奇（中国教育新闻网2015年度"影响教师的100本书")	9787515327044	36.00
★	学校是一段旅程：华德福教师1-8年级教学手记	9787515327945	32.00
★	高效能人士的七个习惯（30周年纪念版）(全球畅销书)	9787515350585	79.00